JN113943

あなたの犬を世界でいちばん幸せにする方法

ザジー・トッド＝著

喜多直子＝訳

WAG

ゴースト、
そして、ボジャーへ。

あなたの犬を世界でいちばん幸せにする方法

ザジー・トッド／著　喜多直子／訳

3章　犬はどのように学ぶのか

4章　やる気を引き出すトレーニング

5章　犬の診察とお手入れ

6章 犬は社交的

7章 犬と人の関係

8章 犬と子どもの関係

9章 お散歩に行こう！

10章 犬の豊かな生活のために「エンリッチメント」

11章　食事とおやつを楽しむ

12章　犬の睡眠メカニズム

13章 恐怖心やその他の問題の克服

14章 シニア犬と障害を抱えた犬

15章　最期のとき

16章　安全な犬、幸福な犬

はじめに

犬は多かれ少なかれ、あなたの人生を変える。私も、シベリアンハスキーとアラスカンマラミュートのミックスである美しい犬が、まさか自分の人生を大きく変えるなんて想像もしていなかったけれど、実際はそうなったのだ。

ゴーストを車で連れ帰ったのは、ある暑い日のことだった。車をガレージに入れてゴーストを降ろし、リードをつないでトイレ休憩に外へ出て、それからようやく家の中へ招き入れた。ゴーストは、ここが犬舎ではなく民家だったことに、ほっとしているように見えた。なにしろ、これまで施設から施設へたらい回しにされてきたのだ。

ゴーストは4歳だった――少なくとも私たちはそう聞かされていたのだけれど、うちへ来てから2、3カ月で体が少し大きくなった。知らない人たちばかりの知らない場所へ連れてこられたゴーストは、当然のことながら緊張していた。ゴーストがやって来てしばらくのあいだ、私は毎日たっぷりと、彼の体をなでて過ごした。ゴーストはめいっぱい体を伸ばして横向きに寝そべり、私はそのかたわらにひざまずいて、やわらかく豊かな毛をなでてやる。どれだけ長くなでてやっても、私の手の動きが止まるや、大きな頭をもたげて口の周りを舐め、ときには前脚で私をつついて、もっとなでろとせがむのだった。なでられるのがそんなにも好きなくせに、それ以外の場面では私たちの手からするりと逃げてしまう。まるで私たちの手が彼を傷付けようとしているかのように……。

ゴーストを連れて出かければ、行く先々でその容姿をホメられた。こんな素晴らしい子に何週間も里親が見つからなかったなんて信じられない。ゴーストはフレンドリーで、ハンサムで、大きな体でかなりの幅をとった。目を合わせようとはしなかったが、私が背を向けるといつも、こちらを見つめているのを背で感じた。

ゴーストの瞳はほとんど白に近い淡いブルーで、黒いアイラインで縁取られている。ゴーストが動けば、もれなく小さな毛束がふわりと落ちた。換毛期は夏の終わりまで続き、ブラッシングするたびに、犬がもう1匹できるのではないかと思うくらいに毛が取れる。ゴーストはどう振る舞えばいいのかわからない様子だったが、それは私たちとて同じだった。

ごはんの量はどれくらい？　散歩は1日何回行けばいい？　どんな遊びが好き？——その答えは私たちが見つけるしかない。散歩の道すがら、ゴーストは出会った人の手におとなしくなでられるものの、人に対する興味は示さなかった。ところが、犬に出会うと態度が一変。お友だちをクンクンしたくてぐいぐい近づいていくものだから、リードを持つ手が悲鳴を上げた。だから私たちはすぐに決断したのだ。ゴーストには相棒が必要だ、と。

地元のシェルターにオーストラリアンシェパードが1頭登録されていたが、ウェブサイトにはまだ写真も何も情報がなかった。インターネットで調べたところ、オゥシーという愛称で呼ばれるその犬種は、しつけがしやすいらしい。そこで、私たちはゴーストを連れて会いに行ってみることにした。お目当てのオゥシーはちょうどトリミングに出かけていたので、受付の椅子に腰かけて帰りを待つことにした。ゴーストも床に座って辛抱強く待っていた。

結局、ペットサロンからの帰りが遅れるというので、いったん帰宅したのだが、すぐに電話があって、今から戻ってこられないかという。閉館時間が迫る中、私たちは施設に戻り、美しく手入れされ、バンダナでおめかししたその犬を連れて、短い散歩に出た。ゴーストはその子が好きになったようだ。ならば、決まりだ。私たちはその子をボジャーと名付けた。

かくして我が家はわずか6週間のうちに、動物0匹生活からいきなり犬が2匹いる生活へと大きく舵を切った（ああ、それから2匹の猫も。シェルターでボジャーの帰りを待っていたとき、トラ猫がガラス越しにゴーストをずっと見つめていたので、その子も引き取ることにした。そして、トラ猫にも相棒が必要だということで、間もなく三毛猫も迎えたのだ）。

本やテレビで見聞きする犬に関する情報に、私は困惑しっぱなしだった。散歩のときは犬に前を歩かせてはいけないというが、ゴーストは本来ソリ犬の犬種だ。ソリ犬はソリの前に立たなければソリを引くことができない。犬より先に人間が食事をしろというが、それも不便に感じた。動物たちに先に食べさせるほうが、我が家の生活スタイルには合っている。

さらには、犬が口にくわえた骨などを手で取り上げろ、とも。いやいや、それはいくらなんでもバカげている！　わざわざゴーストの口に手を突っ込んで、あの大きな歯の威力を体感するなんてまっぴらごめんだ。そんなリスクを冒さなくても、ゴーストは物々交換に協力的だった。ボールを返してほしいときは、おやつを差し出せば喜んで交換してくれる。無意味に挑発する必要などどこにあるというのだろう。

　正直に言おう。ボジャーはちょっぴりおバカさんだった。よく跳ね回り、なんでも噛み、吠え始めるとなかなかおさまらないし、リードは一度に全方位へ引っ張られているかのようだった。かまってほしくて私たちを何度も小突くくせに、こちらが目を向けると唸り声をあげる。ちょっと放っておくと、自分の尻尾をくわえて果てしなく回り続ける……。

　うちに来て2、3週間の頃のボジャーに会った人たちの中には、私たちが即刻ボジャーを施設へ送り返すと予想した者もいた。たしかにそれも選択肢としてあり得ただろう。でも、私たちはすでにボジャーに対して責任を感じていた。ボジャーの社会化がうまくいっていなかったのはあきらかだったし、誰もボジャーに正しい振る舞いを教えてもこなかったのだ。それなら私たちが教えればいい。少なくともトイレトレーニングはできていた。それにボジャーは、自分の役割はゴーストの相棒になることだと理解しているようだった。私たちの生活は突如、この2頭のわんこを幸せにするために回り始めた。そしてそれは、思っていたほど簡単な仕事ではなかった。

　犬より先に食事をすべしだとかなんだとか、テレビで見たような神話はすっかり消滅した……と言いたいところだが、それらは今もなお広く信奉されている。その一方で、犬について私たちが知っていること――事実としてわかっていること――もまた、劇的に増えている。まだわかっていないこともたくさんあるが、以前と比べると犬への理解は進んでいるのだ。

英国のノッティンガム大学で社会心理学博士課程に籍を置いていたとき、私は学部生に基礎心理学を幅広く教えていた。羊の脳を解剖する学生に付き添って、海馬（記憶と感情を司る領域）や嗅球（その名のとおり嗅覚に重要な部分）などの器官について解説したこともある。あのときの防腐剤のにおいと灰黄色の脳を今でも覚えている。大学1年生を対象とした心理学基礎講座では、動物（人間を含む）の学習メカニズムなどをテーマに取り上げた。講義は私の研究室で、一度に6名の学生を集めて行った。英国の大学では少人数での参加型授業が一般的だ。

動物の学習についての講義では、学生たちにも行動の「強化」と「弱化」の例を持ち寄ってもらった。行動の強化とは、特定の行動の生起頻度を高めて定着化することで、弱化は特定の行動が減少することを言う。私は1つの例として、当時飼っていたスナップという茶白猫のエピソードを紹介した。夜も更けてスナップが家に戻る時間になると、私はスナップの名前を呼びながら、おやつの袋をかさこそと振る。スナップがキッチンのドアから入ってくれば、私はスナップにおやつを与える。ごほうびを与えることにより、その次の夜もまた呼べば戻ってくるようになるのだ。つまり、これは「正の強化」の一例である。

ほとんどの学生が人間を例にとった発表をする中、ペットの犬のエピソードを話してくれた学生もいた。こうした実例は、ペットを飼う人にとって非常に役に立つ情報となる。これこそが、私がすべての人に心理学の基礎を学んでほしいと願う理由の1つだ。行動の仕組みを理解できれば、愛犬との関係をより幸せなものにできるのだから。

ときどき講義をしたり会議に出席したりする以外、私は動物の学習という分野についてそれほど熱心に考えていたわけではなかった。そう、ゴーストがうちにやって来るまでは。私はそのとき初めて、世話を必要とする生身の犬を飼うという現実と、求めているアドバイスにたどり着けないもどかしさの両方に直面した。

ゴーストを迎えて1年も経たない2012年、私自身が犬や猫の世話をもっと科学的に学びたいという思いから、「コンパニオン・アニマル・サイコロジー――ペットのための心理学」というブログを立ち上げた。私は犬猫の科学という鉱脈にたどり着き、そして多くの人がそこから掘り起こされる次なる知識を求めていた。犬の科学は急速な発展を見せている。つまりそこには、ベテラン愛犬家でささらに学ぶべき新しい何かがあるということだ。

「強化」と「弱化」の原理がペットと暮らす方法の中核を成す一方で、動物の思考や感情についての知見もすっかり様変わりした。かつては、米国人心理学者のバラス・フレデリック・スキナーを筆頭に、動物はたんに刺激に反応しているだけだという説が主流だったが、今では意識を持つ存在であると認識が改められている。飼い主に対する気持ちも含め、ペットには思考と感情がある。つまり私たちは、動物の真の姿を理解して世話をするという、より重大な責任を負っているということだ。私たちを慕ってくれるその賢い生き物たちは、それぞれに込み入ったニーズを抱えているのだ。

科学者が犬に興味を持つようになったきっかけの1つが、1998年の同時期に、ブライアン・ヘア博士とアーダーム・ミクローシ教授がそれぞれ発見したある事実だった。犬は人間の指差しを理解するというのだ。これは、人間にもっとも近い種であるチンパンジーにも備わっていない能力だ。この発見以降、行動、感情、人間に対する反応など、犬に関する研究が盛んに行われるようになり、犬以外の動物もまたその研究対象となった。

羊の脳を解剖する学生に付き添っていたあの頃は、人間とほかの動物は別次元の生き物で、多くの能力は人間の専売特許であるかのように語られていた。それが今では、まるで人間とほかの動物との差が急激に縮まったかのようだ（もちろん私たちの見方が変わっただけなのだが）。愛犬家にしてみれば、科学者がかつて、動物に感情がないと断じていたなんてにわかに信じられないだろう。とはいえ科学者も、犬の家畜化の起源、子犬の成長から遊び行動、時折浮かべる「反省顔」、などに至るまで、犬のあらゆる側面に関心を寄せるようになった。犬の科学の素晴らしさの1つは、その大部分が動物福祉と犬のケアに良い影響を与えられる点だ。

ブログを開設した年、私は北米を代表する動物保護団体「ブリティッシュコロンビア州動物虐待防止協会」の地元支部でボランティア活動を始めた。犬や猫ともっと関わりたかったし、3匹のペットたちと出会わせてくれた場所に恩返ししたい気持ちもあった。その1年後には、ジーン・ドナルドソン創設の権威ある「ドッグトレーナー・アカデミー」の奨学金を受けられる幸運にも恵まれた。科学に基づいた短期間で効率的なトレーニングのほか、犬の恐怖心、攻撃性、フードガーディング（食べ物を守ろうと人に対して唸ったり咬みついたり、あるいは食べ物をくわえて逃げたりする行動）など、問題行動の修正についても学ぶことができる。

私はまた、犬や猫の困りごとを抱えた飼い主をサポートするべく、「ブルーマウンテン・アニマル・ビヘイビア」というサービスを立ち上げた。そのあいだもほぼ毎週欠かさず水曜日にブログを更新し、さらには「サイコロジー・トゥデイ」で2つ目のブログもスタートさせた。もしも誰かが過去の私に会って、将来は犬の福祉に関わる科学分野で執筆活動をしているよと教えてくれたなら、若かりし私はきっと面食らうだろう。過去の私も例に漏れず、犬を過小評価していたのだから。

愛犬の必要に迫られてトレーニングや行動を学ぶようになったという人は、きっと私だけではないはずだ。もっと知りたいと願うそんなすべての愛犬家に、私はこの本を贈りたい。

幸い私は科学を理解する（そして科学分野に貢献する）立場にあり、これまでさまざまな種類の犬と関わる機会にも恵まれてきた。飼い主が愛犬のニーズをよりよく理解し、犬と人間の双方に変化が起こる瞬間を見られるのは、私にとって至福のときだ。

本書には、犬について科学が教えてくれること、また、犬の福祉のために科学ができることが書かれている。各章で、犬を迎えるときに考慮すべきこと、トレーニングの方法、犬の社会的行動と遊びの見極め方、犬の食事、睡眠、動物病院でのストレスを軽減する方法などのテーマに沿ってお話しする。また、ペットの最期に向き合おうとしている人にも寄り添えればと思う（そのときを迎えるずっと前に読んでもらえるのが理想だが）。科学的な調査・研究結果も紹介しているが、あまり専門的にならないように説明したつもりだ。また、本書執筆にあたり、「犬にとってより良い世界を作るために必要なこと」について、専門家に質問を投げかけた。その問いに丁寧に答えてくれたスペシャリストたちの金言も紹介する。

各章の終わりには（1、16章以外）、犬の科学を家庭で応用できるよう、あくまで現実的で科学的根拠に基づいた項目をリストアップした。また、最終章では愛犬のためにするべき最重要事項をまとめ、巻末には愛犬の幸福度を知るためのチェックリストを設けている。

この本を読み終える頃には、愛犬を幸せにする（あるいはもっと幸せにする）ためのカギが見つかっていることだろう。もちろん本は専門家の代わりを務めることはできない。愛犬について何か気にかかることがあれば、獣医師やドッグトレーナー、行動療法士など、適切な専門家に相談してもらいたい。

忘れてはならないのは、私たちは常に学び続けていきたいということ。犬についてわかっているつもりでも、その情報がアップデートされることもある——本書からもおわかり頂けるように、こうした知識の進歩は驚きと刺激に満ち、私たちの日常にも深く関わっている。まずは、幸せな犬を育てるための話をしよう。今このときの幸せだけでなく、あなたの愛する犬がワンダフルな犬生を生きるために。

1章　ハッピー・ドッグ

HAPPY DOGS

犬に幸せを感じてもらうために満たしてあげたい2つの材料

ゴーストは雪遊びが大好きだった。そのためにぶ厚い毛皮をまとっていたといっても過言ではない。雪の上で飛んだり跳ねたり、転げ回って新雪を食べたり、とにかくはしゃぐのに忙しい。黄色く染まった雪を見つければ、どんな些細な情報も拾い上げようと、鼻をひくひく動かしてにおいを嗅ぐ。裏庭に深く積もった雪に細長い体を投げ出したゴーストの写真が残っている。ゴーストは口を閉じて、「どうしてそんなへんてこなモノをこっちに向けているの？」と言いたげに、不思議顔でじっとカメラを見つめている。しかし、それも一瞬のこと。すぐにソリ犬の本領を発揮し、雪の上を有頂天で跳ね回るのだった。

ボジャーは雪玉を追いかけるのが好きだ。空中に雪を蹴り上げてやると、それを捕まえようと飛び上がる。ヒートアップしてくると、私が雪を踏みしめるのを見るだけで、ぴょーん！ぴょーん！　と飛び跳ねる。季節を問わずボジャーが好きなのが追いかけっこ。特に棒を手に（口に）しているときは〝棒を得た犬〟とばかりに大はりきりだ。私がギリギリまで近づくのを見計らって、さっと芝生を横切りすっ飛んでいく。棒をくわえて堂々ウィニングランだ。それからまた座り込んで、「ここまでおいで」と私を誘う。

こんなときは人にとっても犬にとっても最上の時間なのだが、幸せとはこんな楽しい瞬間だけに定義されるものではない。日常的な充足感もまた、幸せの条件だ。

犬が幸せになるための材料はいくつかある。1つ目は、**犬の福祉**〔訳註：犬が心身ともに健康で環境とも調和していること〕に必要な条件が満たされていること。そのためには、私たちが犬の行動について正しい知識を身につけ、愛犬のニーズを理解しなければならない。2つ目はもちろん、**犬が幸せを感じていること**。私たちはそれを認識できなければならない。そして最後に、犬と飼い主が良好な関係を築いていること。関係が破綻すれば、犬は施設に送られるか、安楽死の危険にさらされるのだ。

飼い主はみんな、愛犬を幸せにしたいと思っている。人々は以前より多くの時間をペットと過ごすようになった。米国ペット用品協会によると、2019年の全米におけるペット関連の総支出額は推定750億ドル〔当時のレートで約8兆1000万円〕だったという（20年前の230億ドルから飛躍的に伸びている）。[*1] 米国で暮らす犬は8970万頭、カナダでは820万頭、英国では900万頭と言われる。[*2] 幸せであるべき犬が、それだけ多く存在しているということだ。

幸せな犬は見ればすぐわかるが怖がっている犬の見分け方は難しい

幸せな犬はひと目でわかる。目にリラックスした表情をたたえ、口もゆるく開いている。唸るときのように唇をきつく後方へ引いて歯をむき出すのではなく、口のあいだから歯と舌がちらりと見えている状態だ。尾をゆったりと愛らしく振り、ときには体もそれに合わせて小刻みに揺れる。不安げに体をかがめたりせず、ごく自然な姿勢で立ち、耳もリラックスしている。

反対に、怖がっている犬を見分けるのは難しい。飼い主よりも、経験を積んだ専門家のほうがうまく識別できることもあるだろう。[*3] たとえば動物病院に連れて行ったときや、近隣で花火大会が催されたときなど、犬があきらかに怖がるとわかりそうな状況であっても、相当数の人たちがそのサインを見逃してしまう。[*4]

犬は恐怖や不安やストレスを感じていることをさまざまな方法で伝える。尾を両脚のあいだに巻き込む、耳を後ろに倒す、口の周りや鼻を舐める、クジラ目（目をむいて白目を覗かせる）になる、目を逸らす、前脚を上げる、身震いしたり体を揺らしたりする、体を低くかがめる、あくびをする、パンティング（浅くて速い呼吸）する、グルーミング（毛づくろい）する、においを嗅ぐ、人を探す（飼い主に安心感を求める）、物陰に隠れる、動きを止める（落ち着いていると勘違いされることが

穏やかな目と開いた口から、この犬は幸せだとわかる。◎写真／バッド・モンキー・フォトグラフィー

カメラが嫌いなジェマはそっぽを向いている。◎写真／クリスティン・ミシャウ

歯が見えているが、開いた口はリラックスしている。◎写真／バッド・モンキー・フォトグラフィー

ストレスを感じているサインが見てとれる。目をそらし、口を閉じ、クジラ目で、耳を後ろに倒している。◎写真／クリスティー・フランシス

多い)、直立あるいは硬直した姿勢をとる、排尿や排便をするなど、多様なサインを発する。しかし、私たちがそれらのメッセージに気づかない限り、愛犬のストレスを減らすことはできない。

尻尾を振っているからといって、必ずしもそれが友好のしるしだとは限らない。尾を高く上げ、小刻みに素早く動かしている場合、それは威嚇のサインだ。ただし、中には丸っこい尾やスクリューテイル(コルク抜きのようにらせん状に巻いた尾)を持つよう交配された犬種もいるし、断尾(だんび)や断耳(だんじ)が施された犬もいる。こうした特別な交配を経た犬種や整形手術を受けた個体だと、私たちは(そしてほかの犬たちも)その犬のボディランゲージをうまく読み取ることができない。カナダのブリティッシュコロンビア州やノバスコシア州では、断尾や断耳が法律で禁止されているが、その他多くの地域ではいまだに容認されている。

犬たちも短い尻尾には困惑するようだ。尾が短いロボット犬と尾が長いロボット犬(標準的な尾の長さ)を製作して実験を行ったところ、尾の長さによって犬たちの反応に違いが見られたという。[*5] 犬たちは、長い尾を親しげに振るロボット犬には近づいていったが、尾をまっすぐ立てて動かさずにいると(威嚇のサインである)、遠巻きにただ見つめるだけだった。しかし、尾の短いロボット犬には、尾の動きにかかわらず、どうも気持ちが読み取れないぞ、といった様子でおそるおそる近づいていった。

私たちは、犬も幸せや恐怖を感じるものだと思っている。チャールズ・ダーウィンは、人間もそれ以外の動物も感情を抱く能力を進化させたと信じていた。しかし、人間がほかの動物の感情を主観的に体験できないせいもあり（そしておそらく、人間はほかの動物と一線を画する特別な存在であるという歴史的な思い込みもあり）、この説には昔から多くの科学者が懐疑の目を向け続けてきた。[*6]今では、人間以外の動物にも感情があることを示す証拠が多数集まり、苦痛などのネガティブな感情だけでなく、ポジティブな感情に重きを置いた研究も行われている。動物福祉を考えるとき、感情もまた組み込まれるべき要素の1つなのだ。

ネズミをくすぐる実験で知られる、神経学者の故ヤーク・パンクセップ教授は、動物（人間を含む）の脳に7つの感情回路があることを特定した。[*7]そのうちの4つが、探求（SEEKING：好奇心、期待、熱中）、遊び（PLAY）、性欲（LUST）、慈しみ（CARE：子どもの世話など）というポジティブな感情で、残りの3つは、怒り（RAGE）、恐怖（FEAR）、パニック（PANIC：孤独感と悲哀）というネガティブな感情だ。大文字で表記されるのは、脳のシステムの名称として、日常的に用いられる語と区別するためだ。

ちなみに、パンクセップ教授の「ネズミをくすぐる実験」の背景にあるのは、「遊び」の感情回路である。感情の神経科学に関する同教授の研究は、私たちが動物の意識と感情に真摯に向き合う必要性を示している。

動物福祉の基礎「5つの自由」ストレスを抱えた犬ほど短命

動物福祉の発展は私たちの愛犬にも関わりがある。動物福祉は、1960年代に虐待防止の観点から構成され現在に至る。犬の福祉の基礎を成すのが、1965年に英国のブランベルレポートで提言された「5つの自由」だ。[*8] 1941年の、フランクリン・ルーズベルトによる「4つの自由」から借用したこの「5つの自由」（表）は、もともと家畜の福祉のために提唱されたもので、現在ではコンパニオン・アニマル（ペット動物）にも適用されている。[*9]

5つの自由

・飢えと渇き、栄養不良からの自由――完全な健康と活力を維持できる食事と水を用意する。

・温度環境や物理的環境の不快からの自由――保護施設などの適切な環境や快適な休息場所を用意する。

・痛み、ケガ、病気からの自由――予防措置や早期の診断と治療の機会を提供する。

・恐怖や不安からの自由――精神的苦痛を生じさせない環境を整える。
・本来の行動を示す自由――十分なスペース、適切な設備、同じ種類の動物と交流する機会を提供する。

5つの自由のうちもっとも認知度が低いのが、「本来の行動を示す自由」だ。英国で行われた世論調査では、この項目を動物福祉に必要なものと理解していた人は全体の18％にすぎなかった。[*10] ほかの4つの項目については、その必要性を大多数の人が認識しており、適切な動物福祉について興味がないと答えた人は全体の4％だった。

さらに最近では、ニュージーランドのマッセイ大学のデビッド・メラー教授が、5つの領域モデル（図）を提言した。[*11] 5つの自由と補完し合う内容で、1つ大きな考え方の違いを挙げるなら、動物に及ぶ害を防ぐ努力のみならず、動物に良い経験を与える努力についても考えるという点だ。つまり、より良い動物福祉の実現には、動物が幸せになれるような活動に、動物自身（ペット犬を含む）がコミットすることが必要なのだ。

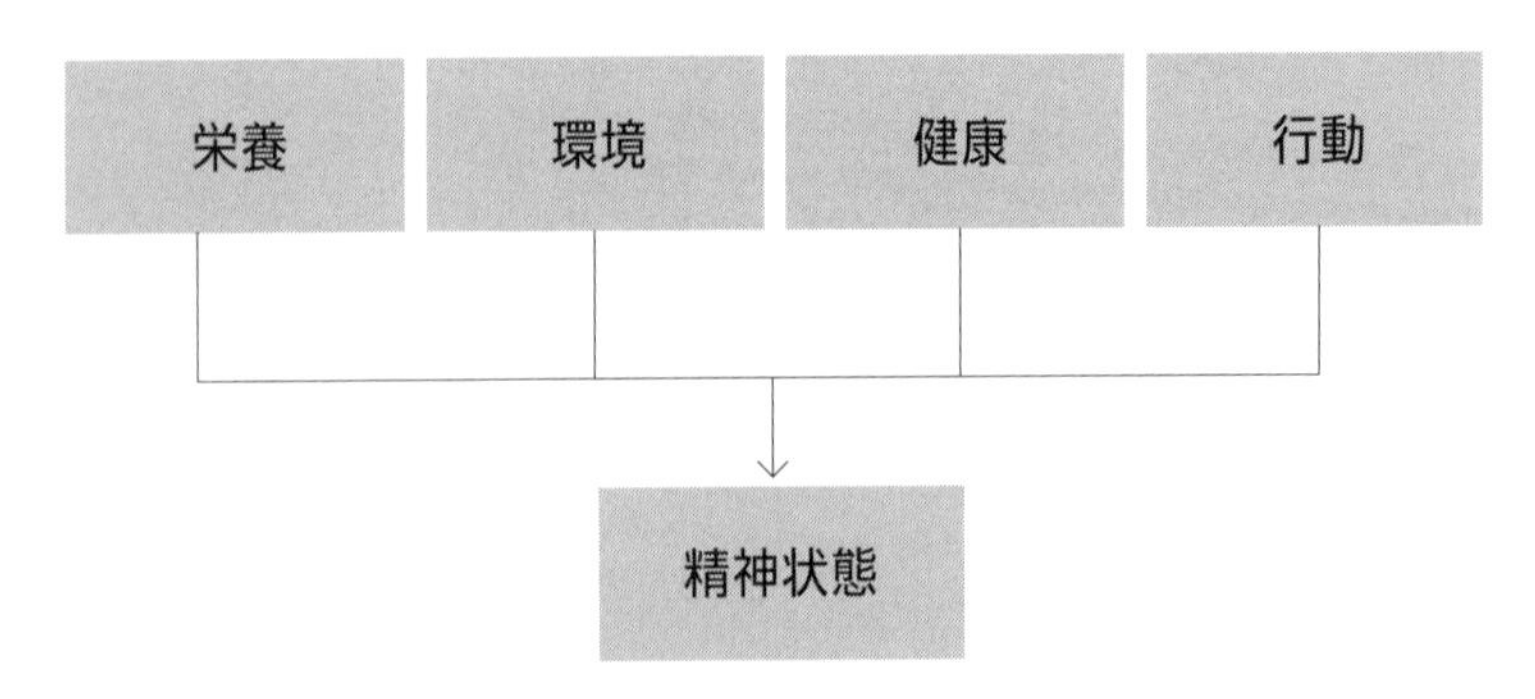

出典／デビッド・メラー（2017年）*12

メラー教授はこう話してくれた。「良好な栄養状態、環境、健康、そして適切な行動について語るとき、動物が〝ただ生き残るため〟に必要なことと〝生き残り繁栄するため〟に必要なことを区別して考えなければなりません」

負の状況は完全に取り除くことはできないと、メラー教授は言う。動物（人間を含む）はノドが渇いたと感じなければ、水分を摂ろうとしない。水分を摂取して渇きの感覚が消えれば、もはや水を探す動機は消滅する。同じく、空腹を感じなければ食べようとはしないだろう。ノドの渇きや空腹といった負の状況は完全になくすことはできないが、できる限り最小限に抑えることはでき、異なる種類の食べ物を与えるなどして、ポジティブ体験を作り出すべきだと言う。

ほかにも考慮すべき、動物の内部的な「負の状況」がある。置かれた環境と、そこで経験した出来事に対する認知が、恐怖、不安、うつ状態、退屈、孤独感といった負の感情を引き起こす可能性があるのだ。こうした感情を引き出してしまう責任は私たち人間にあるわけだが、私たちにはそうした状況を変えることもできる。たとえば、犬が退屈しないように環境を充実させることもできるだろう。これがメラー教授の言う「ポジティブ体験を与えられるか否かに多大な影響力を持つのは私たち」という部分である。

メラー教授は、犬が与えられるべき行動の機会についても話してくれた。「その機会の多くは私たちの手の中にあります」と教授は言う。「それは何も、犬が幸せで充実した生活を送るために、あらゆるポジティブ体験が与えられなければならないという意味ではありません。状況に応じた体験ができれば、その分、犬の生活が豊かなものになるということです」

恐怖や苦痛などを抱えた負の状況にある犬は、正の状況を体験することができない。痛みを感じていれば遊ぼうとせず、ほかの動物や人を避け、食事を摂ることすらままならなくなるかもしれない。だからこそ、犬自身の負の状況と環境における負の状況を最小化し、さらに喜びを体験させることが重要となる。

「では、ポジティブ体験ができているときはどんなときか」とメラー教授は続ける。「犬が与えられた機会を活かし、自らその行動にコミットしているときです」。つまり、犬の幸せには、十分な栄養と良好な健康状態、良好な環境と交友関係、犬としての本来の行動やポジティブな感情を示す機会が必要だということだ。

幸福とは、たんに精神的な健全性を指すのではない。動物園で暮らすオランウータンは、飼育員から見て「幸せ」そうだと思う個体ほど長生きするのだという。[*13] 飼育化のフサオマキザルやチンパンジーの場合、飼育員から見た「幸福度」は、福祉面の充実度と密接に関係している。[*14] 犬を対象とした同様の研究は行われていないが、幸福度の低い犬がどうなるかは想像に難くない。すなわち、ストレスを抱えた犬ほど寿命が短くなるのだ。[*15]

幸せな犬は健康で長生きする。心身の健康の複雑なバランスを考慮する動物福祉によって、さらなる好影響が生まれるかもしれない。

ペット犬の福祉には問題が山積みだ。恐怖心やストレス、攻撃性を助長させかねない、度を過ぎたトレーニング、遺伝的多様性を低下させ、遺伝的疾患リスクを増大させる繁殖方法、犬に長時間の留守番を強いてしまうような就労環境や、散歩でたくさんの犬と鉢合わせしてしまう住宅事情、断尾や断耳、声帯切除（施術が合法な地域もある）が引き起こす苦痛やコミュニケーション能力の低下、また、愛犬の恐怖心や不安感やストレスのサインを見落としたり、サインに気づいてもそれを面白がったりする人たちの過ちなど、例を挙げればきりがない。こうした問題のいくつかは、犬に対する誤解から生じている。

口コミで広がっている犬に対する知識の多くが間違い

ペットの犬を理解すること、つまり犬の性格と行動の意味を知ることもまた、犬を幸せにするために不可欠な要素だ。英国王立動物虐待防止協会でコンパニオン・アニマル部門を率いるサム・ゲインズ博士は、この点について次のように語っている。「私たちが見聞きする問題の多くは、犬をきちんと理解していれば避けられたはずのことです。たとえば、下調べもせずに子犬を衝動買いしたとします。いざ自宅に連れて帰ってみると、その小さな生き物についての知識をほとんど持ち合わせていないということにはたと気づくのです。そんな状態で、その犬のニーズを満たすのはかなり困難でしょう」

残念ながら、誤情報も蔓延している。口コミで広がっている知識の多くが間違っているのだ。ゲインズ博士はこう続ける。「何か1つ夢が叶えられるというのなら……私は人々に植え付けられた犬の知識をすべて白紙に戻します。映画『メン・イン・ブラック』のように、ペンをカチッとやれば犬に関する過去の記憶がすっかり消えて、新しい知識と正しい理解に入れ替わるのです」

犬の科学では、犬の日常生活に密着した重要なテーマについて調査が行われている。「犬歴」

がどんなに長くても、ワクワクするような新しい学びが必ずそこにあるのだ。

飼い主の大切な仕事は「十犬十色」のニーズを知ること

人間と同じく、犬にもそれぞれ個性がある。社交的で友好的な犬には、見知らぬ人や犬との出会いを楽しむ機会を多く与えればいい。しかし、シャイで臆病な犬なら、知らない人やほかの犬に毎日会うのは苦痛だろう。もちろん、そんな個性も悪くはない。私たちがそれぞれの犬のニーズを把握し、適切に満たすことが大切なのだ。

個性の違いはゴーストとボジャーにも如実に表れていた。ゴーストはおとなしく、ときにはほかの人と打ち解けないこともあったけれど、ボジャーは誰とでも仲良くなりたくてたまらない。おすわりをすればなでてもらえるのだと学んでからは、なでられながら隙をうかがい、ここぞという瞬間に立ち上がって、完全無防備なその人の顔を舐め回す。また、ゴーストはどんな犬にも喜んで挨拶したが、ボジャーはパーソナルスペースに侵入してもOKな相手を選り好みする。

犬それぞれのニーズを考える作業には2つの側面がある。

1つめは、犬にとってネガティブな経験を最小化すること。たとえば、犬が怖がるような状況の予防（そのような状況に出会わないようにする、犬がその状況を受け入れられるよう教える、獣医師の指導のもと投薬を行うなど）がそれにあたる。

2つめは、その犬が楽しいと感じることを探ること。フェッチプレイ（おもちゃを投げて犬に持ってこさせる遊び）が好きか、水泳が好きか、あるいはアジリティ（障害物競技）のトレーニングや森の小道を探索するのが好きか。愛犬が好きな活動を知り、その機会を与えるのは、私たち飼い主に与えられた大切な仕事なのだ。

生涯に責任を負う保護者犬の気持ちになって考える

犬を自分の人生に迎え入れるとき、私たちは美しい永遠（とわ）の友情を想像する。夕日に向かって歩いていく2つの影法師。まさに絵に描いたような幸せな暮らし……。しかし、人間にとって一番の相棒であるはずの犬との関係は、しばしば破綻を迎える。次のような調査結果がある。

・米国動物虐待防止協会によると、全米のシェルターでは毎年67万頭の犬に里親が見つからず、安楽死させられている。[16]

・米国獣医行動学者協会によると、米国で犬が3歳未満で死亡する原因としてもっとも多かったのが問題行動だった。[17]『獣医学ジャーナル』によると、英国で犬が3歳未満で死亡する原因の14・7%が問題行動だった（胃腸の問題が14・5%、自動車事故が12・7%だった）。[18]

・米国動物愛護協会によると、米国で里親に引き取られた犬と猫の10%が半年後に手放されている（シェルターに返還、失踪または死亡、他人への譲渡など）。またＢＢＣ（英国放送協会）の調査によると、英国で子犬を購入した人の19%が2年後に手放している。[19]

甘い関係だけを夢見て犬を飼い始めた人にとって、現実はそう甘くはないということだ。ある意味では準備不足が原因と言えるだろう。犬を飼う人の18～39%が事前の下調べをしていないという。[20]また、ペットの飼育が可能な賃貸住宅が少ないことや、飼い主が病気になって世話ができなくなるなどの事情もあるだろう。ペットとの関係が破綻するのを防げれば、犬と飼い主がもっと幸せになれるはずだ。

飼い主は愛犬を幸せにしたいと思っている。方法はそれぞれ違うだろうし、ときには失敗もするけれど、その思いはみんな同じはずだ。愛犬の幸せそうな顔を見れば、飼い主も顔をほころばさずにいられない。喜びに全身を弾ませる姿を見れば、こちらの心もぽんと弾む。

私たちは保護者として愛犬の生涯に責任を負っているし、控えめに言っても、私たちは犬たちにとって大切な存在だ。私はこの本を、ただ犬のために書いたわけではない。これは人間と犬の絆、そして犬の幸せの意味を紐解くための、あなたと愛犬のための手引書だ。

大切なのは、犬の気持ちで考えること！　イエイヌの研究が盛んに行われ、犬がどのように振る舞い、考え、感じ、人間や仲間とどのように交流するかがあきらかになっているものの、いまだ多くの飼い主や保護者が犬の本来の姿を理解せず、まるでオオカミや小さい人間のように考えているのです。これでは犬の心身の健康に深刻な影響を及ぼしかねません。

何十年にもわたって犬をオオカミの同類として扱ってきたせいで、犬の福祉を著しく損なうような危険な管理や、トレーニング方法が世にはびこりました。

飼い主もまた、犬の本質や本来の行動を理解していないせいで、遊ぶ、においを嗅ぐ、探索するなど、強い衝動につき動かされた行動を犬が示すことを許さず、質の低い生活を強いてしまうことがあるのです。犬が私たちの本当の親友なら、そして、私たちが犬の本当の幸せを願うなら、私たちは犬の気持ちになって考えなければなりません。

――サム・ゲインズ博士

英国王立動物虐待防止協会コンパニオン・アニマル部門リーダー

2章　ようこそ我が家へ

GETTING A DOG

性質よりも外見に気をとられ 血統や流行が先に立ってしまう

30代の頃、私は犬を飼いたいと夢見ていた。当時は犬の世話が十分できるだけの時間を家で過ごせなかったので、そのうちライフスタイルが変われぱと、未来の愛犬との暮らしを思い描いていた。田舎道をゆっくりのんびり散歩するんだ。散歩から帰ったら好きな本を手にして、長椅子で一緒に丸くなるんだ、なんて。

英国で暮らしていた頃、「騎馬警官」というTV番組が人気で、そこに登場するディーフェンベイカーみたいな犬を飼おうと早くから心に決めていた〔訳註：米国イリノイ州シカゴで活躍するカナダ騎馬警察官の冒険を描いたドラマで、主人公がディーフェンベイカーという名前の犬を飼っていた〕。ディーフェンベイカーは、オオカミとソリ犬をかけ合わせた美しいミックス犬で、飼い主に忠実だが独立心に溢れ、耳が聞こえなかった（もしかすると都合が悪いときに聞く耳を持たなかっただけかも）。

ドラマが製作された数年間で、ディーフェンベイカー役を代々務めていたのが6頭のシベリアンハスキーだった。そこで、シベリアンハスキーについて調べてみることにした。すると、いきなり目に飛び込んできたのが、「初心者には向かない犬種」という文言。めげずに読み進める

──「脱走の名手」「独立心旺盛」「気難し屋」……。抜け毛に関しては言わずもがな。なんだか幸先が悪いけれど……まあなんとかなるかと結論付けた。

もちろん、本物のディーフェンベイカーを飼うことはできない。あの子はテレビの中の犬なのだ。だから、私はゴーストと出会えてラッキーだった。私はテレビに影響され、そのときも犬の性質よりも外見に気をとられてしまっていた。しかし、どうやら多くの人がそうらしい。残念ながら、こうした傾向がしばしば犬の不利益を生む。私も今だからわかることだが、幸せな犬と暮らしたいなら、どんな犬をどこから引き取るか決めるときに考慮すべきことがたくさんある。しかし、現実は犬の血統や流行が先に立ってしまう。

犬の外見はなぜ多様に変容してきたのか 眉を上げた回数が多いと人を惹きつける!?

オオカミの子孫として知られる犬は、家畜化の過程で外見を多様に変容させてきた。今では、どんな外見の犬を探していたとしても、お眼鏡にかなう犬がきっと見つかる（犬種本来の目的は作業犬かもしれないが）。中にはオオカミというより、成犬になっても子犬っぽい容姿の犬種もいて、小さきものを守りたいという私たちの母性本能を刺激する。犬の特徴がこれほど多様に進化したのは、たんなる偶然なのだろうか。また、その進化は犬に対する私たちの感情になんらかの影響を及ぼしているのだろうか。

ロシアにおけるキツネの実験は、動物の家畜化の過程を紐解く草分け的研究で、ロシアがまだソビエト連邦だった時代から現在まで続けられている。[*1] 遺伝学者のドミートリ・ベリャーエフが、動物を選出して飼い馴らせば、ホルモンなどさまざまな変化が現れるはずだという仮説のもと、ギンギツネの繁殖プログラムに着手した。ギンギツネの各世代からもっとも人懐こい個体を選出して繁殖させるのだが、ハンドリング（体に触れること）などの実験ではなく、あくまで純粋な遺伝的特徴を観察する目的が果たせるよう、人懐こさ以外の条件は一切操作せず実験が行われた。第2のグループとして、もっとも攻撃的なキツネを選出した繁殖も行われた。性成熟を迎える生後7～8カ月までのあいだ、キツネたちが実験者に対してどのような反応を示すか試験する。その後、また次世代の親となる個体が選ばれた。

飼い馴らされたキツネには、しだいにさまざまな変化が現れた。リュドミラ・トルートとの共著論文「キツネがイヌに化けるまで」（2018年／別冊日経サイエンス226『動物のサイエンス　行動、進化、共存への模索』に掲載）で知られる進化生物学者のリー・デュガトキン教授が、キツネに発現したそれらの変化について解説してくれた。

「この実験で次世代の親を選出する判断材料となったのは、人間に対する行動テストでした。基準はただそれだけです。それでもキツネは世代を追うごとにおとなしく、人懐こくなり、ほかにもさまざまな変化が見られるようになりました。最初に現れた変化は豊かな巻き尾でした。犬が飼い主に向かって嬉しそうに振る、まさにあのような尻尾です。垂れ耳の個体も誕生し、さらには雑種犬のようなまだら毛を持つキツネまで現れました」

また、ストレスレベルの低下を示すホルモン値にも変化が認められたという。

犬に見られるいくつかの特徴は、もしかすると家畜化の副産物と言えるのかもしれない。しかし、別の可能性として、家畜化の過程で、人間が特定の性質を基準に個体を選出してきたとも考えられる。そこで、犬に幼い印象を与える特徴の1つである、目に着目した実験が行われた。科学雑誌『プロスワン』[*2]で発表された実験で、犬が眉根を上げて目を大きく見せる表情を観察したものだ。

4つの保護犬施設の協力のもと、実験者が犬舎の横に1人ずつ立ち、2分間にわたって犬の動画を撮影する。そして、時間内に犬が眉を上げた回数と、それぞれの犬に里親が見つかるまでの期間の比較分析を行った。すると、2分間に5回眉を上げた犬は里親が見つかるまで50日かかったが、10回眉を上げた犬は35日、15回も眉を上げた犬は28日で見つかるという結果となった。つまり、赤ちゃんのような眉の動きによって、人はより強く犬に惹きつけられたということだ。これは、犬の愛らしい特徴と、人の犬に対する能動的選択とのつながりを立証した初めての実験となった。

犬種の人気に関わる問題点
短頭種の呼吸性疾患や目と皮膚のトラブル

血統だけでは犬のトレンドを語ることができない。犬種の人気は時の世俗的な流行にも左右される。『プロスワン』が、1927年から2004年までに犬が出演した映画の公開実績と、ケネルクラブの犬籍登録実績を調査したところ、映画に登場した犬種の人気が、その後10年にわたって上昇していることがわかった。[3] 映画「101（ワンオーワン）」（1996年）や「ボクはむく犬」（1959年）〔訳註：「帰ってきたむく犬」（1987年）、「ボクはむく犬1994」（1994年）、「シャギー・ドッグ」（2006年）として3度リメイクされている〕が公開されたあとは、ダルメシアンとオールドイングリッシュシープドッグの人気に火がついた。映画公開前には人気が下火だった犬種でも、「銀幕効果」は絶大だった。

『プロスワン』が1926年から2005年までの犬種別犬籍登録を振り返った記事によると、犬種人気の決め手となるのは、犬種の健康や寿命、行動傾向（しつけやすさ、臆病な性格、攻撃性など）ではないという。[4] 学術誌『動物の行動と認知』に掲載された研究からもあきらかなように、ペット飼育の傾向は生物学的に説明できるものではなく、社会的影響を多分に受けているということだ。[5] とはいえ、メディア出演を果たしたからといって、必ずしもその犬種の人気が爆発するわけではない。『米国獣医学会ジャーナル』によると、「ウェストミンスター・ケネルクラブ・ドッグショー」の最高賞にあたる「ベスト・イン・ショー」の栄誉に輝き、ショーの様子がテレビ放映されたとしても、その効果はほとんど期待できないのだという。[*6]

『私たちが愛し、嫌悪し、食べるものたち：動物を直視することの難しさ』（未邦訳）の著者で心理学博士のハル・ヘルツォク名誉教授は、30年以上にわたって人間と動物の関わりを研究し、犬種に関する調査にも携わってきた。ヘルツォク博士は、犬種人気を分析するその調査で、生物学と文化の役割に対する自身の考えが大きく変わったのだという。

「私は長年、自身を進化心理学者だと考えてきたし、今でもそう思っています。その一方で、私たちの行動は、祖先の精神を形成してきた生物学的要素によって概ね決定づけられるとも強く信じていました。しかし、今ではまったくそうは思いません。私の考えがこんなふうに変わったのは、人々の犬種選びを分析したことがきっかけでした。私はその調査を通して、文化が果たす役割の重要性が私の想像をはるかに超えていることに気づいたんです」

人々が犬に望む特徴は、必ずしも犬にとって望ましいものとは限らない。フレンチブルドッグなど、鼻ぺちゃの短頭種はとても人気が高い。[*7] しかし、短頭種はその特徴のせいで、呼吸性の疾患や目と皮膚のトラブルを抱えることがある。それでも、米国、カナダ、英国では短頭種（フレンチブルドッグ、ブルドッグ、パグ）がもっとも人気の高い犬種の1つとしてランクインしている（表参照）。

米国・カナダ・英国の人気犬種ベスト10（2018年）

	米国	カナダ	英国
1	ラブラドール レトリーバー	ラブラドール レトリーバー	フレンチ ブルドッグ
2	ジャーマン シェパード	ジャーマン シェパード	ラブラドール レトリーバー
3	ゴールデン レトリーバー	ゴールデン レトリーバー	スパニエル （コッカー）
4	フレンチ ブルドッグ	プードル	ブルドッグ
5	ブルドッグ	フレンチ ブルドッグ	スパニエル （イングリッシュ スプリンガー）
6	ビーグル	ハバニーズ	パグ
7	プードル	シェットランド シープドッグ	ゴールデン レトリーバー
8	ロットワイラー	オーストラリアン シェパード	ジャーマン シェパード
9	ポインター （ジャーマン ショートヘアード）	バーニーズ マウンテンドッグ	ダックスフント （ミニチュア スムースヘアード）
10	ヨークシャー テリア	ポルチュギーズ ウォータードッグ	ミニチュア シュナウザー

出典／アメリカンケネルクラブ、カナダケネルクラブ、ケネルクラブ（英国）*8

動物福祉団体ダーウィンズ・アークで、遺伝子と環境が犬の性格に及ぼす影響を調査・研究しているジェシカ・ヘクマン獣医師は、犬種クラブが異品種間繁殖を推進するよう働きかけている。異品種間繁殖とは、近親交配を避け、まったく異なる犬種を組み合わせる異系交配だ（5代祖までさかのぼって共通の祖先犬を持たない血統の犬同士を交配）。そうすれば新しい遺伝子の変異型が生まれ、それが犬種の健康向上と、同系交配を原因とする問題の予防につながるのだ。

この世界で生きよい犬を生むことが、犬にとってより生きやすい世界を作ることにつながります。犬を飼育するみなさんが声をあげてください。どの犬もみんな、楽に呼吸ができるマズルを持って生まれてくるべきだと。どの犬もみんな、ある年齢になると60％の確率でガンを発症するような体で生まれてくるべきではないと。母犬が帝王切開を強いられるような大きな頭で生まれてくるべきではないのだと。

ブリーダーが自らの手で問題に対処し、遺伝的多様性を喪失させるような同系交配をやめ、新しい繁殖の形を模索してくれることを願っています。より多くの犬種クラブが異系交配を推進し、遺伝的多様性と健全な対立遺伝子への道を整備してくれることを期待しています。そして、より多くの愛犬家のみなさんに、犬の繁殖に関わる問題を知ってほしい――もっとも責任を負うべきブリーダーによる繁殖の実態を。今こそ、変化を起こすときです。

――ジェシカ・ヘクマン獣医学博士
マサチューセッツ工科大学カールソン研究室博士研究員、ブログ「ザ・ドッグ・ゾンビ」著者

犬種特有の健康状態を考慮する福祉として憂慮すべき問題

ブルドッグやフレンチブルドッグやパグがいなくなってほしい人なんていないだろう。性格も申し分のない、愛らしい犬たちだ。しかし、外見のために苦しみを味わうべきではないし、犬種の健康を向上させるための手は打たれるべきだ。衝動的に犬を飼ったという人は多く、その場合は犬の健康について深く考えてはいない。

『プロスワン』が発表した調査では、人々が犬を飼う決断をするときに、その犬種特有の健康状態をどれだけ考慮しているかに着目した。[*9] 調査対象として選ばれた犬種は、基本的に健康状態が良好なケアーンテリア、外見の特徴による健康問題を潜在的に抱えるフレンチブルドッグ

とチワワ、外見とは関係のない健康問題を潜在的に抱えるキャバリアキングチャールズスパニエルの4種だ。それぞれの犬種の飼い主に調査を行ったところ、犬種によってはかなり深刻な問題が発生していることがわかった。フレンチブルドッグの29%が前年に急病やケガに苦しみ、チワワの33%が歯に問題を抱えていた。

では、人々はなぜそれらの犬種を選ぶのだろう。キャバリアキングチャールズスパニエルの飼い主の12%とチワワの飼い主の28%が、犬を飼うときは「ほぼ無計画だった」と回答。その犬を選んだ決め手として、犬の性格、外見、犬種の特性、手軽さを挙げていた。

フレンチブルドッグ、チワワ、キャバリアキングチャールズスパニエルの飼い主は、かわいらしさ、赤ちゃんのような見た目、そのときのトレンドによって選んだと回答している。

また、犬種の特徴的な見た目と特性に惹かれて選んだという人たちは、愛犬に対して特に強い愛着を感じていた。

これらの結果からは、人々が犬種特有の健康状態をそれほど深刻に捉えていないということがわかる。犬種に対する愛着が、外見に始まった犬への愛情から生まれるからだろう。

ぺちゃんこの鼻、飛び出した目、短い脚……。犬は人間が求めるかわいらしさを備えるよう繁殖されている。しかし、こうした身体的特徴が、短頭種の呼吸の問題（ブルドッグがよく鼻を鳴らしたり鼻を詰まらせたりするのはご存じだろう）をはじめ、さまざまな健康上の問題や日常的な苦痛を生じさせている。

また、純血種の犬は、同種の限られた個体の同系交配によって繁殖され、これが犬種特有の疾患（フラットコーテッドレトリーバーが発症するガンなど）を増やす直接の原因となっている。人間が、犬の愛らしい容姿や、子犬の純血性にこだわるのをやめさえすれば、犬の健康状態が向上し、犬はより幸せになれるのだ。

——ピート・ウェダーバーン

獣医学学士、獣医学画像診断医、英国王立獣医師会会員、獣医師、新聞コラムニスト、『ペットについて語ろう：ザ・テレグラフ獣医師の動物こぼれ話』著者

英国王立獣医学校のロウェナ・パッカー博士が、短頭種に対する人々の認識と、短頭種やその他の犬種を選ぶ理由について調査を行った。短頭種の飼い主の多くが、愛犬が息を切らしたり、鼻を鳴らしたり、いびきをかいたりすると報告しているが、その半数以上が「呼吸に問題なし」と回答した。つまり、愛犬のこの状態を「犬種として正常」と見なしている（よって必要な診察を受けていない）ということだ。[*10]

さらに、短頭種を選ぶ人は、ほかの犬種を選ぶ人と比べて、犬を初めて飼育する人が多いこ

とがわかった。[11] また、短頭種を選んだ人は、ほかの犬種を選んだ人よりも、子犬販売サイトの利用率が高く、子犬の母犬に会ったり、健康チェックについて確認したりすることは少ないようだった。

「この調査からあきらかなことは」とパッカー博士が説明する。「短頭種の飼い主は、外見に一番魅力を感じてその犬種にハマったということです。犬種の健康状態や寿命の優先度が低いのは、福祉の観点から見て憂慮すべき問題です」

「それでも自分の決断を後悔しているのは少数派でした」とパッカー博士は言う。「興味深いのは、多くの人がそれぞれの種への愛ゆえに購入せずにいられなくなるということです。これは慢性的な疾患を持つ犬種でもありがちなケースです。飼い主の多くは、たとえ健康上の問題があったとしてもまた同じ犬種を飼うだろうし、ペットを愛しているから後悔はないと言います」しかし、何か問題が発生すれば、責められるのはブリーダーだ。

パッカー博士に、短頭種を飼育する人にできることは何かと尋ねると、こんな答えが返ってきた。「すでに短頭種を飼っているのなら、絶対に油断せず、その犬種に起こり得るあらゆる問題について、視野を広げて知っておくべきでしょう。インターネットで検索すれば、健康上の問題を含め、犬種に関する情報がなんでも簡単に手に入るのですから」。また、わからないことはどんなことでも獣医師に相談し、客観的なアドバイスをもらうべきだと付け加えた。「問題の多くは早期の診断でより良い対応ができるものです」

結論として、特定の犬種を迎え入れる際は、その犬種に起こり得る健康上の問題や、ブリーダーが行うべき遺伝子検査の結果について、事前に確認しておくべきだということだ。イヌ科生物学協会のウェブサイトには、遺伝子データベースのリストが掲載されており、また、米国動物虐待防止協会などでは、体型別（小型犬、中型犬、大型犬）の犬の飼育費用の目安などが紹介されている。

犬を飼い始めるタイミングについても熟考すべきだろう。新しく迎えた犬に費やす時間とエネルギーを十分確保できるか。先住のペットがいるなら、新入りにどんな反応を示すか。近い将来、ペットの世話に支障が出るような生活の大きな変化はないか。引っ越しを予定しているのなら、新しく犬を迎えて余計なストレスを増やさないよう、自分が新しい環境で落ち着くまで待つのが賢明だ。

また、自分のライフスタイルに合った犬を見つけられるよう、その犬種が必要とする運動量についても知っておくべきだろう。被毛のことも忘れてはならない。着ている服やソファなどが毛まみれになり、しょっちゅうブラッシングやトリミングをしなければならないような犬種もあれば、手入れがほとんど不要な犬種もある。アレルギーについても注意が必要だ。実際に家に迎えるまでわからないこともあり得るので、これはなかなか悩ましい問題だ。家族の誰も絶対にアレルギーを起こさないペットを選ぶほうがいいだろう。

また、子犬を迎える場合は、社会化についても知っておく必要がある。

子犬の「社会化」の時期が重要 生後3週間から12〜14週間までの生育環境

犬の生涯のうち、生後3週間から12〜14週間がもっとも重要な時期であることは間違いない。この頃が社会化のための感受期にあたるが、いつ終わるかというはっきりとした線引きはない（表：幼犬の発達段階）。[*12] 特に感受期にある子犬の脳は、これから生きていく社会について学び、吸収する力が高まった状態にある。また、のちの生活空間に存在するもの（さまざまな音や感触など）に慣れたり、親しんだりする時期でもある。脳の発達に重要なこの時期は脳がやわらかく、次々と脳細胞の結合が起こるが、そのうち不要なものはやがて間引かれていく。

犬の感受期という概念に驚く人もいるようだが、ほかの動物にも感受期がある。子猫の場合、社会化の感受期は生後2〜7週間と言われる。普通なら子猫を引き取る前に終わってしまっているため、社会化のトレーニングをきちんと行える人から引き取ることが大切だ。

人間の子どもにも発達の感受期があり、置かれた環境に反応して脳の重要な発達が起こる。こうした初期の経験が将来的な成長を支える足場となるのだ。赤ん坊が保護者の元でポジティブ体験（正の体験）を重ね、過度のストレスにさらされることなく、強靭な脳構造を形成するための十分な栄養を摂取できれば、学校生活をスタートさせるまでに、より良い学びの準備が整う。犬の場合、社会化の感受期にハッピーなポジティブ体験を繰り返せば、友好的で自信に溢れたハッピーな犬に育つだろう。1950年代から1960年代に実施された調査で実証されたように、ネガティブ体験をする、あるいはたんにポジティブ体験が欠如すると、臆病な犬に育つ可能性が高まる。[*13] この大切な時期には、安全なほかの犬、男性や女性、子どもやお年寄り、また、ヒゲを生やした人や帽子をかぶった人、リュックを背負った人や杖をついた人など、さまざまな犬や人との触れ合いが重要な意味を持つのだ。

子犬は生後8週間で里親に引き取られることが多い。初期の発達段階は社会化に大きな影響を与えるため、子犬の出自について調べておくことをおすすめする。この時期を家庭ではなくパピーミル〔訳註：営利目的で愛玩犬を大量繁殖させる悪質なブリーダー〕や家畜小屋で過ごし、その後間もなくペットショップのケージに移された子犬たちは、社会化の機会を剥奪されている（むしろ社会化を損なうような体験を強いられもする）。できることなら、早期に適切な社会化が行われた家庭（シェルターで生まれた子犬は預かりや里親の家庭）から子犬を迎えるのが望ましい。

幼犬の発達段階

出生前期	・出生前からすでに出生後の行動に影響を受けている(13章で母体から受けるストレスホルモンの影響について説明)。出生前学習が起こる可能性がある。たとえば、母犬を通してアニスシードの香り(母犬の食事に加えられたもの)を体験した子犬は出生後にその香りを判別できる。
新生子期 生後0～2週間	・目と耳が閉じた状態で生まれてくる。自分で体温調整ができない。母犬が食事を与え、お尻を舐めて排泄を促す。 ・子犬はほとんどの時間を母犬やきょうだいのそばで寝て過ごす。
移行期 生後2～3週間	・目と耳が開く。 ・驚愕反応を示す。 ・動き回れるようになり、初期運動行動を示すようになる。 ・初期の社会的行動ができるようになり、尾を振るようになる。
社会化感受期 生後3週間から 12～14週間	・子犬が周りの世界について学び始め、多くの変化が起こる。 ・生後4～8週間のいずれかの時期に乳離れする(犬種によって卒乳時期は異なる)。 ・運動行動と社会的行動に発達が見られ、より成犬に近づく。 ・人に対してより高い興味を示すようになる。 ・きょうだいとの遊びを通して社会的行動を身につけていく。 ・生後6～8週間でワクチン接種を開始し、16週目まで継続する(必要に応じて追加接種を行う)。
若年期 生後14週間から 6～12カ月	・感受期が終わっても脳は発達を続けるため、ポジティブ体験が重要となる。 ・社会化期のポジティブ体験を通して経験を「般化」する(学習したことが定着する)。 ・自立性がより高くなる。 ・適切に社会化できた子犬はほかの動物や人との交流を求める。 ・成長が継続する(成長が終わる時期は犬種により異なる。大型種になるほど成長期が長い)。 ・若年期は性成熟を迎える思春期まで続く。
青年期	・思春期のあとの時期である。メスは生後5～6カ月でヒート(生理)が始まることがある。

出典／サーペルほか(2017年)、ブラッドショウ(2011年) *14

ペットショップor優良ブリーダー 問題行動が起こる生育環境を考える

商業ブリーダーが販売する子犬ではなく、ペットショップの子犬を用いて行われた調査から、ペットショップ出身の子犬は、優良ブリーダーから直接引き取られた子犬よりも、行動上の問題が起きやすいことがわかっている。『米国獣医学会ジャーナル』で発表された調査によると、ペットショップ出身の犬は、個人ブリーダーから引き取られた犬と比べて、飼い主やほかの人、同居犬やほかの犬に対して、より高い攻撃性を示すという。

ペットショップで購入した犬は、家庭でのしつけや分離不安の問題が発生しやすく、触れられるのが苦手な傾向も見られるという。[*15] もちろん、ペットショップを利用する人と、優良なブリーダーを探す人との違いもあるだろう（ペットショップとブリーダーでは与えられる情報もまた違うはずだ）。

『ジャーナル・オブ・ベテリナリー・ビヘイビア』に掲載された調査では、飼い主のタイプの違いを考慮した上で、犬の飼い主に対する攻撃性を調べた。すると、ブリーダー出身の子犬で攻撃性を示したのは全体の10％だったのに対し、ペットショップ出身の子犬では21％という結果となった。[*16]

また、ペットショップ出身の子犬には、家の中を汚す、分離不安がある、体を舐めるなどの問題が目立った。また、こうした問題を抱えた犬の飼い主には、ドッグトレーニングに付き添わない、犬の散歩時間が短い、散歩から帰れば犬にお仕置きをするといったきらいもあった。つまり、飼い主がどこから犬を迎えるか、そして、飼い主がどんなふうに犬を扱うかには、ある種の相互関係が存在していると考えられる。

商業ブリーダーの施設には、飼育環境が劣悪なもの（これでも控えめに表現したつもりだ）も存在する。米国動物虐待防止協会もウェブサイトで、パピーミルの悲惨な実情を訴えている。『ジャーナル・オブ・ベテリナリー・ビヘイビア』によると、感受期の子犬にとって極めて重要である社会化の機会が失われると、それがのちに問題行動を引き起こす原因の1つになるのだという。[*17]問題行動を起こすほかの原因としては、遺伝的要素（すでに人間に対して恐怖心を持った親から繁殖されるなど）、ストレスによる後成的変容（妊娠中の母犬がストレスにさらされるなど）、早期の乳離れと母親やきょうだいたちとの分離、ペットショップへの輸送と制限的なスペースやペットショップなどで受ける環境ストレス、子犬の世話に関する情報の欠如などが挙げられる。優良ブリーダーや適正なシェルターなら、新しい飼い主に注意点などをきちんと伝達するはずだ。

子犬の生育環境を知るための唯一の方法は、その現場を実際に見ることだ。英国の獣医学誌『ベテリナリー・レコード』に掲載された調査によると、親犬の様子を事前に確認せずに子犬を迎えた場合、成犬になってから問題行動が報告されるケースは3・8倍にもなったという。母犬だけ見たという場合でも、2・5倍という結果になった。[18]

子犬を迎えるなら、母犬と一緒にいる様子をその目で確認しておくべきだ（駐車場など「都合の良い」場所で面会を提案するようなブリーダーは怪しんだほうがいい）。また、その犬種で推奨される健康チェックを事前に調べ、すべての項目について質問しなければならない。優良なブリーダー、あるいは適正なシェルターや保護団体なら、子犬の社会化の重要性を理解し、日常の生活音や活動に親しめるような家庭的環境で育てているはずだ。社会化についても質問して確認するといいだろう。

家庭におけるポジティブ体験が社会化を育み健やかな青年期へと導く

英国盲導犬協会では、子犬が標準的な社会化プログラム（十分効果のあるもの）を受けたあと、追加的なプログラムを受けた場合の効果を調べる調査実験を行った。[19]

調査に参加したのは、ラブラドールレトリーバー、ゴールデンレトリーバー、ラブラドールとゴールデンのミックスの合計6腹から生まれたきょうだいたちだった。すべての子犬が生後6週間までのあいだに標準的な社会化プログラムを受け、その後、きょうだいのうちの半数が追加プログラムを受ける。人間と過ごす時間の差が結果を左右することのないよう、追加プログラムの実施時間と同じだけ、標準プログラムのみを受ける子犬のそばで実験者が座って過ごした。

追加プログラムは、第1週には1日5分行われ、第5週と6週には1日15分に引き延ばして行われた。子犬のそばで携帯電話を鳴らしたり、指やタオル、ゴム手袋をはめた手で体に触れたりするほか、目や歯の検査も実施するなど、子犬の発達に考慮した、身近な材料を用いた内容となっている。標準プログラムでは仲間とともに社会化していくが、追加プログラムではきょうだいたちのいる「巣」から離れ、単独でさまざまな体験をする。このアプローチにより、子犬は分離不安に対する耐性も付いたようだった。

結果には目を見張るものがあった。6週間の実験が終わった時点ですでに、2つのグループに格差が見られ始めたのだ。しかし、それよりも重大な違いは、子犬が生後8カ月を迎えた頃に訓練士が答えたアンケート結果に表れていた。追加プログラムを受けた子犬のほうが、不安や注意散漫、分離不安、鋭敏化の問題（身体的接触への反応）が少なかったのだ。これは盲導犬の訓練士にとって非常に重要なことだが、すべての犬の飼い主にとってもまた朗報と言えるだろう。生後間もない週齢で社会化を追加的に行えば、青年期に成長したときにその効果が行動に表れるのだ。

社会化期における数週間は、家庭でのさまざまなポジティブ体験が物を言う重要な時期だ。多くの子犬がそうであるように、迎えた子犬も怖がりな性格なら、その子が気おくれしないように特別な配慮が必要だ。遊びやフードを用いて、さまざまな状況をポジティブ体験に変えていくのもいいだろう（3章）。子犬に選択肢を与え、関わりを促しつつ、気が向かないようならけっして無理強いはしない。子犬に臆病な性質が見られても、選択肢を用意しておけば、いつか自分のタイミングで一歩を踏み出す――そして、その経験もまた、子犬にとってプラスになる。

多くの動物愛護協会や動物虐待防止協会が、子犬の選び方のガイドラインを公開しているので、興味のある団体のウェブサイトを覗いてみるのもいいだろう。英国王立動物虐待防止協会などでは、子犬購入に際して交わすべき契約書も提供している。契約書には、なんらかの問題が発生したときの対応についても明記されている。

優良なブリーダーや保護団体なら、問題が起これば子犬を連れ戻すだろう。事前にじっくり下調べしておけば、自分にぴったりのペットを見つけることができる。そしてそれが子犬にとっても、素晴らしい犬生の幕開けとなるのだ。

保護犬を引き取る意義2つ
「一命」を救う&保護施設に1つ空きが

ゴーストがうちにやって来たとき、シェルターから引き取ったと知るや拒絶反応を示した人がいて驚いた。目の前にいるのは息をのむほど美しく、こんなにもお利口なわんこだというのに……。ある人などは、私が絶対にゴーストに咬まれるとまで高らかに宣言したのだ（一度だって咬まれたことはありません、念のため！）。

そんな無礼千万は別にしても、彼らの考えはそもそも間違っていた。シェルター出身の犬はペットとして素晴らしい選択肢になり得るのだ。

人々が保護犬を引き取る目的の1つは「一命」を救うこと。保護犬を引き取れば、その犬に「ずっとのお家（うち）」を与えられるだけでなく、シェルターや保護施設に1つ空きができる。捨てられたり、危険にさらされたりしている別の犬に、里親を待つためのスペースを用意することが可能ということだ。

英国王立動物虐待防止協会のサム・ゲインズ博士に、これから犬を引き取ろうと考えている人たちへのアドバイスを求めた。すると彼女は、協会が発行する養子縁組の前に読んでもらうパンフレットを見せてくれた。家庭内での基本的なルールの取り決めや、家族全員の意思統一など、犬を迎えて最初の2、3週間でやるべきことが書かれている。ゲインズ博士は、家族の一員になる犬についての情報にもきちんと耳を傾けるべきだと言う。

そしてこう話してくれた。「その犬と見かけに対する思い込みを捨て、また、犬種の特性についてもある程度は忘れたほうがいいでしょう。固定観念に縛られるのではなく、その子独自の性格を重視しなければなりません」。

博士はまた、引き取った犬について伝えられた情報を活かして対処することが大切だとも付け加えた。「譲渡側からの『一定期間過ごしてみてこんなことがわかりました』『この子はこんな性格でこんな遊びが好きです』といった情報こそが重要であり、『ラブラドールだから、きっとフレンドリーな性格だろう』『きっとボール遊びが好きで、家族も安心して過ごせるだろう』といった憶測は優先させるべきではありません。先入観から抜け出し、『犬種としての行動特性とニーズ』と『その犬の行動特性とニーズ』を区別して考えることが大切です」

保護施設から迎えるならば家庭に犬が馴染めるよう教える

子犬を引き取るときと同じく、シェルターから犬を迎えてからの取り組みについても考えておくべきだ。シェルターにやって来る犬には、さまざまな理由がある。元の飼い主が病気になったり、亡くなったり、あるいはペットが同居できる賃貸住宅が見つからなかったり。しかし、もしも問題行動が原因でシェルターにやって来たと聞かされたなら、自分がその犬の飼い主としてふさわしいかどうかを、まずは正しく判断することが大切だ。

ペンシルベニア大学獣医学校の獣医行動学専門医であるカルロ・シラクサ博士は、獣医学生の指導と動物たちの診察に加えて、問題行動を抱えた犬の経過調査も行っている。シラクサ博士が次のように話してくれた。

「ひどく緊張しているように見える犬に問題行動の過去があるとしたら、それはたいていトレーニング不足が理由ではなく、犬の性格に原因があるということです。そのような性質の犬にうまく対処できる自信がないなら、あるいは、その犬があなたの求めているような犬でないのなら、あなたはその犬を引き取るべきではないでしょう。現に『期待していたような関係が築けない』と私の元へやって来る相談者もいるのです。あなたが引き取れなくても、もっと経験のある適任者がほかにいるはずです。攻撃的な犬や臆病な犬、分離不安を抱えた犬に対処したことがある人が、自信を持ってその犬を迎え入れられるのなら、それに越したことはありません。いくらその犬を気に入ったからといって、魔法使いのようなトレーナーが問題を解決してくれるだなんて、安直に考えてはいけないのです」

2015年に行われた、シェルターから犬を引き取って4カ月が経過した飼い主への調査では、飼い主の96%が新しい家に犬がよく馴染んでいると回答し、71%が期待どおりであると回答した。犬のほとんどが訪問客に対しても友好的で、問題行動に当たるような行為も見られないという。[20] 飼い主の72%が直したい行動がある——主に、破壊する、怖がる、吠える、リードを引っ張るなど——と答えたが、全体の4分の1の人たちが、次もシェルターから引き取りたいと回答した。

学術誌『アプライド・アニマル・ビヘイビア・サイエンス』にも、シェルターから犬を引き取った人を対象とした別の調査結果が掲載されている。飼い主の65％が引き取った犬の行動にとても満足していると回答。不満と答えたのは全体の4％未満だった。犬に対する満足度は5段階評価で平均4・8という結果となった。この調査では、犬の58％がリードを引っ張る、家具を噛んだり引っかいたりする、トイレの失敗をするなど、行動上の問題を抱えていることもわかった。[*21]

こうした結果から、飼い主自身が、家庭に犬が馴染めるよう教えていく必要があると感じていること、また、問題行動の多くをそれほど悲観的に捉えていないことがうかがえる。

子犬を迎えた人を対象として同様の満足度調査が行われているかは不明だが、どんな犬にも家庭での振る舞いを教えなければならないことに変わりはない。次の章では、犬の「学び」についで私たちも学ぶとしよう。

［まとめ］
家庭における犬の科学の応用の手引き

・犬を迎える前に、犬にかけるお金と時間、また、犬のための適切な家庭環境を確保できるか考える。運動、手入れ、遊びに時間を十分取れるか。長時間または数日にわたって家を空けるなら、必要に応じて散歩代行業者などを手配できるか。犬のニーズについて学ぶ意欲があるか。これらの項目について今一度自問してみること。友人の犬をしばらく預かって、犬の世話を体験してみるのもいいだろう。

・興味がある犬種に、身体および行動上の問題がないか調べる。その犬種に推奨されている遺伝子検査があれば事前にリストアップし、犬の管理者に必ず質問すること。健康上の問題が発生する可能性がある場合、ブリーダーを慎重に選び、保険に加入し、生涯医療費の予算を立てるか、別の犬種という選択肢を検討する。遺伝的な問題を回避するため、別の犬種とのミックス犬を選ぶ場合は、その犬種も同じ問題を抱えていないか確認する（短頭種同士の交配は、異種交配であっても短頭種の特性が子に発現する）。

・犬にはさまざまな種がある。望む犬種に健康上の問題が発生する可能性があるなら、その犬種に惹かれた理由を含めて再考してみる。小型犬を希望するなら、ほかの小型種を調べてみればいいし、運動があまり必要でない犬を希望するなら、さまざまなサイズの犬の中から条件の合う犬種を選べばいい（その場合はシェルターで暮らす老犬がぴったりかもしれない）。近い将来、子どもを持ちたいと考えているなら、人懐こい犬種を選ぶべきだろう。また、子犬を迎える場合、社会化感受期に子どもと一緒に良い体験ができるよう配慮しなければならない。

・自分に合った犬を知るための参考材料として、獣医師やドッグトレーナーが提供する、購入前相談を活用する。
・子犬を引き取る前に、母犬と一緒に過ごす様子と育った環境を確認する。子犬のための譲渡契約書を利用してもいいだろう（複数の動物福祉団体で入手可）。
・ブリーダー（または里親）に子犬の社会化について確認する。子犬を引き取ったあとも、生後3週間から12週〜14週間の感受期に社会化を続けられるよう計画を立てる。パピークラス（子犬のための教室）の受講も検討する。［3章］
・子犬に選択肢を与え、行動を促し（強制はしない）、臆病な子犬は守ってやる。社会化の目的は、犬に幸せなポジティブ体験の機会を与えるためだということを忘れてはならない。
・ペットを迎える場所として、保護施設やシェルターも選択肢として検討する。家族構成によっては、子犬よりも年を重ねた成犬のほうが迎え入れやすいこともある。

3章　犬はどのように学ぶのか

HOW DOGS LEARN

犬がオオカミの仲間だという神話……時代遅れの固定観念を捨てる

子犬であれ成犬であれ、家に犬を迎えるときは家庭内のルールを決め、家族の一員として望ましい振る舞いができるようトレーニングする必要がある。

残念ながら、いまだに多くの人たちが、犬がオオカミの仲間だという神話を信じ、パック（オオカミの群れ）の頂点を巡って人間と争う支配的な動物だと考えている。時代遅れも甚だしい。このような固定観念が、人間と犬の関係を敵対的なものに仕立て上げてしまうのだ。

犬は私たちの最高の友だちになってくれるはず。まずは私たちが、犬がどのように学ぶのかを知るところから始めよう。

教えなくとも一生学び続ける犬の学習は2種類の方法で

犬は、私たちが意図して教えているか否かにかかわらず、常に学習している。犬は一生学び続けるが、固定的行動パターンと呼ばれる、犬種特有の行動傾向も見られる（近年、英語では「固定的」〔fixed〕という表現をやめて、柔軟性を考慮した「形式的」〔modal〕という語を用いている）。種のすべての個体に遺伝にもとづく固定的行動パターンが見られるが、学習を通じてそれらの行動を修正することができる。狩猟もその一例で、狩りの一連の行動は生得的なものだが、狩猟スキルを磨いて一部に修正をかけることができるのだ。固定的行動パターン以外の行動については、環境や人との関わりを通じて学習していく。犬の学習には異なる2種類の方法がある。[*1]

1つめの学習方法 刺激への慣れ、真似る能力

犬が1回きりの出来事から学ぶことを「単一事象学習」という。私たちは食中毒を起こしたり、悪酔いしたりすると、その食べ物やお酒を避けようとするだろう。それと同じで、犬も何かを食べて具合が悪くなれば、単一事象学習が起こる。

「馴化（じゅんか）」とは、恐怖を伴わない反復的な事象に犬が少しずつ慣れていく単純な学習タイプを言う。ひとたび馴化が起これば、もはやそのことにほとんど注意を払わなくなる。たとえば、冷

蔵庫の唸る音や、食器洗浄機が作動する音など、生活音にも馴化が起こる。食器洗浄機が自分にとって恐れるべきものではないと学習すれば、徐々にその音に慣れ、驚愕反応などの未学習の行動反応は失われていく。ときどき脱馴化が起こり、同じものに再び注意を向けるようになるが、やがて自分に害のないものだと再認識し、たいていの場合は無視できるようになる。

馴化と対極を成すのが「感作（かんさ）」で、学習できずに行動反応（食器洗浄機の音に驚くなど）がひどくなっていくことを言う。たとえばそれが犬にとって有害なものであるならば、危険を回避するためにもその反応は正しいだろう。しかし、食器洗浄機は犬にとって危険なものではないため、そうした反応はたんに不要なストレスを生むだけになってしまう。私たちはときに、犬は何にでも慣れる生き物だと単純に考え、うっかり犬の感作を引き起こしてしまうこともある（8章では人間の子どもに対する「脱感作」について触れる）。

ある刺激に対して、犬に馴化が起こるか感作が起こるか予測するのが難しいこともある。

犬の社会的学習とは、ほかの犬や人間から学ぶことだ。ほかの犬の行動によって犬の注意が何かに惹きつけられることを「刺激促進」と言い、ほかの犬の存在によってある刺激や場所に惹きつけられることを「局所促進」という。

また、ほかの犬が走っているから自分も走るなど、ほかの犬の行動によって行動傾向が高まる現象を「社会的促進」と呼ぶ。犬の真似る能力についても、フードの好み、散歩のときの回り道、フードを出す装置の操作を題材とした実験が行われている。[*2] 麻薬探知をする母親の姿を観察した経験のある子犬は、そのような経験のない子犬よりも麻薬探知の習得が早いが、それがはたして観察学習によるものかどうかはあきらかではない。[*3]「Do as I Do（ドゥ・アズ・アイ・ドゥ）トレーニング」〔訳註：「私を真似てごらん」という意味〕では、人間が犬にできる範囲内の行動をして見せて、犬がそれを真似て行動を覚える。[*4] いずれにせよ、社会的学習について完全に理解し、より単純なメカニズムが隠されているか解明するためにはさらなる研究が必要だ。[*5]

2つめの学習方法 出来事と関連付ける、結果から学ぶ

犬は出来事と関連付けて学習する——車が走り出した方角によって、これから動物病院へ向かうのだと察知するのだ。「古典的条件付け」と呼ばれるこのような学習は、犬の行動よりもむしろ感情に働きかける。たとえば、見知らぬ人を怖がる犬には、知らない人が来るとおいしいフードがもらえると予測するよう仕向ければ、やがて犬は知らない人への恐怖心を克服するのだ。

犬は結果からも学習する——飼い主に飛びつけば顔を舐めることができる、おすわりの指示

に従えばピーナツバターのクッキーにありつける、といった具合に。このごく単純な方法（ただし犬にさせたくないことをうっかり強化してしまうこともある）は、「オペラント条件付け」と呼ばれる。犬に行動を教えるとき、私たちはこのオペラント条件付けを用いて行動の強化や弱化を行う。

期待する結果がこれ以上は得られないと犬が学習したときには、「消去」と呼ばれる現象が起こる。たとえば、犬が窓に向かって吠えても飼い主がそれを無視し続けるとしよう。犬はしばらく吠え続けるだろうが、ほかにその行動を強化する材料がない場合、犬は最終的に吠えるのをやめる。そこにたどり着くまでに、普通は「消去バースト」という行動の爆発が起こる。行動によって結果を得ようとした犬が、ますます激しく吠えるのだ。この時点で、無視するのがつらくなってうかつに反応してしまうと、逆にその行動を強化してしまい、消去への道が絶たれる。

とはいえ、犬はさまざまな理由で吠える。ほかの何かがその行動を強化しているのなら（犬の吠える対象が道路を横切って歩いているなど）、こちらがいくら無視したところで効果は望むべくもない。また、「好子」（ある行動の直後に出現し、その行動の頻度を高める機能を持つもの）を消失したことによって、こちらの望む行動が消滅してしまうこともある。たとえば、おやつで呼び寄せていた場合は、ごほうびがもらえなくなるとわかれば、それ以上呼んでも来なくなる。しばらくはクッキーがもらえると期待して、呼び戻しに応じるだろうが、やがて行動に結果が伴わないと学ぶのだ。ほかにより良い刺激が見つかれば、そちらを選んで行ってしまうだろう。

オペラント条件付けがドッグトレーニングの大きな土台となる一方で、古典的条件付けは犬の恐怖心の克服に用いられることが多い。この2つの条件付けについてもう少し詳しく見てみよう。

パブロフの犬の実験 ベルの音によるヨダレは「古典的条件付け」

パブロフの犬の実験についてはご存じだろう。ロシアの生理学者イワン・パブロフは、唾液分泌などの反射作用が、まったく関係のないもの（ベルの鳴る音など）と連合し得ることを発見した。犬がフードを見たりにおいを嗅いだりすると、それに反応して唾液が分泌され、ときには口からヨダレがしたたり落ちたりもする。これを専門用語で言うならば、フードが古典的条件付けにおける「無条件刺激」で、唾液分泌が「無条件反射」ということになる。

食べ物に反応して唾液が分泌されるのは自然の成り行きなので、これは無条件の連合ということになる。しかし、パブロフは、食べ物を与える直前にベルを鳴らすようにすると、犬はやがてベルの音に反応し、唾液を分泌するようになるということに気がついた。この場合、ベルの音が条件刺激で、唾液分泌が条件反射ということになる。「無条件」ではなく「条件」であるのは、この連合には学習が必要だからだ。ベルの音に反応してヨダレを垂らすのは自然に起こることではなく、ベルの音が聞こえると食事がもらえるという法則を犬が学習したということだ。

古典的条件付けは、犬が恐怖心を克服する方法として、「脱感作」と連動した「拮抗条件付け」（逆条件付け）に用いられることが多い。脱感作とは、犬が不快に感じない程度の刺激を与え、徐々にレベルを上げてその刺激に慣れさせることを言う（感作の逆の作用）。拮抗条件付けでは、刺激を提示するごとに犬が好きなもの（チキンやチーズなど）を与え、その刺激の先にいいことがあると学習させる。留意すべきなのは、脱感作と拮抗条件付けに、犬側の行動は必要ないということ（犬はただ刺激に反応すればよい）。目的はあくまで感情に変化をもたらすことであり、行動を変えることではないのだ。

「脱感作」と「拮抗条件付け」

・「そのこと」（条件刺激）が犬にとって不快でないレベルで起こる――録音した花火の音を小さい音で鳴らす、知らない人が距離をとって動かずに立つなど。

・「そのこと」に犬が気づけば、すぐに食べ物を与える（無条件刺激によって無条件反射を引き出す）。

・犬がしだいに「そのこと」を克服する条件反射が起こる。

日常的にこれを実行する素晴らしい方法として、ジーン・ドナルドソンが提唱する「オープン・クローズ」の方法がある。犬が刺激に気づけば、すぐにチキンやチーズ（犬に効果のあるごほうびならなんでもよい）の提供を始める（「オープン」の状態）。そのまま提供を継続し、刺激が消えると同時に提供を終える（「クローズ」の状態）。

この方法によって、犬には刺激と食べ物の予測関係が明白になる。ただし、刺激は常に犬にとって快適なレベルでなければならない。「一定レベル以上」になってしまったときは、ただちに刺激のレベルを下げ（音量を下げる、知らない人との距離をとり直すなど）、通常どおり食べ物を与える。

「オペラント条件付け」4つの学習パターン
「正」と「負」×「強化」と「弱化」

私が犬に教えるのが好きなことの1つが、「おすわり、待て」のコマンドだ。飛び跳ねる犬や、飛びつきや咬み癖の問題がある犬ほど、そのコマンド1つで大きく変わり、関わりやすさが格段に上がるのだ。そして何より、犬がごほうびをたくさんもらえる初歩的な訓練だから、トレーニングがシンプルに楽しい。チキンのかけらをちらつかせると、1秒もじっと座っていられない犬もいる。あるいは、こちらが少しでも動くとすぐに飛びついて、後追いしてしまう犬もいる。しかし、「おすわり」の強化を繰り返すと、徐々にできる回数が増え、しまいにはこちらが指示せずともできるようになる。

これは、米国人心理学者のエドワード・ソーンダイクが提唱した「効果の法則」に当てはまる。初期に提唱された動物行動の原理の1つで、満足のいく結果につながる行動は、より頻繁に繰り返されるが、不快な結果を生む行動は起こりにくくなるというものだ。その、ソーンダイクの概念を発展させてオペラント条件付けの研究を行ったのが、バラス・スキナーだ。彼はドッグトレーニングにも用いられる4つの学習パターン、「正の強化」「負の強化」「正の弱化」「負の弱化」を体系化した。

「正の強化」は、ある行動が起こった直後になんらかの刺激（好子）が出現し、その行動の頻度を高めることを言う。やや専門的な言葉だが、2つの語に分解して説明すると、「強化」は行動が続くか頻度が上がることを意味し、「正」は何かが出現する（刺激を与える）ことを指す。たとえば、飼い主が犬に「おすわり」のコマンドを出し、犬が飼い主に従って座ったとき、飼い主が犬にごほうびを与える（好子の出現）。すると、次に指示を出したときに、犬はよりスムーズにおすわりができるようになる（行動の強化）。そして、「正」と「負」というのは評価（善し悪し）を表すのではなく、なんらかの刺激の出現（正）と消失（負）を意味している。

「弱化（じゃっか）」は「罰」とも呼ばれ、ある行動が起こる可能性を下げることを意味する。言い換えれば、「弱化」はその行動を起こりにくくすることだ。「正の弱化」では、犬がある行動をした直後に、「嫌子（けんし）」（ある行動の直後に出現し、その行動の生起頻度を下げる機能を持つもの）が現れる。たとえば、ドアから姿を現した飼い主に犬が飛びかかろうとしたとき、飼い主が犬の胸部に向かって膝を上げてそれを制止する。飼い主が次にドアから姿を現したときに犬が飛びかからなければ、犬の行動が弱化したということだ。ある刺激（胸に膝を向けられる不快感）を出現させて、行動（飛びかかる）が起こる頻度を低下させたのだ。ここで1つ断っておくと、私はこの方法を犬のトレーニングとして推奨するわけではない。その理由はすぐにおわかり頂けるだろう。また、この方法が必ずしもうまくいくとは限らない（犬がそれを一種の遊びと捉えてジャンプを続けるかもしれない）。日常会話で用いられる「罰」というのは、「正の弱化」のことだ。

「負の強化」とは、なんらかの刺激(嫌子)の消失によって、ある行動の頻度を高めることを言う。犬がおすわりできるまでお尻を上から押さえつけ、犬が座ればその手を離すというのもこれにあたる。それで犬がおすわりする頻度が増えたのなら、お尻に圧力がかかる刺激が消失したことによって、行動が強化されたということになる。

「負の弱化」は、なんらかの刺激(好子)の消失によって、行動の頻度が低下するものだ。たとえば、犬が飼い主に飛びつくたびに、30秒間、飼い主が犬に背を向けるか部屋から姿を消す。飼い主の注目という刺激を消失させることにより、飼い主に飛びかかる行動の頻度が将来的に低下するのだ。ただし消去バースト(P72)が起こり得ることをお忘れなく!

左の表には強化と弱化の例が示されている。「行動の結果」は行動に効果が表れなければ意味がない。正の強化を目的として犬をなでても、犬の行動に変容が見られない場合は、なでるという行為が犬の行動を強化していないということになる。

「行動の結果」が行動を変えるための唯一の手段というわけではない。先行事象を変えてみるのも一手である。ドッグトレーナーが「先行事象の見直し」と呼ぶ方法だ。たとえば、犬が便器に溜まった水を飲んで飼い主が困っているとする。その先行事象は、トイレのフタが上がっていて、犬がいつでも便器の水を飲める状況にあることだ。もっとも賢明な先行事象の見直しとしては、トイレのふたを絶対に上げっぱなしにしないことだろう。フタが閉まった状態では、犬が便器の水を飲むことはできないのだから。もちろん、犬の水飲み場をほかに設けておくこ

オペラント条件付けの例

正の強化と負の弱化を用いた報酬ベースのトレーニング

先行事象	行動(反応)	行動の結果	行動の変容
「おすわり」のコマンドを出す。	犬が座る。	正の強化: 好子が出現する。 例)チキンやチーズなどのおやつ、おもちゃを使った遊び、体をなでられる(飼い主の注目)。	行動の頻度が高くなる。
飼い主が帰宅する。	犬が飛びつく。	負の弱化: 好子が消失する。 例)チキンやチーズなどのおやつがもらえない、おもちゃを使った遊びができない、飼い主の注目を失う/飼い主が姿を消す。	行動の頻度が低くなる。
犬と触れ合う。	犬が飛びつく。	正の弱化: 嫌子が出現する。 例)リードを引っ張る、犬のお尻を押さえて座らせる、ショックカラーで電気ショックを与える。	行動の頻度が低くなる。
「おすわり」のコマンドとともにリードを引くか(リードショック)、お尻を押さえる、あるいはショックカラーで電気ショックを与える。	犬が座る。	負の強化: 嫌子が消失する 例)リードを引っ張られない、お尻を押さえつけられない、電気ショックが流れない。	行動の頻度が高くなる。

とが大前提となる。

トレーニング方法と行動の因果関係
恐怖や痛みによる時代遅れの方法は×

報酬ベースのトレーニング方法には、正の強化か負の弱化、あるいはその両方を用いるもの、または人的管理（ゴミ箱にフタを付けて犬がゴミを漁れないようにする、リードを引っ張る犬に対して引っ張り防止ハーネスを用いるなど）を戦略とするものがある。[*6] また、十分な運動や「エンリッチメント」（飼育動物の福祉を向上させるための飼育環境の改善やその方策）も行動上の問題の改善につながる（9、10章）。

『ジャーナル・オブ・ベテリナリー・ビヘイビア』に掲載されたレポートによると、犬の飼い主の88％が家庭で多少のトレーニングを行っているが、そのほとんどが報酬ベースのトレーニング方法を採用していないことがわかった。[*7] 報酬ベースのトレーニングの有効性が科学的に証明されているとは知らず、恐怖や痛みを利用した時代遅れの方法で犬を訓練する人たちもいる。「ちょっと小突くだけ」だの「行動を正すため」だの「伝達のため」だのと彼らは言う。しかし、ピンチカラー〔訳註：内側に金属製のトゲが付いた首輪〕やチョークカラー〔訳註：輪縄状の首輪〕やショックカラー〔訳註：電気ショックが流れる機能がついた首輪〕、リードを使った叱責やアルファロール（犬を仰向けに寝かせて犬が動きを止めるまで固定する）〔訳註：「アルファ」はウルフパック（オオカミの群れ）の最上位の個体を指す〕が効果を発揮しているように見えるのは、犬がその痛みや恐怖に反応しているのだ。これらはすべて嫌悪療法である。

『ジャーナル・オブ・ベテリナリー・ビヘイビア』に、犬の飼い主にドッグトレーニングの方法とオビディエンス（服従訓練）について尋ねた調査結果が掲載されている。[*8] 注目を求める行動（飛びつく、前脚でつつく、咬みつく）や、恐怖心（人を避けたり隠れたりする）、攻撃性などを含む全36項目の問題行動リストの中から、自分の犬に当てはまるものを答えてもらった。すると、犬の78％に飛びつく行動、75％に前脚で触れるなどの注目を求める行動、74％に訪問客に対する興奮が見られた。これらはみな、友好的で社会的な行動に分類される（少なくとも犬からすればそういうことになる）。

飼い主の三大困り事としては、家族を攻撃する、飼い主が在宅時に部屋を散らかす、飼い主が不在時に物を噛んだり壊したりするといった行動が挙げられた。トレーニングに正の強化のみを用いる飼い主では、恐怖心、攻撃性、注目を求める行動があるという報告が少なかった。また、飼い主が正の強化と正の弱化の両方を用いてトレーニングを行った犬（いわゆる「アメとムチ」のトレーニング）には、それらの問題行動がもっとも高いレベルで見られた。

『アプライド・アニマル・ビヘイビア・サイエンス』で、ウィーンで実施された犬の体格の違いに注目した調査結果が報告された。[*9] ウィーンでは、犬の飼い主が必ず犬籍登録を行わなければならない。犬籍登録を行った飼い主にアンケートを無作為に送付し、小型犬（体重20kgまで）と大型犬を分類した平均的な結果を算出した。すると、体格に関係なく飼い主の80%が、リードショック（リードを引っ張ること）を与える、叱りつける、マズルを掴んで叱責するなど、罰を用いたトレーニングを行っていることがあきらかになった。

その一方で、飼い主の90%がトレーニングに報酬を頻繁に用いていた。また、小型犬と大型犬の両方で、罰を用いたトレーニングを受けた犬ほど、攻撃性がより高く、興奮しやすいことがわかった。罰と問題行動の関連性は小型犬のほうが顕著に表れていた。それに対して、報酬を多く用いる飼い主ほど、愛犬の服従性をより高く評価し、攻撃性や興奮は低いと評価していた。注目すべき点はほかにもある。小型犬の飼い主は、大型犬の飼い主と比べてトレーニング方法に一貫性がなく、トレーニングそのものをあまり重視せず、愛犬と一緒に活動することも少ないことがわかった。服従性には一貫性が重大な意味を持つ。つまり、飼い主に一貫性がないと、犬の従順性も低くなるのだ。

『アプライド・アニマル・ビヘイビア・サイエンス』で発表された別の調査では、犬の飼い主53名にドッグトレーニングに関する実験に参加してもらい、飼い主が犬に「おすわり、伏せ、待て」のコマンドを出す様子を録画した。[*10] 飼い主には希望に応じて報酬用のおやつの袋とボールを提供し、犬に新しいタスクを教える時間を5分設ける。犬が覚えるのは、2本あるスプーンのうちのいずれかをコマンドに従って触るというタスクだ。参加した飼い主は全員、報酬ベースと罰ベースのトレーニングをどちらも行った経験があった。

実験の結果、飼い主が元々、報酬より罰を用いる割合が高かった犬は、飼い主とあまり遊ぼうとせず、飼い主以外の実験者ともあまり関わろうとしなかった。一方、報酬を多く用いていた犬は、新しいタスクを覚えるのが早かった。また、飼い主が報酬を多用して辛抱強く向き合った場合、タスクの習得度がより高かった。より良い結果は動機付けによって生まれると言えそうだ。

『ジャーナル・オブ・ベテリナリー・ビヘイビア』に掲載された別の調査では、2つのトレーニングスクールで観察が行われた。一方のスクールでは正の強化を用い、もう一方では負の強化を用いてトレーニングを行う。[*11] 負の強化のグループでは、犬が低い体勢をとる（体を地面に近づける）などのストレスの兆候が見られ、正の強化のトレーニングを行ったグループでは、犬が飼い主のほうを見る回数がより多かった。飼い主が犬にコマンドを出すときには犬の注目が必要となるため、犬が飼い主に視線を送るというのは良い傾向だ。

このことからも、正の強化が犬の福祉にプラスに働くだけでなく、人と犬の絆にも良い影響を与えることがわかる。

『アプライド・アニマル・ビヘイビア・サイエンス』に掲載されたアンケート調査では、嫌悪療法的なトレーニング方法が攻撃的な反応を引き出す可能性が大きいことがあきらかになった。[*12] 少なくとも飼い主の25%が、アルファロールやドミナンスダウン（犬の体を横倒しにして動きを止める）、マズルを掴む、口にくわえた物を強制的に取り出す、アゴの肉を掴むなどの行為に対して、

視線は人と犬の関係において重要な役割を果たす。©写真／ジーン・バラード

犬が攻撃的な反応を見せたと報告している。犬の11％がチョークカラーやピンチカラーの使用によって攻撃的な反応を示し、7％がショックカラーで攻撃的な反応を見せた。犬に向かって唸る、にらみつける、強い口調で「ノー」と言うなど、それほど嫌悪的でない方法でも、ときどき攻撃的な反応が見られた（驚かれたかもしれないが、「犬に向かって唸る」というのも嘘みたいな本当の話だ）。

『ジャーナル・オブ・ベテリナリー・ビヘイビア』は、先に述べたトレーニング方法を含む調査・研究論文17編をレビューし、報酬ベースの方法が犬の福祉にとってより望ましく、より高い効果を発揮することがあると結論付けた。[*13] これらの多くは相関調査であり、トレーニング方法と恐怖心、不安感、ストレスの兆候との因果関係を証明するものではないが、米国獣医動物行動学会やペット・プロフェッショナル組合などの団体は、既存の研究結果に基づき、嫌悪的アプローチをドッグトレーニングに用いないよう警告している。[*14]

ショックカラーの危険性
トレーニングには逆効果

多くのトレーナーはショックカラーを使わずに素晴らしい成果を上げているというのに、いまだに使用を続けるトレーナーもいる。ショックカラーとは、動物に電気ショックを与える首輪のことだ。「ちょっとした刺激」と言うが、犬にとってはできれば回避したい不快な刺激だ。それに、この首輪はトレーニングにまったく効果がない（むしろ逆効果だ）。ショックカラーがまるで最後の切り札であるかのように推す人もいるが、そこに科学的根拠は何もないのだ。

論文誌『プロスワン』によると、ベテランのトレーナーが製造元のガイドラインに従って使用したとしても、ショックカラーは動物の福祉を損なう危険をはらんでいるという。[*15]

ある実験で、首輪を用いたリコールトレーニング（呼び戻しの訓練）を、家畜（このときは羊）がいる環境で行った。その状況でもコマンドに応じるかを試すためだ。犬は3つのグループに分けられ、それぞれショックカラー製造者協会推薦のトレーナーが行うショックカラーを用いたトレーニング、同じトレーナーによる正の強化を用いたトレーニング、そして、正の強化を専門とするトレーナーが行う正の強化を用いたトレーニングを受ける。犬はみなショックカラーを着用するが、スイッチが入ったものと切られたものがあり、トレーニング動画を見て評価する人にはその見分けがつかない（条件不明の状態が保たれる）。ショックカラーが作動する犬にはストレスの兆候（尾を下げる、あくびをする）がより多く見られたが、ホルモンの1つであるコルチゾール値（興奮度を表す）には変化が見られなかった。この実験からも、ショックカラーが動物福祉を害し、正の強化トレーニングを上回る成果は期待できないとの結論に達した。

犬が家の敷地などから出ないようにするための装置として、ショックカラーを用いた電気柵というものがある。犬を留めておきたいスペースを囲う「柵」として、地中にセンサーを埋め込み、その上にフラッグを立てるなどして印を付ける。犬がセンサーの上をまたぐと首輪が反応し、電気ショックが流れるという仕組みだ。

柵の使用に関しては、米国オハイオ州で犬の飼い主を対象に行われた調査結果が『米国獣医学会ジャーナル』に掲載されている。電気柵を使用した人の44％が、犬が脱走したと回答。一方、物理的な柵を設けた人のうち、犬が脱走したと答えたのは23％だった。[*16]

電気柵では、犬がセンサーをまたいで囲いの外へ出た場合（通りがかった猫を追いかけるなどして）、戻るには再び電気ショックを受けなければならないため、囲いの中へ帰るのを躊躇するかもしれない。さらに、この柵はほかの動物や人の浸入を防ぐことができないため、犬がほかの犬や野生動物から攻撃を受けるリスクを排除できない。また、犬が電気ショックを受けたときに、たまたまその場に居合わせた犬や人物と関連付けてしまうリスクもある。そのせいで、ほかの犬や人に恐怖心を抱いたり、攻撃的になったりする可能性があるのだ。

科学的調査・研究の結果、ショックカラーの使用は正当化できないと結論付けられ、使用禁止が提案されている。その代替として推奨されるのが、報酬ベースのトレーニングだ。[*17] ウェールズ、オーストリア、デンマーク、スウェーデン、スイスなどいくつかの国や地域では、ショックカラー（電気柵も含む）の使用が禁止されている（ウェールズなど一部の地域を除く英国ではショックカラーを禁止しているが、犬猫用の電気柵は禁止されていない）。

報酬ベースのトレーニングで好結果 罰はストレスであり信頼関係を壊す

私はかつてハーネス着脱のトレーニングに1時間ほど格闘したことがある。美しい小さなシベリアンハスキーの女の子だが、散歩に出ると激しくリードを引っ張る癖があり、スキンシップにもあまり慣れていなかった。ハーネスを着けようとすると、飛びついたり、咬みついたりする。

そこで私は、ただハーネスを見せ、飛びつかなかったらチキンのかけらを与えるというやり方に切り替えた。次のステップでは、チキンで誘導して頭をハーネスにくぐらせ、最終的に自分からハーネスに頭を入れられるようになるまで見守る。その子はチキンに目がなくて、それにとても賢く、お散歩が大好きだったおかげで、その後のトレーニングは順調に進んだ。ハーネスを着けられたとき、短いトイレ休憩で外へ連れ出してやると、とても嬉しそうにしていた。室内に戻ってさらに練習を続けたが、彼女はもう私の手を咬むことはなかった。

私は飛びつく犬にハーネスを着けることに慣れているが、ほかの誰かが彼女にハーネスを着けるとき、彼女がお行儀よくじっと待っていられるようにしておきたかった。シベリアンハスキーにはたっぷりの運動が必要だ。正の強化でハーネスの着脱ができるようになれば、長い散歩を思う存分楽しめるようになる。

私たちは、犬の食事からトイレの時間、運動、楽しい活動や怖い出来事まで、彼らが体験するすべてのことに責任を負っています。その重大な責任を自覚した瞬間、また、犬が非力な動物で、その福祉の実現が私たちの手にかかっているのだと認識した瞬間から、犬に対する思いやりと配慮の気持ちが自然と生まれます。犬は選択肢が与えられれば選択します。暖かく、十分な食事が摂れ、愛着のある人や動物に寄り添い（これがとても重要!)、安心して過ごせる場所を選びます。私たち人間は、その選択肢を用意する存在であるべきなのです。
だからこそ、行動の修正は非強制的でなければなりません。犬の行動を正したいなら、犬に適切な選択肢と選択する時間を与え、望ましい行動を強化すればよいのです。犬が選択を誤れば、再度挑戦すればいい。ただ、罰は与えてはいけません。罰はストレスにつながり、信頼関係を壊し、犬の選択を妨げてしまいます。私たちにも選択肢が用意されています。思いやりを持って、寛容にトレーニングを行うという重要な選択肢が。
――イラナ・ライズナー
獣医学博士、米国獣医行動学専門医、ライズナー動物行動療法コンサルタントサービス

トレーニングは犬の福祉向上に役立ってくれる。犬はトレーニングを通じて、触れ合いや遊び、食べ物などが得られる行動を学ぶ。どのように振る舞うべきか確信できない場面では、過去に報酬を得た「おすわり」などの行動に立ち返る。『ジャーナル・オブ・ベテリナリー・ビヘイビア』に掲載された調査によると、獣医師や獣医行動療法士の適切なアドバイスが犬の安楽死を減らし、家庭で幸せに暮らし続ける機会を犬に与えるのだという。[*18]
報酬ベースのトレーニングそのものが、愛犬にエンリッチメントを与える楽しい活動になる。

フードや遊びをごほうびとしたトレーニングによって、麻薬の探知ができるようになったり、ハンドラーとフリースタイルで踊るドッグダンスを習得したり、人間の言葉を覚えたりもできるのだ。ボーダーコリーのリコは200語以上の言葉を覚え、同じくボーダーコリーのチェイサーはなんと1000語を超える単語を記憶したという。[*19]

愛犬の良い行動も悪い行動もすべて、「パック（群れ）のリーダー」に立ちたいという欲求ではなく、行動の結果によって動機付けられたものだと理解すれば、この世界を犬にとってより良いものに変えていくことができるでしょう。犬にアルファポジション（リーダーの立場）を奪われないよう支配下に置くべきだというのは、まったく時代遅れの神話です。

過去15年における犬の研究の発展はめざましく、私たちの犬に対する理解も格段に深まりました。犬は人間より優位に立とうとしているのではなく、ただ自分のためになる行動をしているだけです。望ましい結果を伴う行動は繰り返され、そうでない行動は消滅していきます。それは私たち人間にも言えることだし、地球上のどんな生き物だって同じです！　これこそが正の強化のトレーニングが有効である理由なのです。

犬は（その他の動物と同様）、好ましい刺激によって望ましい行動を強化すれば、すぐに学習して、その行動を繰り返し行えるようになります。近年の科学的研究から、望ましくない行動に対する身体的な罰（叩く、チョークカラーを引っ張るなど）は、犬の福祉や人間との信頼関係に悪影響を及ぼすばかりで、犬に行動を教える役割を一切果たさないということがわかっています。残念ながら、こうした犬の行動と学習、そしてトレーニングに関する新しい理解は、いまだ一般的に認知されず、古い考えがはびこり続けています。新しい知識を広く知らしめ、犬により良い世界を作れるかどうかは、私たちの手にかかっているのです。

——ケイト・モーンメント
応用動物行動学博士、ペッツ・ビヘイビング・バッドリー

子犬の教室「パピークラス」のすすめ
人や犬と接するポジティブ体験による社会化

優良な「パピークラス」（子犬の教室）は子犬の社会化を助けてくれる。

『アプライド・アニマル・ビヘイビア・サイエンス』が発表した調査で、パピークラスに参加

した子犬は、家庭内でもそれ以外の場所でも、見知らぬ人に攻撃的になるリスクが低くなることがわかった。[20] さらに同じ調査において、子犬が成犬のしつけ教室に参加した場合、攻撃的になるリスクが高まることもわかった。これはおそらく、教室には問題を抱えた犬が参加していることと、下調べを怠って教室を選んでしまったことが原因と考えられる。

また、1回きりのトレーニングでは、6週間にわたって報酬ベースのトレーニングをするパピークラスと同等の効果は得られないこともわかっている。[21] 6週間のクラスでは、子犬がほかの人や子犬と継続的に交流する機会が持てるし、こうした体験を通じて、出会いの経験が定着していくのだ。ちなみに、子犬は生後7~8週間からパピークラスを始められるが、少なくとも受講の1週間前までにワクチン接種が完了していなければならない。[22]

ゲルフ大学博士課程を修了し、ランドマーク・ビヘイビアを設立して動物行動学のコンサルタントとして活動するジャネット・カトラー博士が、子犬を新たに飼い始めた人を対象としたアンケート調査を行った。子犬の社会化のためにしていることは何か、パピークラスを受講しているかどうかを尋ね、受講している場合（全体の49％が受講していると回答）は、そのトレーニングの内容についても回答を求めた。[23] カトラー博士は次のように話してくれた。「パピークラスを利用している人たちは、大声で叱ったり、犬の背を押さえつけたりするなど、罰ベースのトレーニングを行う確率が低いことがわかりました。またその子犬たちも、音に対する過剰な反応や、クレートトレーニング〔訳註：ペットを持ち運ぶためのキャリーに飼い主の指示で入るためのトレーニング」への恐怖心を示しにくいこともわかりました」。ただし、これはあくまで相関研究であり、愛犬にパピークラスを受講させる人とさせない人による違いもあるかもしれない。

一般の科学的文献では社会化の「十分なレベル」がまだ定まっていないが、カトラー博士の調査における「不十分なレベル」の定義は、見知らぬ人と接触する機会が2週間で10人以下、見知らぬ犬と接触する機会が2週間で5頭以下である。「パピークラスに参加した子犬はより多くの人や犬と接触することができた」と言うが、それでも調査対象となった子犬の3分の1は十分なレベルの社会化ができなかった。とはいえ、カトラー博士は、重要なのは体験の質だと強調する。人や犬に強制的に会わせることが社会化ではない。その体験が恐怖を植え付け、逆に犬を傷つけてしまうことにもなりかねないのだ。

子犬のうちに大きな音（花火など）に慣れておけば、成犬になったときに怖がらないようになる。しかし、カトラー博士によると、音慣れのトレーニングを行うパピークラスはそう多くないのだという。また、将来的に動物病院で役に立つハンドリング（スキンシップ）の訓練も、多くのクラスで行われていないという。その状況を踏まえて、彼女はこう締めくくった。

「子犬を迎えた人には、ポジティブ体験ができるパピークラスに参加することをおすすめします。私は動物行動学のコンサルタントですが、迎えたばかりの子犬を地元のスクールに通わせています。なぜなら私自身がトレーニングクラスを受け持っているわけではありませんから。社会化について十分わかっているし、トレーニングの知識もありますが、それでも子犬と一緒にパピークラスに参加します。パピークラスにはそれだけの価値があると思うのです」

優良なパピークラスは、臆病な子犬を活発な子犬から遠ざけたり、飼い主の後ろに隠れたいときにはそうさせたりするなど、すべての子犬が快適に過ごせるよう配慮している。遊びの機会も、すべての子犬にとってポジティブ体験でなければならない。飼い主が子犬の反応から判断できないときは、トレーナーが子犬を隔離して様子を見る（同意テスト）。いじめられているように見えた子犬が、自ら遊びの輪へ走って戻っていくようなら、その遊びに同意しているということだ。しかし、戻ろうとしないなら、子犬はそのまま離しておくほうがいい。優秀なトレーナーは、子犬がほかの子犬にいじめられることのないよう目を配り、必要時にはフェンスや運動用の囲いを用いて対応する。

成犬にもトレーニングクラスは有効　フードを使うドッグトレーナーを選ぶ

子犬だけでなく成犬にとっても、トレーニングクラスは有効だ。オビディエンスをはじめ、訪問客に対する反応や動物病院での振る舞いなど、さまざまな場面に特化したクラスが設けられている。問題行動を修正したいなら、プライベートレッスンがより効果的かもしれない。

ドッグトレーナーを選ぶときは、フードを使うトレーナーを探すと良い。フードを用いたアプローチなら自然と身体的な罰が回避されるし、フードは即時的な好子として飼い主にとっても使いやすい。問題によっては獣医師や行動療法士、あるいは動物行動学の専門家（または獣医師と相応の資格を有するトレーナー）に相談したほうがいいだろう。身近に専門家が見つからなくても、オンラインや電話で相談に応じてくれるトレーナーもいる。

あなたの犬に攻撃性、恐怖心、破壊的行為のいずれかが見られるか、いたずらが過ぎる、人に飛びつく、言うことを聞かないといった問題があったとしても……きっと解決するはずです。犬の行動が改善されれば、あなたと犬の関係もより良くなります。犬をトレーニングに参加させれば、それがどんなクラスであっても――リアクティブ・ローバーのクラス（ほかの犬との触れ合いが苦手な犬を訓練する）や、専門のトレーナーによるマンツーマンレッスンなど――必ずや得るものはあるはずです。トレーニングを通してスキルを身につけ、必要に応じて部屋のレイアウトを少し変え、ポケットに小さなおやつを忍ばせるようになったあなたは、こんなにも変わるものかと目を丸くするでしょう。困り事を抱えているけれど、これまでの方法では成果が出なかったというなら、ドッグトレーニング・スクールの助けを借りるべきです。きっと良くなるはずですから。

――クリスティー・ベンソン

認定トレーナー&カウンセラー、ドッグトレーナー・アカデミー、ドッグトレーナー兼スタッフ

〔まとめ〕

家庭における犬の科学の応用の手引き

- 正の強化を用いる。正の強化は犬のトレーニングに効果的な方法で、罰ベースのトレーニングのようなリスクを伴わない。ドッグトレーニング方法についての知識と、トレーニングが犬の福祉に与える影響については、オンラインで資料を入手することができる――「ドッグトレーニングに関する科学的資料」などで検索。
- 理論を実践に移す際は、今一度犬の視点から問題行動を見つめ直してみる。好ましくない行動をしているなら、問題となる行動の好子を消失させるか、望ましい行動を強化する好子を提供する。報酬ベースのトレーニングも状況改善の手段として検討する。犬の恐怖心については13章で述べる。
- 疑問点について質問する。ドッグトレーニングのスクールを探したり、個別レッスン

のトレーナーを雇ったりする際は、トレーニングに用いられるメソッドについて質問し、望ましいトレーニングかどうかを事前に確認する。

・ドッグトレーナーを選ぶ際は、専門家団体に所属して専門技術のアップデートに努め、フードを用いたトレーニングを行う認定トレーナーであることを確認する。北米で信頼のおける認定資格としては、トレーニング&カウンセリング資格（ドッグトレーナー養成専門学校が認定する資格、通称CTC）、カレン・プライヤー・アカデミー認定トレーニングパートナー資格（通称KPA CTP）、ビクトリア・スティルウェル・アカデミー認定ドッグトレーナー資格（通称VSA CDT）、パット・ミラー・トレーナー認定資格（通称PMCT）などがある。各プログラムのウェブサイトでトレーナーを検索できる（日本でも各団体、学校などが独自に設けたドッグトレーナーライセンスの認定が行われている）。

・正の強化と社会化に重きを置いたパピークラスを探す。遊びの最中に気おくれした子犬をやんちゃな子犬から離したり、ほかの人たちと触れ合う機会を与えたりする（強制はしない）など、配慮の行き届いたクラスを選ぶ。

・毎日必ずトレーニングの時間を確保する。長時間にわたる1回のトレーニングより、複数回の短時間トレーニングのほうが効果的だ。特に問題行動の改善に取り組むときは、トレーニングを台無しにしてしまわないよう、家族全員の意思統一を図る。

・成犬のトレーニングクラスの受講を検討する。成犬向けのクラスは、基本的なオビディエンスからトリック（「お手」や「おすわり」などの、いわゆる「芸」）のレッスン、ノーズワーク（嗅覚を使っておもちゃやおやつなどのにおいを探し当てるゲーム）などの楽しい活動まで、あらゆる要素を網羅している。

4章　やる気を引き出すトレーニング

MOTIVATION AND TECHNIQUE

ドッグトレーニングの本でも科学的根拠のない不明確な情報が

私はあるとき、ジャーマンシェパードを散歩させている男性を見かけた。遠目にも犬の緊張が見てとれる。体を異様に低く下げているし、歩き方も不自然だ。いったいどんな種類の首輪を着けているのだろう。赤信号で止まったときに確認した。内側にトゲが付いたピンチカラーが、首のかなり上部に食い込んでいる。わざわざそんな首輪を選ばなくたって、ノープルハーネス〔訳註：犬の引っ張りをコントロールできる機能がついたハーネス〕なんかを使えばいいのに。どうしてその男性がピンチカラーを選んだのか、私には理解できなかった。

犬のトレーニング方法はさまざまな媒体で学ぶことができる。『ジャーナル・オブ・ベテリナリー・ビヘイビア』によると、ドッグトレーニングの情報をどのように入手するかと尋ねるアンケート調査で、55%の人が「自分で調べる」と回答したという。[*1] そのうちの42%はインターネットやTVや本で情報を得ると答え、13%は「勘」と回答している。『アプライド・アニマル・ビヘイビア・サイエンス』に掲載された別の調査でも、特定のトレーニング方法については「自分で調べる」と回答した人が高い割合を占めた。[*2]

残念ながら、『動物と社会』の調査によると、ドッグトレーニングの本を読んだからといって、必ずしも科学的根拠に基づく最新のアドバイスが手に入るとは限らないという。[*3] 調査では、ドッグトレーニング関連のベストセラー本を5冊選び、犬の飼い主が知っておくべきテーマを中心にレビューを行った。5冊のうち数冊には非常に有用な情報が紹介されていたし、ビクトリア・スティルウェル著『イッツ・ミー・オア・ザ・ドッグ』（未邦訳）と、カレン・プライアー著『うまくやるための強化の原理』（二瓶社）は秀逸だった。しかし、よく売れているというドッグトレーニングの本でも、矛盾した情報や科学的根拠のない不明確な情報を紹介するものや、ネガティブな結果につながる罰ベースのトレーニングを推奨するもの、さらには、犬の行動の理解を妨げる擬人化や、リーダーシップ論を掲げるものも見受けられた。

この調査論文の第一著者であるクレア・ブラウン博士は、ニュージーランドのワイカト大学で専任講師（助教にあたる）を務め、臭気探知犬の保存について研究している。ブラウン博士が私に送ってくれたメールには次のように書かれていた。

「ドッグトレーニングの優れた指南書の条件は、読者が理解し実践できるような情報が書かれていることです。また、その情報は科学的根拠に基づくものでなければなりません。しかし、このレビューからは、ベストセラー本（大手オンライン書店で何年も上位にランクインし続けている本）だからといって、必ずしもその条件を満たしているわけではないということがわかります。これは由々しき問題です。それらの本を読んだ人たちは、トレーニングの効果や動物福祉を向上させるための最善の情報が得られないのですから」

動物福祉にとって、また、無意味なアドバイスのせいでトレーニングが迷走してしまった人たちにとって、これを悲報と言わずしてなんと言おう。

レベルを上げ下げする有効なトレーニング「プッシュ・ドロップ・スティック」

私は今、ボジャーにトリックを教えている最中だ。両腕で作った輪っかをボジャーがジャンプしてくぐるという技だ。そして、私たちはちょうど難局をくぐり抜けようとしているところだ。

この「輪くぐり」のトレーニングを何段階かに分解して進めることにした。まずはフードを用いてボジャーを誘導し、床から10㎝の高さで片腕を伸ばし、それをまたげるかどうか試してみた。ボジャーには難しかったようだ。そこで、片腕を床にぴったり付け、指先を壁に触れた状態から始めてみることにした。私にとってはきつい姿勢ではあったが、ボジャーにとっては快適な設定だったようで、フードを追ってすんなりと腕をまたぐことができた。そこですぐさま私が、フードを持たずに手で誘導すると、ボジャーもそれについて前進した。ボジャーの体が私の腕の上を完全に通過したところで（尻尾が私の顔をなでれば通過した合図だ）、私はお尻のポケットからおやつを取り出してボジャーに与えた。

難関は、腕を徐々に高くしていく段階に入ってからだ。床から5㎝の高さならまだ大丈夫。ボジャーの普段の歩き方で十分またぐことができるから。しかし、私が腕を心もち上げて、ボジャーの胸のあたりに設定すると、ボジャーは私の腕に体当たりして突破しようとする。私は負けじと腕を保ちながら、「惜しい！」と声をかける。2回めも、3回めも同じ。むしろ、ボジャーはますます強く押すばかりだった。

そうなれば、次の挑戦に移る前にいったん腕を下げてみる。著名なドッグトレーナーのジーン・ドナルドソンが考案した「プッシュ・ドロップ・スティック」のやり方だ。5回の挑戦のうち4回から5回成功すれば、難易度を1つ押し上げる（プッシュ）。3回成功したら同じレベルに留まり（スティック）、1回か2回しか成功しなければ難易度を1つ落とす（ドロップ）。このトレーニング方法は効率がいい。成果に合わせてレベルを上げ下げするため、常にちょうどいい強化率が保たれて、犬の注意力を維持することができるのだ。

この方法でトレーニングを何度か繰り返す——プッシュ、ドロップ、プッシュ、ドロップ……。腕の上げ幅を小さく刻めばうまくいくかと考え、それも試してみた。終始ボジャーは高い集中力を保っていたし、私もボジャーが失敗したときには素早く次のトライに切り替えたので、トレーニングには楽しく取り組むことができた。腕をまたぐボジャーの足取りにジャンプの兆しが見えたときは、嬉しくてこちらが飛び跳ねたくなった。ボジャーも嬉しそうだった。だって、もらえるごほうびがちょっぴりグレードアップしたのだから。

このボジャーの輪くぐりには、トレーニングで大切なことがすべて詰まっている。犬が好きなものを報酬として用い（ボジャーには小さなピーナッツバタークッキーを使う）、地道なトレーニングプランを立て、誘導用のフード（ルアー）は早い段階で与え（ただしそれとは別に毎回ごほうびを与える）、成功しなかったときはそれを明確に伝えて（「惜しい！」と声をかけるなど）、すぐに次のトライへ移行し、ごほうびは常にタイムリーに与える。それから、犬に選択権を与えること。疲れたときはやめればいい。トレーニングはどこにも逃げはしないのだから。

「報酬」によるトレーニング効果の差なでる、ホメる、フードの量や種類

トレーニングの基本的なコンセプト（犬が飼い主のコマンドに従い、飼い主が犬にフードや遊びなどのごほうびを与える）は単純で楽しいものだ。しかし、その細部はより複雑だ。また、犬をトレーニングする際には、どうやって犬をその気にさせるかも重要になる。

『ジャーナル・オブ・ザ・エクスペリメンタル・アナリシス』で発表されたエリカ・フューバカー博士とクライブ・ウィン教授による調査では、家庭で飼育される犬とシェルターの犬を対

象とした実験と、人間に育てられたオオカミを対象とする実験が行われた。[*4] 人と触れ合う機会が少ないシェルターの犬は、社会的交流の報酬に対して特に良い反応を示すと予想されるだろう。しかし、触れ合いに価値を見出すには密接な関係性が必要だというのなら、飼い主と暮らす犬のほうがより良い反応を示すはずだ。

犬とオオカミには、手にノーズタッチするタスクが与えられた。報酬がフードの場合、フードを少しずつ与える。報酬が社会的交流の場合、飼い主かトレーナーが側頭部を4秒間なでながらホメる（オオカミのうちの1頭は身体的接触を苦手としていたのでなでずにホメた）。報酬を与える時間はどちらとも平等に設定した。シェルターの犬、家庭で飼育される犬、人間に育てられたオオカミのいずれのグループでも、報酬にフードを用いた場合にノーズタッチが多く見られ、そのインターバルも短かった。個体差はあるが、いずれのグループも報酬に社会的交流を用いた場合はノーズタッチがあまり見られなかった。

フューバカー博士とウィン教授が学術誌『ビヘイビオラル・プロセシズ』に発表した別の実験では、フードと触れ合いのどちらがより強く犬を動機付けるかの調査が行われた。[*5] 部屋の中に2人の人が座り、一方は報酬としてフードを与え、もう一方は犬の体をなでるという実験だ。犬がどちらかの人物に近づくと、そこで留まった時間だけ報酬がもらえる。実験場所（犬のデイサービスと大学の研究室）、報酬を与える人（飼い主か見知らぬ人）、予備条件（犬が事前に飼い主と接触したりフードをもらったりできる時間が制限される、あるいは制限されない）の設定が複数用意され、シェルターの犬にも同じ実験が行われた。

フードの報酬は与え方に変化が加えられた。最初は継続的に与えられるが、やがて15秒ごとに1つ、1分ごとに1つと頻度が減り、しまいにはすっかり消滅し（フードを一切与えない）、その後また継続的に与えられるようになる。実験の結果、ほとんどの犬はなでられるよりもフードを好むことがわかった。もらえるフードが減ったときの選択には個体差が見られたが、再びフードが継続的に与えられるようになると、犬たちはフードを与える人の元へ戻っていった。親しんだ環境であっても知らない人になでられることより、頻度が低くてもフードを選んだ。

ただし、シェルター犬では結果が少し違っていた。フューバカー博士が次のように解説している。「私はなんとなく、シェルターの犬はフードしか選ばないだろうと予測していました。だから、フードがだんだんもらえなくなり、しまいにはすっかり消滅してしまったとき、なでてくれる人物を選ぶかどうか確認してみようと考えていたんです。しかし、シェルター犬はフードが制限されてあまりもらえなくなると、すぐになでてくれる人物の元へ向かいました。中には最初からフードよりもなでられるほうを選んだ犬もいたのです。予想外の結果に驚きました」

一方、家庭で飼育される犬にとってはフードの重要性がはるかに高く、慣れない環境に置かれたときにのみ変化が見られた。フューバカー博士はこう説明する。「家庭で飼育される犬は、フードからなでられるほうへそう簡単には足を向けませんでした。フードが消滅しても、それまでフードを与えていた人の元で待ち続けたのです。シェルターの犬のようになでられるほうを選んだのは、慣れない環境下で飼い主になでられる場合のみでした。家庭で飼育される犬がなんとかなでられたくなるような状況を作り確認してみたんです」

『ジャーナル・オブ・ザ・エクスペリメンタル・アナリシス』で発表された別の調査・研究で、フューバカー博士とウィン教授は、犬がなでられる報酬とホメられる報酬ではどちらを好むかを実験した。[*6] 彼らは114頭の犬（シェルター犬とペット犬）に、ホメ続ける人（「いい子！」などと声かけをする）となで続ける人の2つの選択肢を用意し、5分後にそれぞれの人の役割を入れ替えた。

犬たちが選んだのはなでてくれる人だった。家庭で飼育されるペット犬は、なでてくれるのがたとえ見知らぬ人でも、その人のそばに留まった。別の犬を集めた追跡調査で、ホメてくれる人と何もしてくれない人という2つの選択肢を用意したところ、両者のあいだにはほとんど差が見られなかった。この一連の調査・研究から、犬はなでられるのが好きだが、報酬としてもっとも効果があるのはフードだということがわかった。ほかの研究者たちもこの結論には納得している。

『獣医学ジャーナル』に掲載された実験では、フードへの執着度がトレーニングの上達度にどう影響するかを分析した。[*7] 実験に参加したのは犬舎で暮らす34頭の犬で、エサ皿に入れて与えたフードを食べきれずに残した犬、食べるのが遅くて食べ終わるまで時間がかかった犬、食べるのが速くてすぐに食べ終わった犬の3つのグループに分けられた。

5分3セットを1クールとして、それぞれのグループの犬に5秒間座るようコマンドを出し続け、できるたびに報酬としてフードを与える。さらにもう1クール同じようにコマンドを出し続けるが、今度はフードを与えず、ハンドラーが「グッド」と声をかけて犬をなでる。

早食いの犬たちは報酬がフードのときにはよく反応したが、ホメてなでる報酬に切り替えたとたん、目に見えて反応が悪くなった。

食べるのが遅い犬たちはフードにもよく反応したが、ホメてなでる報酬にも良好な反応を見せた。フードを食べ残した犬たちは、どちらの報酬にも動機付けされる様子はさして見られなかった。とはいえ、すべての犬が、ホメてなでる報酬よりも、フードの報酬のほうに高い反応を示していた。個体差はあれど、犬はみんな食べ物に動機付けされるということだ。

また、15頭の犬を対象とした別の実験では、「ホメてなでる」のではなく、「ホメる」または「なでる」のいずれかを報酬とし、フードを報酬としたときの結果と比較した。[*8] 犬は基本的な「おすわり、待て」を教えられたあと、「フード」「ホメる」「なでる」のいずれかを報酬とする3つのグループに分けられ、それぞれ同じ方法で「カム」(おいで)のトレーニングを受けた。「カム」ができるようになるまでに、すべての犬がほぼ同じだけの練習回数を要したが、フードを報酬としたグループの犬は、ほかのグループの犬よりもはるかに速い足取りでコマンドに応じた。

また、基本の「おすわり、待て」のトレーニングで、タスクを覚えるまでの練習回数がもっとも少なかったのも、フードを報酬とした犬だった。論文の著者は、初期のトレーニングでは報酬の種類がもっとも重要であり、望ましい行動の正の強化には食べ物がもっとも効果的だと結論付けている。

では、フードの種類によってトレーニングの成果は左右されるのだろうか。優良なドッグトレーナーは良質なフードを用いるようアドバイスするだろう。いわゆるカリカリと呼ばれるドライフードでも動機付けられる犬はいるが、たいていの犬はそうもいかない。特に「カム」などの重要な行動のトレーニングには、最良のフードを使うことをおすすめする。

最近では、ペット犬19頭を対象に、フードの質や量と走り寄る速度の分析が行われた。『アプライド・アニマル・ビヘイビア・サイエンス』に掲載されたその結果によると、ソーセージのかけらを1つもらえるとわかっているときは、もらえるのがカリカリ1粒だとわかっているときよりも、走り寄るスピードが上がったという。[*9] しかし、ドライフード5粒とドライフード1粒とでは、スピードに変化が見られなかった。つまり、フードの量は速度変化に関係がないということだ（ただしソーセージの量を変えたテストは行われていない）。

また『サイエンティフィック・リポート』に掲載された別の調査では、1種類のフードと複数種のフードとでは、どちらが「強化子」（行動の頻度を高める環境の変化やもの。好子）としてより有効かを調べる実験が行われた。[*10] すると、複数種のフードにより反応する犬、1種類のフードを好む犬、どちらのフードにも同じくらいの反応を示す犬がそれぞれ見られたが、しだいに複数種のフードに対する反応が高まるという結果となった。

つまり、愛犬の動機付けに適したアイテムは、飼い主自身が見つけなければならないということ。そして、犬の関心を保つための工夫もまた、飼い主しだいだということがわかる。

犬にとってもっと住みよい世界を作るためには、ドッグトレーニングの標準化が必要でしょう。現在、ドッグトレーニングのビジネスは無秩序を極め、誰でもトレーナー養成講座を受講でき、誰でも「プロのトレーナー」の看板を掲げて顧客にアドバイスすることができるのです。それが、信頼性の欠如と、効果のないトレーニングや間違った情報、さらには動物を傷つけるようなメソッドがのさばる原因となっています。

私は毎日のように、トレーニングやハンドリング、あるいは飼い主の期待に苦しむ犬を見ています。それと同時に、犬に恐怖心を与えたり傷つけたりするメソッドをすすめられ、罪悪感にさいなまれる飼い主の姿も見ています。飼い主は、愛犬を傷つけたり怖がらせたりしたくはありません。そして、ドッグトレーニングのビジネスに関わる人たちはみんな、犬を助けたいという純粋な思いを抱いているはず。基準が整備されていないばかりに、トレーナーでさえ間違いを犯し、誤った情報を信じてしまうのです。私たちは犬のために、科学的な学習理論に基づいたトレーニング方法を選び、また、犬と飼い主を人道的に導くための知識とスキルを持つトレーナーを選ばなければなりません。犬を迎え入れた瞬間から、私たちは犬のためにより良い行動をする義務を負っています。トレーニングの基準が構築されるまで、たとえ犬が何を考えているかわからなくても、彼らが恐れや不安を感じることを忘れず、ハンドリングやトレーニング、世話をするときには、しっかりと犬に寄り添うことが大切なのです。

――キム・モンティース

認定トレーナー&カウンセラー、ブリティッシュコロンビア州動物虐待防止協会、動物福祉マネージャー

「クリッカー」を使ったトレーニングの効果は？ 声かけやおやつと差が出るかの実験

クリッカーとは手の中に収まる小さな道具で、ボタンを押すと「カチッ」と短い音が鳴る。報酬ベースのトレーニングで二次強化子として用いられ、フードやスキンシップなど、本質的な強化子（一次強化子）が待っていることを犬に知らせる役割を果たす。言い換えれば、これは関係性の古典的条件付けで、クリック（カチッという音）はおやつがあることを意味している。ク

リッカーは、ごほうびがもらえる行動をするタイミングを犬に知らせる（「よし！」などの言葉でもよい）。多くのドッグトレーナーがクリッカーを用いているが、はたしてトレーニングに効果があるのだろうか。

『アプライド・アニマル・ビヘイビア・サイエンス』で発表された調査では、51頭のペット犬を17頭ずつの3つのグループに分けてトレーニングを行った。プラスチック製のパン入れの取っ手を鼻で開けるという新しいタスクだ。[*11] 1つめのグループはクリッカーを用いたトレーニング、2つめのグループは合い言葉（「ブラボー」）を用いたトレーニング、3つめのグループは報酬（おやつ）のみを用いたトレーニングを行った。トレーニングでは、犬の行動が正解に近づくたびに報酬を与えるシェイピングという方法がとられた。

トレーナーは、最初のタスクを教えたあと、よく似たタスクとまったく異なるタスクをどれだけできるか試しながら、トレーニングを「般化」（行動の定着）させていく。ほとんどすべての犬が、単純なタスクと複雑なタスクの両方をマスターした。実験者は、クリッカーを用いたときにより良い成果が得られると期待していたが、実際のところ、タスクを10回中8回成功させるまでに要した時間と練習回数に差は認められなかった。

『アプライド・アニマル・ビヘイビア・サイエンス』で発表された別の研究チームによる後続の調査では、再びクリッカーの効果をテストする実験を行ってもらった。[*12] この調査では、犬の飼い主に6週間にわたるプライベートトレーニングを受けてもらった。インストラクターが自宅を訪問し、犬にトリックを教える方法を伝授する。実験の結果、トレーニングにクリッカーを取り入れても、犬の衝動性と問題解決能力、また飼い主と犬の関係性にメリットもデメリットも認められなかった。

基本的にクリッカーを使っても使わなくてもトレーニングは機能し、飼い主は、どちらの場合もトレーニングが楽しくもあり難しくもあったという。物体に鼻で触るトリックを教えた場合に限っては、フードだけを用いたトレーニングよりも、クリッカーとフードを組み合わせたトレーニングのほうが目に見えて効果が高かった。また、一部のドッグトレーナーの予想に反して、飼い主はクリッカーの使用に嫌悪感を持っていなかった。

この調査・研究論文の第一著者であるリーナ・ファン博士からのメールには、こんなふうに書かれていた。「クリッカーを用いたトレーニングが飼い主や愛犬にとって難しいと感じるなら、また、飼い主が愛犬に行儀の良さだけを求めているなら、クリッカーは放り出してフードだけを使えばいいでしょう。パピークラスや一般的なマナー教室のトレーナーにとって興味深いのは、クリッカー・トレーニングが初めてだという人が、踏み込んだトレーニングにも臆さず、愛犬と一緒に楽しんでいるという点です。また、飼い主がクリッカーを使うことにより、複雑なトリックもそれほど苦にせず習得できることもわかっています」

クリッカーなど報酬の合図は、タイミングが肝となるトレーニングにもっとも適しているようだ。調査によると、「クリッカー・トレーニング」はドッグトレーナーによってさまざまなものを指すのだという。文字通りクリッカーを用いたトレーニングを指すこともあれば、あらゆる報酬ベースのトレーニングを意味することもあるようだ。[*13] 最良のトレーニング方法のさらなる探求が期待される。

トレーニング中の報酬はタイミングが重要
ホメる、おやつなどはすぐに

どれだけ腕に覚えがあっても、トレーニング技術はさらに向上させることができる。トレーニングでまず大切なのは、調整だ。たとえば、犬の鼻先をうまく誘導できる位置にルアー（フードなど）を掲げたり、あるいは、次の行動に移る前に適宜ごほうびを与えたり。私はときどき、犬が私たちとは違う速さで時間の流れを体験しているように感じる。飛び跳ね、座り、私のジーンズのにおいを嗅いだかと思えば、すぐにまた飛び跳ねる。そんな電光石火の早業と比べると、私はなんてのろまで不器用なことか。

犬に行動を教えるとき（オペラント条件付け）、犬はその行動の先に結果があることを学んでいる。行動の結果は、犬にはっきりとわかるよう瞬時に提示されなければならない（二次強化子としてクリッカーが用いられる理由の1つだ）。クレア・ブラウン博士は、トレーニングにタイミングが及ぼす影響に注目した。[*14]

ドッグトレーニングのレッスンを受ける人々の動画を撮影し、犬に出されたコマンド全18 10回について分析したところ、コマンドの44%に犬が反応していなかったという。ブラウン博士は、犬が反応した場面を抽出し、飼い主が犬をホメて、ごほうびを与えたスピードを分析した。もちろん、瞬時に犬をホメて、間髪入れずにおやつを与えている飼い主もいる。しかし、中には動作の遅い飼い主もいた。犬が反応してから報酬を与えるまで、最長6秒もかかっていたのだ。犬にとっては永遠のような長さだ！

ブラウン博士は犬を3つのグループに分け、ビープ音が鳴ると給餌器からフードが出てくることを教えた。それから犬たちに新しいタスクのトレーニングを行った。2つの箱を用意し、指示に従って正しいほうに頭を突っ込む。箱の上には赤外線ビームが備わっていて、犬の鼻が通過すれば瞬時にそれを検知し、コンピューターがビープ音を発して給餌器から報酬が支給されるという仕組みだ。

1つめのグループは、犬が正しくタスクを遂行すれば、ただちにビープ音が鳴って報酬が発動する（即時強化）。2つめのグループでは、タスク遂行の1秒後にビープ音と報酬が発動する（遅延強化）。3つめのグループは、タスク遂行直後にビープ音が鳴るが、報酬の発動まで1秒かかる（部分遅延強化）。

ブラウン博士はその結果について次のように話してくれた。「即時強化では60%の犬が学びました。すべての犬がタスクを習得できたわけではありませんが、グループの60％が学習したということです。一方、1秒の遅延強化では、25％の犬が学ぶに留まりました。つまり、この2つのグループには大きな違いが見られたわけです」。そして、3つめのグループで予期せぬ結果が生まれたという。

「部分遅延強化では、40％の犬が学習するという結果になりました。ほかの2つのグループのちょうど中間ぐらいの成績です。ビープ音がただちに鳴り、フィードバックが瞬時に得られているのだから、学習率はもっと高くなると予想されたかもしれません。ビープ音が条件性強化子として機能しているはずですから。しかし、私はこの結果を受け、装置が別のシグナルを発していたことを疑っています。給餌器が作動する前にかすかにカチッと音がするなど、犬が反応する何かがあったのかもしれません」

この実験から、犬が行動したときに発する合図と報酬のタイミングがいかに重要かわかる。ブラウン博士はこの結果を日常的なトレーニングと重ねて考察している。

「伝達される情報を犬がじつに敏感に拾っていることは、数々の調査結果によって実証済みです。そこで私は、人々のボディランゲージを観察してみることにしました。意図的なフィードバックの前に、意図しない体の動きがシグナルを発している可能性があります。つまり、飼い主が『グッド』と声をかける前に、犬の意識がすでにおやつの袋やポケットに向いているかもしれないのです」

この説を実証するために、ブラウン博士は飼い主が犬に単純なタスクを教える場面を観察し分析を行った。「意図的なフィードバックの前にそれとわかる動きが見られたか？ 答えはイエスです。事実、飼い主が意図しない体の動きによって、明白なシグナルを発した頻度は75％にも上りました。そのほとんどは、おやつの袋のほうへ手をやるなどといった手の動きでした。私はそうした無意識なボディランゲージが、時間の隙間を埋めていたのではないかと考えています」

ブラウン博士からのアドバイスは、一貫性を心がけること（動きがいつも同じになるよう同じ場所におやつを携帯するなど）。もちろん、プロのドッグトレーナーはトレーニング中に「テル＝tell」（無意識のしぐさ）が出てしまわないよう注意している。しかし、もっとも重要なのはフィードバックの迅速さだ。「無駄に時間をかけないことが大切です」と彼女は言う。「トレーニング中は犬に集中し、犬が反応をすればすぐさまフィードバックを与えることが重要なのです」

トレーニング後に遊ぶことで次回以降の学習スピードがアップ

行動のあとに与える報酬のタイミングが重要である一方、トレーニングのあとに行う活動によっても違いが生まれるようだ。学術誌『フィジオロジー・アンド・ビヘイビア』に掲載された調査では、段ボールの紙2枚の上に異なる2つの物体を置き、犬がそれを区別するというタスクが行われた。[*15]

実験のために集められたのはラブラドールレトリーバーで、2枚の紙のうち、指示された物体が置かれたほうに前脚を乗せるよう教えられた。犬が正解すれば、実験者はクリッカーを鳴らして、豚肉か鶏肉のソーセージをひとかけら与える。不正解なら、実験者は抑揚をつけずに「ノー」と伝える。犬が89％の確率で正解できるようになれば、トレーニングは終了となる。

トレーニングのあと、犬の半数が徒歩10分の場所へ散歩に出かけ、ボールやフリスビーなどを使った遊びを10分楽しんでから、再び10分かけて研究室まで歩いて帰る。残りの半数は休憩用のベッドが与えられ、実験者が犬の飼い主と雑談しているそばで休むことができるが、実験者が犬の名前を呼び続けるのでぐっすり眠ることはできない。

翌日もまた、すべての犬が同じタスクを学習するトレーニングを行う。すると、トレーニング後に散歩と遊びを楽しんだ犬は、前日よりはるかに早い学習スピードで物体を区別するタスクをやってのけた（ベッドで休んでいた犬が平均43回かかったところを、遊んだ犬は平均26回でできるようになった）。この結果が、遊びの活動で生成されたホルモンによるものなのか、遊びに含まれた運動による効果なのかはわかっていない。

2016年、ジーン・ドナルドソンの著書『ザ・カルチャークラッシュ――ヒト文化とイヌ

文化の衝突 動物の学習理論と行動科学に基づいたトレーニングのすすめ』（日本語版：水越美奈・監修、橋根理恵・訳／レッドハート／2004年、英語版：1997年初版）の刊行20周年を記念したインタビューで、私はジーンに犬のトレーニングでもっとも犯しがちな過ちは何かと尋ねてみた。彼女の答えはこうだ。

「動機付けが十分できていないことでしょうね。つまり、適切なごほうびを与えられていないのです」。ジーンはブライアンというとても愛らしい小型犬を飼っている。ジーンがどのようにブライアンのトレーニングを動機付けたのだろう。「ブライアンはお肉に目がありません」とジーンは言う。「ローブルというフリーズドライの生肉が大好きなんです。鶏の胸肉がお気に入りのごほうびなので、小さいサイコロ状に刻んで与えます。チーズも大好きです。おもちゃでもたまに動機付けられますが、ほかのごほうびほど食いつきはよくありません。ブライアンはおもちゃで釣られることがあまりないので、たいていはフードを使ってトレーニングをしています」。フードはまた、通院などの苦手な活動の克服にも有効だ。それについては次の章で詳しく見てみよう。

［まとめ］家庭における犬の科学の応用の手引き

・愛犬を動機付けできるアイテムを見つける。フードは犬の関心を引きやすく与えやすいので、日常的なトレーニングでも絶好の強化子になるだろう。事前に準備し、いつでも報酬として与えられるよう保管しておく。家ではクッキー缶などに入れ、散歩に出るときはおやつ入れのポーチやポケットなどに携帯する。
・さまざまなフードを試してみる。複数種のフードを用いるのが効果的だ。
・刺激が多数存在する場所で呼び戻すなどの重要なタスクや難しいタスクのトレーニングには、特別なごほうびを用いる。
・クリッカーなどの二次強化子を用いる場合は、そのタイミングと、チキンなど一次強化子を与えるタイミングを徹底する。ごほうびは素早く与えなければならない。
・遊びとスキンシップも報酬として用いる。ただし、ホメるだけでは十分な効果は期待できない。

5章　犬の診察とお手入れ

THE VET AND GROOMING

動物病院を受け入れてくれるよう まずは犬の出すサインを観察

昨年の夏のこと。定期検診を受けるボジャーを連れて、動物病院へ早めに到着した。検診の前に短い散歩を楽しむのだ。病院の前の通りは、診察にやって来る犬たちのにおいで溢れている。予約の時間に呼ばれて診察室へ入ると、先生がいつものようにボジャーにやさしく「やあ」と挨拶し、ボジャーの体を軽くポンポンと叩いた。ボジャーはそんなふうにポンポンされるのが大好きだ。聴診器を胸に当てられているあいだもじっと座り、耳と歯を診てもらうのにも協力的だった。まるで検診のためのトレーニングでも受けてきたかのようだ。

いい子にできたときは、あらかじめ刻んで持参したチキンのごほうびを与える。また、ストレスがかかるような何かを乗り越えなければならないときにも、やはりフードを与える。このときだって、ボジャーはチキンに気を取られるあまり、ワクチンを打たれたことに気づいていないようだった。診察室から出るときには、受付のスタッフがボジャーにごほうびをあげてもいいかと申し出てくれた。ボジャーは動物病院をすっかり満喫しているようだった。

ボジャーを初めて動物病院へ連れてきたときとは雲泥の差だ。あのときのボジャーときたら、唸り、咬みつき、最初から最後まですこぶる機嫌が悪かった。それが今や努力の甲斐あり、こんなにもご機嫌で動物病院に来られるようになったのだ！

犬にとって動物病院は非日常的な空間だ。消毒液のにおいからほかの動物（猫や犬だけでなく、見たこともないような珍しい動物がいるかもしれない）のにおいまでが混沌と入り交じっているし、まぶしい照明が煌々と照らし、床はツルツルと滑りやすく、待合室では知らない人たちが並んで座っているのだ。

診察室に入れば、聴診器をはじめとする得体の知れない道具で体を触られ、突つかれ、押さえつけられたりもする。動物病院へ行くのがストレスだというのもわかる。それに、犬がストレスを感じるのだから、飼い主にも当然ストレスがかかるだろう。

米国で行われたある調査では、犬の85％が前年に動物病院を受診していたにもかかわらず、飼い主の4分の1が定期検診は不要だと考えていることがわかった。[*1]

飼い主の多くが、愛犬に健康上の問題が発生したときはインターネットで対処法を調べ、動物病院へ行くのを先延ばしにしているという。しかし、それで万が一症状が重くなれば、動物病院で高額な処置を受けることになるかもしれない。医療費が不安だと答える人が多く見られる一方で、38％の人が「愛犬が動物病院を嫌がる」と言い、26％の人が「動物病院に行くと考えるだけで（自分が）ストレスを感じる」と答えていた。

一般的に犬は動物病院に行くのを嫌がるものと思われているが、犬と飼い主の認識のあいだには大きなギャップがあるようだ。獣医師で研究者のキアラ・マリティ博士が、診療前に、犬と飼い主を待合室で3分間座って待たせる実験を行い、その結果が学術誌『アニマル・ウェルフェア』で報告された。[*2] 飼い主には犬が待合室でストレスを感じていたか尋ね、行動療法士が待合室での様子をビデオで観察して評価を行った。

飼い主と行動療法士はともに、29％の犬に高いストレスが見られると評価したが、特に強いストレスを感じている犬については意見が一致しなかった。飼い主は、犬が隠れようとしたり、待合室から出ようとしたりするなど、あきらかなストレスのサインに気がついた。行動療法士はそのほかにも、体が震える、尾を下げる、耳を後ろに倒す、予約の時間になっても診察室に入室したがらないなどのサインを指摘した。

もちろん、高度なトレーニングを受けた行動療法士が、一般の人より多くのサインに気づくのは当然だろう。しかし、犬のボディランゲージを読み取る方法は誰でも学ぶことができる。研究により報告されている主なストレスのサインには、鼻を舐める、口を開けてハアハアする（パンティング）、耳を倒す、クンクン鳴く、毛づくろいする、あくびをするなどがある。こうしたサインが見られないか、愛犬を注意して観察してみればいいだろう。

中には、現地に到着する前から動物病院へ行くことを勘づく犬もいる（病院へ行くときしか車へ乗らないなら当然のことだが）。マリティ博士のアンケート調査では、飼い主の40％が、愛犬を車に乗せて走り出すと動物病院へ連れて行かれると察知していると答えた。また、病院の待合室に入る前から愛犬がストレスのサインを発すると答えた飼い主は75％にものぼった。[*3] 実際、動物病院で飼い主を咬んだことがある犬は6%、獣医師に対して唸ったり咬みついたりしたという犬は11%という結果となった。

犬が生涯で何度かは動物病院を訪れなければならないことを考えると、こうした行動に出てしまうのは問題だ。飼い主の半数が、ある程度のことなら自宅で治療ができると答えたものの、3分の2の人は自宅での処置を困難と感じていた。そして、困難だと答えた人の72%が、犬を叱りつけてなんとか処置を行ったと回答している。マリティ博士は、犬を叱らずにやさしく接し、犬のストレスの原因の究明に努め、必要に応じて行動療法士の助けを求めること、また、クリニックに行くことやハンドリングに犬を慣れさせることが肝要だと語っている。

子犬時代にクリニックに行くことやハンドリングに慣れさせるのが一番簡単だろう。しかし、家庭での処置に苦労する場合は、様子を見ながらゆっくり進めるか、フードを使って対応すればうまくいくこともある。あるいは、獣医師の予約を取って処置を手伝ってもらうか、資格を持ったドッグトレーナーや行動療法士の協力のもと、犬が処置を怖がらなくなるよう教えていけばいいだろう。

動物病院でのストレスはいろいろ まぶしい照明、冷たい診察台etc

恐怖心は怖いものに対する正常な情動反応であり、動物がなんらかの脅威を回避するために役立ってくれる。一方、不安感は悪い出来事（あるいは悪いと思われる何か）が起こるのではないかと心配する感情状態だ。全般性不安障害は犬の福祉に悪影響を及ぼす。

動物病院で診察する際も、押さえつける、動けないよう固定するなど、高圧的かつ懲罰的なハンドリングは犬の不安感を増長させ、将来的に診療行為が難しくなる可能性がある。そこで、米国動物病院協会では「低ストレスハンドリング」を推奨している。[*4] そして幸いなことに、今では多くの獣医師ができるだけ低ストレスの診療を心がけるようになっている。

故ソフィア・イン博士は、獣医師による診察に、犬や猫への精神的負担を最小限に抑える低ストレスハンドリング技術を採用した草分け的存在だった。最近では、『臆病な犬を救う方法：不安、恐れ、恐怖症から犬を解放するために』（未邦訳）の著者であるマーティ・ベッカー博士が、獣医師と動物看護士のための認定プログラム「フィアフリー」を立ち上げた。「動物病院から白衣、まぶしい照明、ツルツル滑る冷たい診察台など、犬や猫を緊張させる要素を排除し、動物が喜ぶアイテムを増やす」ことを目的としている。[*5] フィアフリーの認定は、獣医学診療、ドッグトレーナー、その他の専門家まで多岐にわたり、飼い主に情報提供するためのウェブサイトも開設されている。

ベッカー博士は2009年のカンファレンスで行われた、獣医行動学を専門とするカレン・オーバーオール博士の講演からヒントを得たのだという。オーバーオール博士は、獣医師の診療行為と1950年代から1960年代における子どもの医療体験を比較し、「恐怖というものは、社会的動物が経験し得る最悪の感情であり、脳に永久的な損傷を与える。つまり、私たち獣医師は、診察室にやって来る動物たちに精神的なダメージを繰り返し与えているのだ。医師の行動が患者の生理反応を引き起こしているのなら、行動もまた医療行為だ。私たちは動物の感情に害を及ぼし、さらに身体にも影響を与えている」と説明したという。

ベッカー博士のフィアフリーは、ペットの精神衛生に重きを置き、獣医学診療に革命を起こした。フィアフリーのクリニックでは、ペットが快適に治療を受けられる方法を採用し、再来院に備えてペットそれぞれの好みを記録している。さらには、犬が蛍光灯のブンブン唸る音（犬の敏感な耳には聞こえる）を不快に感じないよう照明器具を変え、診察台の代わりに床で診察できるようヨガマットを使用している。

ベッカー博士は私にこう話してくれた。「私たちは、ペットがさまざまな感情を持つという事実を認識する必要があります。ペットには感情があり、私たちには彼らの身体と精神の健康に配慮する義務があるのです」

低ストレスハンドリングには、はたして効果があるのだろうか。

ある調査で、8頭の犬を動物病院へ2度通院させ、一方では従来の検診、もう一方では低ストレスハンドリングの検診を行った。[*6] 病院にはそれぞれ7週間の間隔を空けて訪れ、いずれも、口輪の着脱、聴診器の使用、基本的な検診に加えて、採血とカテーテル挿入の姿勢をとらせるシミュレーションを実施した。低ストレスハンドリングの検診では、犬に検診の前後に室内を探検する時間が5分与えられ、検診中も自由に動き回ることが許された。獣医師は犬のストレスをできるだけ軽減するよう努め、おやつも与えることができる。

実験の結果、低ストレスハンドリングの検診では、口の周りを舐める、尾を下げる、クジラ目になるなど、恐怖と不安を示すしぐさが目に見えて少なかった。限定的な実験とはいえ、この結果から、低ストレスハンドリングの処置には動物病院に対する犬の認識を改善する効果があると言えるだろう。

ボジャーが動物病院に慣れるために効果があった方法の1つが、病院の待合室に5分間座り、ただおやつを食べて帰ることだった。私は事前に獣医師の許可を取り、クリニックが空いている時間帯に出かけていった。この訪問では怖がることは何もない。ボジャーはただフードを食べ、ちやほやされて過ごせるのだから。病院の待合室に慣れてくると、ゴーストの通院にも付き合わせるようにした。残念ながらゴーストのほうが通院の機会が多かったのだが、これがある意味ボジャーには好都合だった。ゴーストの診察の予約があるときは、ボジャーも一緒に病院へ行き、診察中もゴーストのそばに座っている。そして2頭は仲良くチキンやターキー、ときにはチーズのごほうびにありつくのだ。

ストレスをフードで軽減する診察台では飼い主が触れることで安心

動物病院で犬の（猫も）経験をより良いものにする目的でフードを用いることには、メリットとデメリットがあるという報告もある。[*7] 犬が手術を受けるとき、飼い主は前日の夜8時以降は何も食べさせないよう言い渡される。麻酔下で胃食道逆流症を起こせば、胃の中身が気管に漏れて、誤嚥性肺炎（細菌感染）を引き起こすおそれがあるからだ。

しかし、動物病院へ来たからといって麻酔をすることはめったにないのだから、普段の診療中にフードを与えられないとなると獣医師も困るだろう。

フードは犬のストレス軽減に役立ち、獣医師や飼い主が咬まれるリスクを抑えることができる。フードで動物のストレスを抑えられるなら、鎮静剤の使用も避けることができるだろう。飼い主の中には愛犬にストレスがかかるからと動物病院を敬遠する人もいるが、フードでストレスを減らせるのなら、そんなこともなくなるかもしれない。

また、獣医師にとっては、フードを使った拮抗条件付けを飼い主に教えるいい機会にもなる。これは恐怖の克服にフードを用いる方法で、花火などを怖がる犬にも有効に活用することができる。（3章、13章）

低ストレスハンドリングを実践する動物病院では、犬の健康や行動上の問題が見つかりやすいため、飼い主が獣医師やクリニックの価値を再認識し、そのアドバイスや治療計画に従いやすくなるというメリットもある。[*8] そして結果的に、愛犬の健康が向上するのだ。

動物病院では、飼い主も犬を安心させ、不安を軽減させるために対応することができる。[*9] ある調査では、犬を同じ動物病院に2度通院させる実験が行われた。一方の通院時は、飼い主が診察台から3m離れた場所に黙って座り、愛犬と接触しないようにする。もう一方の通院時には、飼い主が診察台の隣に立って、犬を安心させる。このとき飼い主は犬の体をたっぷりなでてやり、ときどき犬に話しかけたりもする。

犬はどちらの状況下でも、口の周りを舐め、心拍数が診察前より上がるなどのストレスのサインを示した。しかし、体をなでられたり、声をかけられたりした犬は、ストレスのサインがより少なかった。飼い主の接触がない犬に比べて心拍数は低く、体温にも違いが認められ（目の表面の赤外線計測により検温）、診察台から飛び降りようとすることもほとんどなかった。しかし、ときどき愛犬の鼻に触ったり首輪を掴んだりした飼い主もいたという。それらは多くの犬が嫌う行為であり、それによって飼い主の意図とは反対の効果をもたらした可能性もある。

避妊手術と去勢手術 寿命の長さや攻撃性低下との関連は

犬の繁殖は、避妊（メスの卵巣を摘出する）や去勢（オスの睾丸を摘出する）の手術によって防ぐことができる。フィンランドなどでは選択的な人工避妊手術や去勢手術が行われることはあまりないが、米国その他の国ではごく一般的で、犬の83%が手術を受けている。[*10] 米国、カナダ、英国のほとんどのシェルターでは、里親への譲渡前に避妊手術または去勢手術を受けさせ、望まれない犬の数を増やさない取り組みが行われている。

こうした手術が犬の健康に及ぼす影響についても研究が進められている。そして、手術によって寿命が延びるという調査結果もあれば、それを否定する調査結果もある。[*11]

実際、手術によってリスクが低下する疾患もあるが（犬に多い悪性腫瘍の乳腺腫瘍など）、発生率が高くなってしまう病気もあるようだ（悪性の骨のガンである骨肉腫や肥満症など）。犬種によってはそれらの発症リスクが元々高い場合もあるため、愛犬の健康のためにベストな選択をするのは難しい。米国と英国で行われた大規模調査では、未去勢のオスの寿命が平均よりやや長い傾向が見られたが、避妊手術を受けたメスのほうがより長生きすることがわかった（事実、避妊手術を受けたメスがもっとも寿命が長かった[*12]）。

避妊や去勢は攻撃性を低下させる手段として用いられることもある。11の犬種を対象に、避妊手術を受けたメス、去勢手術を受けたオス、手術を受けていないオス・メスについて、飼い主が「トレーナビリティー評価」（トレーニングのしやすさ）を行ったところ、一様に大きな差は見られなかった（シェットランドシープドッグとロットワイラーは例外で、去勢された個体のほうがトレーナビリティーは高くなった[*13]）。

しかし、10歳までに去勢されたオス6000頭を対象とした調査では、性ホルモンに長くさらされることで（去勢時期が遅い）、恐怖心や攻撃性との関連性が高い25種の行動のうち、23種の行動が減少傾向になることがあきらかになった（増加したのはマーキングと遠吠えだった[*14]）。これらの結果から、性ホルモンがオス犬の行動の発達に重要な役割を担い、性成熟の前に去勢を行うことによって、飼い主にとって望ましくない行動が増える可能性があると考えられる。避妊手術と去勢手術は望まれない命を増やさないことにつながるが、犬の飼い主にとっては費用対効果の判断が難しい問題と言えるだろう。

「グルーミング」は被毛のタイプに合わせてじつは犬は頭をなでられるのは嫌い

いくら嫌でも動物病院へ行かなければならないように、犬にはグルーミングが必要だ。犬の毛のタイプはさまざまで、必要な手入れ方法も異なっている。ボジャーの毛は長くてなめらかだが、雨に濡れるとひどく乱れて、頭頂部にはとさかのような逆毛が立つ。ゴーストはウルフグレーのやわらかい毛が密に生え、夏のあいだは毛が抜け続けるが、冬にはぎっしり生え揃う。肩と背にはストライプのガードヘア〔訳註：2層になった毛皮の外層の毛〕が生えていた。どういうわけかゴーストの毛にはまったく泥が付かないのに、ボジャーはすぐに泥まみれになって、尾の飾り毛がくるくるともつれて、小枝やゴミが入り込んでしまう。

どんな被毛でも、私たちは愛犬の毛の手触りを楽しみたいものだ。そして、こうした行為がグルーミングのためにも重要となる。

グルーミングに対する反応を調査するために、タイプが異なる2つの犬を対象に実験が行われた。一方はハンドリングに慣れていると考えられる盲導犬の卵で、もう一方は犬舎で飼育されるグレイハウンドだ。犬舎で暮らす犬は、盲導犬の訓練を受ける犬とは対照的に、普段は人との触れ合いの機会がほとんどない。[*15]

実験では、犬の体の4カ所（尾、背、胸、脇腹）をそれぞれ8分間ゴム製のブラシでなでた。どちらの犬もグルーミングの最中は心拍数が下がり、なでられる部分による違いは認められなかった。これは、4カ所すべての部分で犬がグルーミングを受け入れたということだ。

もちろん、すべての犬がなでられて喜ぶわけではない。人はつい犬の頭頂部をなでてしまいがちだが、じつはほとんどの犬がそれを嫌う。なでられて嬉しいのは側胸部かアゴの下だ。[*16]

また、なでる人が顔馴染みの人か見知らぬ人かでも反応が変わることがあるので、常に犬のボディランゲージに気を配り、犬にそこから立ち去る選択肢を用意しておくことが大切だ。

それと同じように、すべての犬がグルーミングに乗り気なわけではなく、中にはわかりやすく嫌がる犬もいる。また、前脚など特定の部位への接触を嫌う犬や、爪切りが苦手だという犬もいる。こうした嫌悪の傾向はネガティブ体験から生まれた可能性もあるが、多くの場合、子犬時代に克服できなかったという単純な理由からだ。実際、盲導犬が受けるトレーニングの追加的な社会化プログラムで学習した子犬たちは（2章）、ハンドリングに対する抵抗が少ない。[*17] このことからも、子犬時代に体に触れられる練習をしておくこと、また、初めての動物病院でいいイメージを与えることが重要であるとわかるだろう。

お風呂やグルーミング、爪切りや獣医師による診察などで、体に触れられるのを怖がったり嫌がったりすることを「接触過敏性」[*18]と呼ぶ。ある調査では、それがペットショップ出身の子犬に多く見られることがわかった。小型犬によく見られるが、大型（背の高い）の犬ではあまり見られない。[19] ただし、接触過敏性の原因が関節炎にあるなど、痛みを訴えている場合もあるので注意が必要だ。

愛犬のグルーミングや爪切りが困難な場合は、獣医師の助けを借りればいい。愛犬の健康のために、毛がもじゃもじゃになり、爪が皮膚に食い込んでしまう前に、専門家に相談することが肝要だ。処置の際の鎮静剤の使用については、かかりつけの獣医師とよく相談するべきだろう。ひとたびトリミングやブラッシングができ、爪切りもできるようになれば、その先も同じような手入れを嫌がられずに行える。そうなるよう、グルーミングに慣れるためのトレーニングの計画を立てる。獣医師やドッグトレーナー、行動療法士の支援を仰ぐのもいいだろう。

定期検診や診療の重要性 獣医師との連携、信頼関係を築く

愛犬と強い絆で結ばれている人ほど、犬を動物病院へ連れて行く頻度が高い。たとえば、犬に対する思い入れが強い人、犬と一緒に過ごす時間が多い人、犬と一緒の活動に積極的に取り組んでいる人などだ。犬の受診頻度の調査では、犬との関わりが希薄な飼い主では年間平均1・5回、愛犬との関わりが密な飼い主では年間平均2・1回という結果になった。[20]

また、愛犬との絆が強い飼い主ほど、ワクチン接種や寄生虫予防などの「予防的ケア」を希望し、獣医師のアドバイスにも従いやすいようだ。

そんな飼い主の傾向は、犬のためにかける費用にも表れている。2008年に実施された絆に関する調査で、犬の命を救うために飼い主がかけてもいいという金額は、愛犬と強い絆で結ばれた飼い主が年間平均2428ドル〔当時で約24万7600円〕だったのに対し、犬とのつながりが希薄な飼い主では年間平均820ドル〔当時で約8万3640円〕となった。実際は、この調査に協力した飼い主のほぼ20%が「必要ならどれだけでも出す」と答えている。

米国動物病院協会では、すべての犬に少なくとも年に1度の受診を推奨しているが、中には高齢犬など、より頻繁に通院が必要な犬もいる（子犬はワクチン接種のための通院がある）[*21]。

人々が犬の受診を渋る理由としては、動物病院で犬にかかるストレス、診療の重要性に対する認識不足、高い医療費への懸念が挙げられる。診察料と処置内容はクリニックによって若干違っていることもある。診察料金は行われる処置によって異なるのだと教えてくれたのが、カナダのブリティッシュコロンビア州メイプルリッジのデュードニー動物病院の獣医師、エイドリアン・ウォルトン博士で、彼はこれを「1988医療」対「2018医療」と表現する。

博士によると、現在ペットは「基本的に人間が受ける手術と同等の医療を受けることができる」のだという。コストの高さは医療処置の質の高さを反映しているが、ウォルトン博士は「クリニックによって診察料が異なる理由が気になるなら、獣医師に質問して違いをあきらかにすればよい。獣医師もその理由を説明できなければならない」と言う。

飼い主と獣医師の定期検診に対する考え方に着目した調査を、獣医師のゾーイ・ベルショウ博士率いるノッティンガム大学の研究チームが行ったところ、双方の見方にはギャップが存在していたという。[*22] 犬の飼い主は定期検診の内容について、事前の伝達——特に初心者の飼い主には重要な情報だ——が十分行われていないと感じていた。

定期検診に数回訪れた飼い主からは、内容が毎回微妙に違っているとの意見も出た。飼い主は、検診の内容と必須項目をすべて網羅するチェクリストが必要だと感じていた。一方、ほとんどの獣医師が、最初の子犬検診の際にチェックリストを渡しているが、成犬のワクチン接種に関してはチェックリストがないと答えた。

また、飼い主はワクチン接種が診療の一番の目的と考えていたが、獣医師にとってワクチン接種は診療のほんの一部に過ぎず、診療の本来の目的は飼い主に役立つ情報をより多く伝達することにあった。

新米飼い主ほど、ワクチン接種の機会に獣医師が愛犬の健康チェックをしてくれるのを「心強い」と考えるようだ。反対に、ベテラン飼い主は、ワクチン接種のついでに新しい問題が見つかるとは考えていなかった。それでも、獣医師はしばしば問題を発見する。もっとも多いのは、犬の飼い主が気づけなかったしこり、肥満症、虫歯、関節炎だ。ベルショウ博士は次のように語っている。

「(飼い主は) 問題に気づけなかったからといって責められることではありません。ただ、異常がないと思われても定期検診に連れて行く必要があるということです。私たち獣医師は毎日のように動物を診ていますが、特定の子をずっと見ているわけではありません。だからこそ、飼い主が見落としがちな問題にも気づくことができるのです」

飼い主自身が愛犬のしこりやお腹周りの脂肪、口腔内の異変や痛みのサインに気づけなかったとしても、どこか悪いところがあれば獣医師が見つけて教えてくれるということだ。

調査に協力した獣医師の中には、飼い主への教育に診療の価値を見出している医師もいたが、そうでない獣医師もいた。その1つめの理由は、飼い主がそもそも無関心であるから。2つめは、限られた診療時間でするべきことではないからだった。また、彼らには特に避けたい話題が2つあるという。ダイエットと問題行動だ。その理由としては、診療時間が足りないこと、十分な専門知識がないこと、飼い主が興味本位で話題に出しがちであることを挙げている。

ベルショウ博士の調査は、飼い主が見落とした問題を獣医師が見つけるという点で、診療の重要性を指摘するものだ。ベルショウ博士から飼い主へのアドバイスは、飼い主が気になっている話題に獣医師が触れるのを待つのではなく、自ら質問を切り出すことだという。心配事があるなら、定期検診の日を待たずに診察の予約を取るようにする。定期健診ではゆっくり質問できないというなら、やはり別途予約を取り、じっくり相談すればいい。

この調査では、飼い主と獣医師が築く関係の重要性も浮き彫りとなった。ベルショウ博士は、自分と犬に合う獣医師が見つかれば、その獣医師をかかりつけ医にすることを勧めている。あるいは、診療時間と通院範囲内にあるクリニックを調べ、信頼できる獣医師を探せばいい。かかりつけ医が決まれば、「協力して取り組む」ことに注力すべきだと言う。

「トレーニングにもできるだけ挑戦すればいいでしょう。いくら飼い主としての経験が豊富だったとしても、知見の変化は常に起こっています。仮にあなたが犬を一度に1頭ずつ飼っているとして、その犬が15歳まで生きたとすれば、あなたの子犬の知識は15年前のものということになるのです」さらに彼女はこう付け加えた。

「犬の科学は驚異的なスピードで進んでいます。子犬のケア、病気の予防、老猫の世話など、動物病院で受講できるクラスがあるなら、新しく学ぶことは何もないなどと決めつけず、参加してみることをおすすめします。また、たとえ獣医師が、あなたが気づけなかった愛犬の健康上の問題を見つけたとしても、けっして恥じる必要はありません。それは何も悪いことではありませんし、あなたがペットの世話を十分できていないということにはなりません。かかりつけの獣医師と連携をとり、指示やアドバイスを積極的に仰ぐようにしましょう。獣医師もまたそれを望んでいます」

歯の手入れは大切、週3回は歯磨きを犬がストレスを感じないよう慌てずに

犬の健康の中でも特に重要なのに、あまり取り沙汰されないのが歯の健康だ。歯は大切だ。歯を悪くすると痛みが出るだけでなく、歯の手入れ不足が、人間と同じようにほかの体調不良につながることもある。ある大規模調査で、犬に起こった歯の問題の程度とその後の循環器系の罹患(りかん)率に因果関係があることがわかった。また別の調査では、慢性腎疾患とのつながりもあきらかになっている。[*23]

米国動物病院協会では、獣医師が犬の飼い主に、家庭での予防デンタルケアを指導することを推奨している。[*24] 方法としては、マウスウォッシュやジェル、デンタルチュー(歯磨きガム)やデンタルフード、あるいは水に溶かすマウスクリーナーなどがある。

とはいえ、王道は歯ブラシを用いた歯磨きだ。調査・研究の結果、歯磨きの効果を得るためには、普通は少なくとも週3回、歯肉炎のある犬なら毎日磨く必要があることがわかった。[*25] 犬用歯ブラシを湿らせて磨いてもいいし、子ども用歯ブラシや歯磨き用指サックを用いてもいい。ただし、人間用の歯磨きペーストは犬に有害な添加物を含んでいるおそれがあるため使ってはいけない。犬にはお肉のフレーバーなどの専用歯磨きがある。最初は歯の外側だけ磨くように

する。

子犬の頃はデンタルケアをポジティブ体験にしやすい。成犬の場合は慣れていないと咬みつくこともあるので、知識が豊富なドッグトレーナーを探して指導してもらえばいいだろう。トレーニングを適切に、そしてゆっくりと慎重に行えば、犬にはまったくストレスがかからない。トレーニングによって問題が解決されるだけでなく、犬にとって大切なエンリッチメントにもつながる。犬のためのエンリッチメントは、ほかの犬との交流によっても実現できる。次の章では犬同士の交友についてお話ししよう。

［まとめ］

家庭における犬の科学の応用の手引き

・子犬を飼っているなら、早期に動物病院へ行くことに慣れさせる。診察やグルーミング、爪切りや歯磨きができるよう、幼いうちからハンドリングの練習をする。
・獣医師に対する恐怖心がすでに芽生えているようなら、クリニックが混み合っていない時間に待合室を訪れて慣れさせる。フードやおもちゃを持参し、5分から10分滞在してから帰る。場合によってはプロのドッグトレーナーや行動療法士に協力を求める。
・ペットにとってストレスの少ない処置方法を用いる獣医師を選ぶ。信頼できる獣医師が見つかれば、かかりつけ医として定期的にクリニックを訪れ、良好な関係を築く。
・動物病院への通院がポジティブ体験になるよう、診察中に犬の体に触れたり、フードやおもちゃを使ったりして落ち着かせてもOKか、獣医師に確認する。
・獣医師による検診で愛犬の健康問題が見つかったからといって、飼い主が恥じる必要はない。それが獣医師の仕事だから！
・短時間のグルーミングをする機会を多くつくる。ブラッシング、爪切り、歯磨きなど、だらだら続けて嫌がられるより、愛犬が触られて快適だと思う時間内で済ませる。
・成犬も含め、犬がグルーミング、爪切り、歯磨きの習慣を楽しめるよう、まずは道具（ハサミやブラシ、爪切り、歯ブラシなど）に慣れさせ、道具を用いた手入れと、手入れの際に必要となる拘束（前脚を固定するなど）にも慣れるよう教える。優良なドッグトレーナーの協力を仰ぐのもいいだろう。

6章　犬は社交的

THE SOCIAL DOG

ほかの犬とも仲良くなれる遊びと喧嘩の見極めを

ボジャーがまだ幼かった頃、ジャーマンシェパードのお友だちができた。体格も遊び方も相性がぴったりで、唸り、咬みつき、取っ組み合うさまは、まるでころころ転がる大きな毛玉のようだった。飽きもせず遊び続け、誰かに呼び戻されると中断するが、解放されるやまたまた毛玉に逆戻り。転がり、唸り、お互いの首に咬みついて、もはやどっちがどっちだかわからなくなるくらいに激しくじゃれ合うのだった。そして、ここに遊びで重要なポイントがある。唸りながら転がるどちらの犬も取っ組み合いを望み、同意の上で遊んでいるかどうか、だ。

ボジャーとお友だちの遊びは成長とともに落ち着き、ただ一緒にいることが多くなった。これは犬にとって自然な変化だ。だいたい3歳くらいから全体的に遊びが減り、遊ぶ相手にもこだわるようになる。とはいえ、犬は社会性の高い動物で、私たち人間のみならず、一緒に暮らすほかの動物とも仲良くなれる（一緒に成長した家族ならなおのことだ）。

また、ほかの犬と遊んだり、おもちゃで一人遊びをしたりするだけでなく、私たち人間とも遊んでくれる。しかし、犬同士の遊びはときに、私たちの目には激しい喧嘩のように映ることがある。遊びか、遊びでないか、それが問題だ。

犬同士で遊ぶときは手加減と役割交代でバランスを取っている

「遊びの時間は安全な時間」とは、世界的に著名な動物行動学者で、動物の遊びについての著書も多いマーク・ベコフ名誉教授の言葉だ。[*1] 動物は遊びの中で互いに協力し、遊び相手が幼いときは特に、勢い余った相手の行きすぎた行為も許す。動物にとってフェアプレイこそが重要なのだとベコフ博士は言う。そうでないと、遊びのパートナーを失ってしまうかもしれないのだ。

自由な遊びに興じる犬たちは、お互いに咬みついたり、毛皮に歯を立てたりしても、「キャン！」とも言わず、ケガもしない。それは、犬がそれぞれ「セルフハンディキャッピング」によって、相手に咬みつく力やぶつかる勢いを加減しているからだ。たとえば成犬が自分より幼い相手と遊ぶときは、１００％の力を出したりしない。

遊びのもう１つの特徴は役割交代だ。追いかけっこをするときは追う役と追われる役を交代しながら、レスリングのときは上になったり下になったり入れ替わりながら遊ぶ。取っ組み合うときは、年上の犬ほど自分の背が下になる体勢を長く保ち、幼い相手とのバランスを取っていることが多いようだ。セルフハンディキャッピングと役割交代は、遊びを社会的かつ相互的に保ち、年齢、体格、能力の異なる犬同士でも楽しめるよう機能している。

また、遊んでいるあいだの行動もころころ変わり、地面に転がって大騒ぎしていたかと思えば、次の瞬間には走り回っていたりする。

犬に親しんだ人なら、3つの遊びのシグナルがわかるだろう。1つめは「プレイフェイス」。これは愛らしく口を開けた幸せそうな表情で、リアルな喧嘩ではまず見られない。2つめは大げさに飛び跳ねるような足取り。そして3つめが「プレイバウ」だ。前脚を前に伸ばして伏せ、お尻を高く上げる姿勢をとるお辞儀行動である。

見ていて楽しい「プレイバウ」お尻を上げる姿勢は小休止後のシグナル？

プレイバウは見ていて愉快なシグナルだが、なぜそんなシグナルを発するのかはあきらかになっていない。昔から言われるのは、「ただの遊び！　本気じゃないよ！」と釈明しているのだということ。おそらく、犬が遊びの中で、追いかけたり、唸り声をあげたり、噛んだり咬みついたりと、攻撃的にもとれる行動をたくさんするからだろう。仮にプレイバウが「これはただ

子犬の「プレイバウ」©写真／ジーン・バラード

の遊び！」というアピールなのだとしたら、このシグナルを発した直前直後に「攻撃的」にとれる行動を見せるはずだ。
　しかし、学術誌『ビヘイビオラル・プロセシズ』に掲載された調査によると、成犬同士の遊びにおけるプレイバウにはそれが見られなかったという。[*2] プレイバウをする側もされる側も、プレイバウの前には一瞬動きを止め、それから追いかけっこを始めるか、お互いにお尻を上げる姿勢をとって遊びを再開した。このことからプレイバウは、小休止を経て遊びに戻るときのシグナルとして機能しているとも考えられる。
　プレイバウをする動物は犬だけではない。オオカミやキツネなど、ほかのイヌ科動物にもプレイバウは見られる。『プロスワン』に掲載された調査では、犬とオオカミの子どものプレイバウに注目した実験が行われた。[*3]

実験に用いられたのは、よく似た環境で育った犬とオオカミだった。つまり、オオカミは人間の管理下で生まれて小さな群れで育てられた個体、犬はハンガリーのシェルターで生まれ、同じく小規模の集団で人間によって育てられた個体だ。実験では、犬同士、オオカミ同士が遊ぶ動画を撮影して分析を行った。遊ぶペアは少なくともどちらかの個体を子どもとし、遊びの最中に子どもが見せたプレイバウをコード化した。

これまでプレイバウは、視覚的に伝達するシグナルだと考えられてきた。つまり、プレイバウする側がされる側の視界に入っていなければならないということだ。その認識は、オオカミと犬を観察したこの調査と、学術誌『アニマル・コグニション』に掲載された調査によって裏付けられた。[*4]子オオカミがプレイバウをするときは、する側とされる側が必ずお互いを視認できる位置にいた。また、子犬のプレイバウは、1件を除くすべてが相手から見える位置で行われていた。残りの1件ではプレイバウされる側が吠えたが、それは相手が自分のほうを見ていなかったからだった（注意喚起行動）。つまり、パートナー双方の注目が必要だとわかっているということだ。

前述した成犬のプレイバウの仮説に基づけば、「これはただの遊びだよ」という釈明のシグナルなら、その直前直後でプレイバウする側に「より攻撃的」な行動が見られて然るべきだが、子オオカミと子犬のどちらも、プレイバウに先だって相手より攻撃的な行動に出ることはなかった。しかし、成犬による遊びと違っていたのは、プレイバウされた側の子犬のほうが、そのあと、より攻撃的な行動に出たことだった。これは仮説に反する結果と言える。

ベコフ博士による過去の研究で、プレイバウと「バイトシェイク」（咬みついてそのまま頭を振る行動）との関連性があきらかにされた。[*5] しかし、今回の調査では、意外にもプレイバウの直前直後にバイトシェイクが見られなかった。おそらく、ベコフ博士の研究では、より幼い子犬を観察対照としていたからだろう。事実、この実験に用いられた犬とオオカミの動画では、咬みつき行為はほとんど見られなかった。

また、プレイバウをすることによって、相手の犬から逃げるか、相手の犬を追いかけるか、どちらかの立場に立つ可能性も考えられた。『プロスワン』に掲載された成犬を対象とした調査では、プレイバウが攻撃を仕掛けるときに用いられている証拠は認められなかったものの、逃避行動に出るときに用いられている可能性は考えられた。子犬の遊びでは、プレイバウされる側が守勢に立つより攻勢に出ることのほうが多かった。

しかし、オオカミではまた結果が違っていた。子オオカミと子犬はともに、プレイバウをしたあとで逃げ出すことが多かったことから、プレイバウによって逃避的立場に立つものと考えられる。しかし、子オオカミには、子犬に見られたようなプレイバウ前の小休止が見られなかった。子オオカミのプレイバウがどのような機能を果たしているのかあきらかではない。しかし、子犬のプレイバウはでたらめに行われているわけではなく、また「ただの遊びだよ」という釈明のシグナルというわけでもなさそうだ。どうやら、遊びを継続したり、新たに追いかけっこを始めたりするときのシグナルとして機能しているようなのだ。

犬は犬らしくあるべきだ。犬の個性のありのままを受け入れようではないか。犬は犬らしく、家の中でも外でも、鼻とすべての感覚を存分に働かせばいい。仲間と遊び、心ゆくまで走り回ればいいのだ。本当の犬らしさを知るために、犬がどのようにものを見て、聞いて、触れて、味わって、そしてどんなふうににおいを嗅ぐかを理解しよう。私たちにとって、犬と生きることは至上の喜びだ。犬にとってもまた、私たちと生きることが至上の喜びとなるよう、私たちが努力を続けよう。そうすれば必ずや、お互いが喜び合う日はやって来るだろう。

——マーク・ベコフ博士

コロラド大学名誉教授、『愛犬家の動物行動学者が教えてくれた秘密の話』（森由美・訳／エクスナレッジ）の著者

遊びを通して学ぶ、犬同士の社会的な絆予期せぬ出来事への対処も

社交的な犬は見るからに遊びを楽しんでいる。しかし、『アプライド・アニマル・ビヘイビア・サイエンス』で紹介されたレビューによると、犬の遊びが進化した背景には、特定の目的があったかもしれないという。[*6] ある学説によると、犬は遊びを通して体のコントロールの仕方を学んでいるようだ。遊びの中で、取っ組み合い、またがり（マウンティング）、追いかけ、捕まえ、物を破壊する。これらの行為はすべて、発達の過程で身につけるべき運動スキルと関係がある。

子犬がきょうだいとの遊びを通して学ぶことの1つに、後天的咬みつき抑制がある。これは、相手を傷つけずに咬むためのスキルだ。きょうだいに強く咬みついてしまった子犬は、そのせいで遊びが中断したと悟り、次からはあまりきつく咬まないよう学習するのだ。

遊びが進化した目的の2つ目として考えられるのが、社会的結束の発達だ。進化という観点から見れば、遊びを通してほかの犬と社会的絆を築くことにより、喧嘩が減少して、生き残れる確率が上がり、繁殖の成功率が上昇する。適切に社会化された犬はほかの犬と遊ぶのが好きだし、人間との遊びも楽しむ。おもちゃを使って人と遊ぶ背景には、その人との交流を図る目

的があるようだ。遊びは犬と人間の関係性を向上させてくれる。

遊びが進化した3つ目の目的は、思わぬ出来事に対処することだ。[*7] ストレスや報酬システムによるホルモンレベルの変化と、遊びの最中に脳で起こる変化は、犬がストレスのかかる出来事への対処法を学ぶ上で役に立っているという。遊び以外の場面での情動的な過剰反応や制御不能は深刻な事態を招きかねないが、遊びの中であればより安全だ。楽しく、心地よく、刺激的な遊び体験を通して、犬は予期せぬ出来事に対処する術を学ぶ。遊びの中の動きから(意図的なセルフハンディキャッピングも含め)、転落時の身のこなしなど、体勢の立て直し方も学習する。

レビューによると、この3つの犬の遊びの目的には根拠があり、さらに遊びの各段階にはそれぞれ重要な目的があるという。特に始まりと終わりの段階は社会的結束のために重要で、主要部分は運動スキルの発達と予期せぬ出来事への対処に役立っているという。

まるで遊びが犬の福祉にとっていいことずくめのように聞こえるが、じつはそうとも言い切れない。レビューでは、遊びがときに、福祉が損なわれているサインにもなると指摘している。たとえば、ストレスを伴う状況に置かれたときの転位行動としての遊び、飼い主の注目不足など、不満足な環境に起因するおもちゃを使った一人遊び、罰せられたり叩かれたりしないよう、人間の気を逸らすための遊びなどが挙げられる。

また、2頭間の遊びがアンバランスだったり、どちらかの犬が相手をいじめていたりするなら、いじめられたり傷付けられたりした側の犬の福祉が損なわれたということになる。ある調査では、ハンドラー（この場合は警察官）がタグプレイ（おもちゃの引っ張り合いっこ）にコマンドとトレーニングをたくさん組み合わせると、本来は自発的で楽しい遊びのはずが、犬にストレスを与えてしまうことがわかったという。[*8] つまり、遊びの善し悪しを評価する前に、その内容を吟味することが重要だということだ。

また、ほかの犬と遊ぶのが好きな社交的な犬が、なんらかの理由で遊びのスキルが身についていない場合も、犬の福祉を損なってしまう原因になり得る。飼い主が犬の遊びと喧嘩を見極めるのは難しく、見ているだけでハラハラしてストレスに感じることもあるだろう。だから、犬がほかの犬と会ったり遊んだりするのを止めたり、その機会を制限したりしてしまう――遊びたい犬からすれば迷惑千万だ。

遊びのスキルを発達させる感受期については研究の余地があるが、きょうだいとの遊びが子犬の学習に重要な役割を担っていることは確かだ。子犬を家に迎え入れたなら、社会的スキルの発達を続けるためにも、パピークラスでほかの犬と遊ぶ機会を与えるべきだろう。

ドッグランではほかの犬と交流しつつ一人で過ごす時間も楽しんでいる

多くの場所で犬にリードをつなぐことが求められる中、ドッグランは犬がオフリード（リードを外した状態）で生き生きと運動や交流を楽しむことができる貴重な空間だ。

学術誌『アプライド・アニマル・ビヘイビア・サイエンス』に掲載された調査では、カナダのドッグランで犬のストレスを観測した。[*9] 実験に参加したのは11頭の犬で、散歩の前後と、ドッグランに行く前、ドッグランで20分過ごしたあとに、それぞれ唾液のサンプルを採取して、興奮度の指標となるコルチゾール値を調べた。すると、散歩の前後ではコルチゾール値に変化は見られなかったが、ドッグランで20分過ごしたあとでは数値が高くなったという。

また、ドッグランにやって来た55頭の犬を観察したところ、到着してから最初の20分間のうち、40%の時間を人のそばで過ごし（ときどきはほかの犬と一緒だった）、30%は一人で過ごし、25%はほかの犬と過ごしたという。若い犬ほど遊びに夢中で、年を取った犬ほど動き回りが多かった。

犬の83%がある時点で遊びのシグナルを発し、ほとんどの犬が少なくとも1度はストレスのシグナルを発した。遊び行動とマウンティングに相関関係が見られたことから、マウンティングも遊びの一部であると考えられる。また全体として、飼い主による愛犬の友好度評価は的確だった。飼い主がアンケートで友好度の項目に最高点を付けた犬たちには、より積極的な遊び行動が見られたのだ。

コルチゾール値がもっとも高かったのは、ドッグランの経験がもっとも少ない犬で、背を丸めて前かがみの姿勢をとり、ストレスのサインを発していた。同じ週にすでにドッグランを訪れていた犬は、ストレスを示す行動をあまりとらなかった。

『ビヘイビオラル・プロセシズ』に掲載された別の調査でも、先の調査と同じドッグランで実験が行われた。ドッグランにやって来た69頭の犬の様子を、到着から400秒間（約7分）にわたって動画に収めた。[*10] 実験者は観察した行動を中立的にコード化するため、従来の「支配」「服従」「遊び」「攻撃」などの評価ではなく、犬の様子をありのままに記録した。

平均すると、犬は到着してから最初の6分間のうち50％を一人で過ごし、40％を少なくとも1頭の別の犬と過ごしていた（それ以外の時間は人と過ごすか、人と犬と一緒に過ごしていた）。行動の流れとしては、ほかの犬と一緒に過ごす時間がしだいに減り、一人で過ごす時間が増えていった。幼犬とシニア犬は、中年期の犬と比べて、ほかの犬と過ごす時間が長かった。

そして、ほとんどの犬が、鼻先を相手の頭かお尻に近づけて（あるいは近づけられて）接触を始めた。犬が鼻を使ってほかの犬の情報を収集するのは別段驚くべきことでもないだろう。ドッグランに到着したばかりの犬は、鼻先をほかの犬のお尻ではなく頭に近づけて接触を始めた。相手の鼻を頭で受け止めたのは、お尻をその犬から遠ざけた結果だ。犬の多くは自分のにおいを嗅がさずに相手の犬の情報を得ようとする。[*11]

また、少なくとも観察中は、犬がほかの犬を追いかけた場合、相手の犬と必ずしも攻守が入れ替わるわけではなかった。つまり、追いかけっこがすべて相互的であるとは言えないということだ。しかし、犬がほかの犬を追いかけ始める行為は、相手の犬との身体的接触や取っ組み合いの行動と関係があった。攻撃行動は、調査対象の犬にも、またそのときドッグランを訪れていたほかの犬にもほとんど見られなかった。

この結果は、愛犬を頻繁にドッグランに連れて行きたいと願う飼い主にとって安心材料になるだろう。また、観察の結果から、犬は終始フルパワーで遊び続けるというよりも、むしろ一人で過ごすのが普通だということもわかる。オフリードの空間をストレスに感じるなら、ドッグランには行きたがらないだろう。しかし、多くの犬はドッグランを楽しむことができるし、また体を動かしてほかの犬と触れ合うのは素晴らしい体験になるはずだ。

犬と猫はしっかり仲良く暮らせる
お互いが出会う年齢も大事な要素

犬は猫などほかの動物も仲間として受け入れる。ただし、安全のために断っておくと、これはすべての犬に言えることではない。中には、猫やその他の小動物に舌なめずりせんばかりの犬だっているし、捕まえてブンブン振り回してやろうと鼻息を荒くする犬だっているのだ。それでも、犬と猫が仲良く暮らすことはできるし、親友にだってなれる。

『アプライド・アニマル・ビヘイビア・サイエンス』に、犬と猫（どちらかが2頭以上でもよい）を飼育している人たちに相性を尋ねた調査結果が掲載されている。[12] 調査では実際に家庭訪問も行われた。すると、66％の家庭では犬と猫が平和的に接しているという微笑ましい結果となった。25％の家庭では互いに無関心、全体の10％では残念ながら犬と猫が仲良くできていなかった。

猫が先に飼われていたほうが折り合いはいいようだ。先住猫のいる家庭に犬が加わった場合、犬は猫にすんなりと慣れることができるのだ。先住犬のいる家庭に猫があとからやって来る場合は、うまくいくことのほうが少ないという。出会う年齢もまた物を言う。猫が6カ月未満、犬は1歳未満で出会ったほうが万事うまくいきやすい。

調査対象となった犬と猫は、種として発するシグナルが違っているのに、お互いのコミュニケーション術を理解しているようだった。たとえば、犬が尻尾を上げて小刻みに振るのは友好のしるしだが、猫は緊張しているときや飛びかかろうとしているときに尻尾を揺らす。それでも、犬と猫はお互いのボディランゲージを正しく読み取っているようなのだ。

犬にいたっては、猫界におけるフレンドリーな挨拶までマスターしていた。猫はしばしば鼻のにおいを嗅ぎ合って挨拶するのだが、これを猫とやっている犬がいたというのだ。この「鼻キス」が頻繁に見られたのは、幼い頃に出会った個体同士だった。つまり、早期にほかの種と接触することにより、相手のコミュニケーションのシグナルを学習しやすくなるということだ。『ジャーナル・オブ・ベテリナリー・ビヘイビア』に掲載された別の調査でも、犬と猫の飼い主に、共生についてのアンケートを行っている。[13] 多くの飼い主は犬と猫が共生できていると答えたが、親密な関係（毛づくろいをし合うほど）とまではいかないようだった。

この調査では、猫が幼齢（できれば1歳未満）のうちに犬に会わせれば、犬の年齢に関係なく良好な関係を築きやすいことがわかった。関係性でもっとも重要な要素は、猫がどれだけ犬と快適に過ごせるかということだった。これは、猫の家畜化の歴史が長く、ほかの動物と空間を分かち合うことに慣れていないからでもあるが、猫にとって犬が重大な脅威になり得ることも一因と考えられる。

ベッドを共用していた犬と猫は良好な関係を築けていたが、猫は基本的にベッドの共用を好まない。どうやらすべては猫の気分しだいということのようだ。猫と犬がどうもうまくいかないと感じたら、猫が犬の近くで快適に過ごせるよう、猫ファーストの工夫を凝らしてみればいいだろう。

過去の研究で、チワワの子犬4頭をそれぞれ、社会化の感受期にあたる生後25日から生後16週までの期間、母猫とその子猫と一緒に育てるという実験が行われた。[*14]

猫とともに育てられたチワワに鏡を見せたところ、そこに映った犬の姿を自分だと認識できない様子だった。一方、ほかのチワワと一緒に育った子犬は、鏡に映る自分の姿に反応して吠えた。その後、猫と育ったチワワが、その後ほかの犬と2週間過ごすと、鏡の中の自分の姿に反応するようになった。つまり、自分が属する種の姿を学習したということだ。

また、猫とともに育った4頭のチワワをほかの子犬に会わせてみたところ、子犬と遊ぶよりも猫と過ごすほうを選んだという。この調査から、犬が社会化期にほかの種と過ごすと、その種との関わり方に違いが生じるということがわかった。子犬が猫と仲良くなることを望むなら、社会化の感受期に一緒に過ごさせるべきだろう。

犬のニーズに合わせて、ほかの犬と一緒に過ごさせたり、離れて過ごさせたりする「交友」は犬の福祉の1つであり、遊びは自然な行為である。私たちは、愛犬が望む形でそれらの機会を与えなければならない。子犬が感受期にほかの子犬と遊ぶことができれば、犬としての社交術を学ぶことができる。しかし、成犬でもほかの犬を苦手とする犬もいる。あなたの愛犬がもしそうであれば、それを理解して配慮しなければならない（間違ってもドッグランには連れて行かないように！）。

また、犬にとっては人との交わりも大きな意味を持つ。次の章では、犬と人との関係についてお話ししよう。

［まとめ］
家庭における犬の科学の応用の手引き

・愛犬と遊ぶ時間を設ける。物を使った遊びでも、そうでない遊びでも、自発的で友好的な活動であるべきだということを忘れてはならない。遊びの中で犬をほめてスキンシップを図るのもよい。コマンドをあまりたくさん出してしまうと、遊びではなくトレーニングになってしまう。楽しくトレーニングできるのは素晴らしいことだが、純粋に遊びを楽しむことも必要だ。

・子犬を迎えたら、犬としての社交術を身につけられるよう、ほかの子犬と遊び、交流する機会を与える。特に、ほかのきょうだいと遊ぶ機会が剥奪された商業ブリーダー（ペットショップやネット販売業者）出身の子犬たちには、安全な遊びの機会が必要だ。遊びの時間があるパピークラスに参加することが最善策と言えるだろう。

・愛犬が遊びたいのに遊びのスキルが身についていない場合は、ほかの犬をいじめたり怒らせたりしないよう注意する。優良なドッグトレーナーの協力のもと、より良い遊びのスキルを身につけられるよう教える。リコール（呼び戻し）がきちんとできれば、ほかの犬を刺激しすぎたときなど、遊びから離脱させることができるだろう。ただし、そのような場面でリコールができるようになるにはかなりのトレーニングが必要だ。ほかの犬をいじめる犬は遊びの輪から離脱させ、別の日にまた参加させるようにする。

・犬は社会的に成熟すると、しだいにほかの犬との遊びが減り、遊ぶ相手にもこだわるようになる。また、遊びのスキルが低い犬に対して寛容ではなくなる。こうした変化は犬として自然な発達なので、心配は無用だ。

・愛犬の遊び相手の体格に注意する。ドッグランでは、小型犬がケガなどしないよう、大型犬とエリアが分けられている。

・愛犬に合った遊びを考える。ドッグランが好きな犬なら連れて行けばいいが、好きでなくても問題視する必要はない。ドッグランでストレスを感じる犬もいるので、楽しめないようなら連れて行かないようにする。

・家庭にほかのペットがいる場合、ペットそれぞれのニーズが満たされるよう、また争いが起こることのないよう配慮する。ペットゲートを設けるなど、立ち入ってはいけない場所を仕切ってトラブル回避に努める。食事のときも必要に応じて部屋を分けるか、それぞれケージに入れるなどして対応する。

・犬と猫を飼いたいなら、猫を先に迎えるのがいいだろう。それができないようなら、犬が子どものあいだに猫と交流させる。犬と猫は仲良くなれるが、必ずしもそれが保証されているわけではない。

7章　犬と人の関係

DOGS AND THEIR PEOPLE

ゴーストとボジャーの愛情表現
犬の驚異的な社交術

私は夕食後にいつもニュースを見るのだが、ゴーストがうちにやって来てしばらくすると、この習慣がもっと好きになった。部屋の向こう側に寝そべったゴーストが、私をじっと見つめるのだ。

でも、最初は視線を合わせようとすると、ゴーストはすかさず目を逸らしたものだった。でも、ゴーストは変わった。テレビ画面を見つめる私を見つめ、氷のように透き通ったその青い瞳に私が視線を合わせると、まっすぐにこちらを見つめ返した。そして、ゆったりと口を開き、愛らしい笑顔を見せてくれるのだ。ゴーストの愛を受け取って、私も「アイラブユー」と愛を投げかける。するとゴーストも「ウー!」と返してくれる。

「大好き!」

「ウー!」

ゴーストの愛に嘘はない。

一方、ボジャーは私と夫の気を引こうと2人のあいだを行ったり来たりして、頭をなでろと頭突きする。少々荒っぽいが、これが彼なりの愛情表現だ。

もちろん、ゴーストは言葉の意味よりも声のトーンに反応していたのだが、私の言うことは例外なく理解した。「お散歩に行きたい？」──これには大興奮。「ウー！　ウォー、ウォー、ウワオォォーーー！」まるでチューバッカの雄叫びのようだった。

しかし、犬は本当に私たちを愛してくれているのだろうか。犬にとって人間はどんな存在なのだろう。この問いに着目した研究もいくつか行われている。しかし、科学では、主観的な情動である「愛」というものは測れない。そこで、児童心理学と神経科学の技法を借りて、犬の人間に対する愛着についての調査が行われた。

犬は驚異的な社交術を誇る。犬は人間の指差しであれ、うなずきであれ、視線であれ、近くに置かれたマーカーであれ、指し示された場所を理解してフードのありかを探しあてる。[*1]また、犬にフードを「盗む」チャンスを与えて反応をうかがう知能テストの結果から、人間の視野さえも理解していることがわかった（いつもそうだとは限らないが）。[*2]

犬の素晴らしい社交術は、家畜化の過程で起こった収斂進化（異なる生物種が類似の特質を個別に進化させること）の賜物といえる。これは、ロシアのキツネの家畜化実験でも実証されたことだ（2章）。キツネも犬と同じように、人の指差すほうや視線の先を追えるようになったことから、人と犬との特別な関係は家畜化によって生まれたものと考えられる。

犬の人間への愛着に関する実験
やさしくなでてただ寄り添えばいい

すべての犬の飼い主が、自分が犬にとって重要な存在だと主観的に理解しているが、それについても科学的に考察されている。心理学では、養育者に対する子どもの感情的な強い結び付きを「愛着」と言う。ジョン・ボウルビィが最初に愛着理論として提唱した。[*3]

愛着はたんなる友好的な態度ではない。それには、不安を感じたとき養育者の近くにいたいという欲求が含まれる。養育者に対する子どもの愛着には4つの構成要素がある。

1つめは生後7カ月から9カ月頃、離ればなれになったときに起こる「分離苦悩」。2つめはハイハイやあんよができるようになる1歳頃から、行動範囲が一気に広がることで起こる「近接性希求」。3つめは、探検に出るときの拠点となる「安心の基地」。4つめは、つらい出来事に遭遇したときに身を寄せる「安全な避難所」、である。

この4つの要素は犬と飼い主の関係にも当てはまる。[*4] 犬は特にストレスのかかる環境下では飼い主のそばにいようとする（近接性希求）。また、飼い主の姿が見えないと分離不安に陥ることがある（13章）。児童心理学の方法を用いた実験では、安心の基地と安全な避難所の作用も確認された。

養育者への乳幼児の愛着を測定する手法に、「ストレンジ・シチュエーション法」と呼ばれる実験観察法がある。赤ちゃんが養育者と一緒にいる部屋へ見知らぬ人が入室する。厳格な安全措置の元で赤ちゃんは見知らぬ人と部屋に残され、そののちに再び入室した養育者から安心感を与えられる。そして今度はたった一人で部屋に取り残され、そこへ再び見知らぬ人が入ってくる。安定した愛着を携えた赤ちゃんは、養育者が退室すると気が動転するものの、戻ってくればすぐに安心して気持ちが落ち着く。

このストレンジ・シチュエーション法を犬で再現したところ、最初は結果がまちまちだった。これは、高度に社会化された犬が親しげな他人を歓迎するからだと考えられた。そこで実験者は、威圧的な他人をシチュエーションに加えて再度実験を行った。[*5] 飼い主の在室中と不在時の両方で、見知らぬ人が威圧的な態度で犬に接近する。見知らぬ人が入室するときの飼い主の在否の順も考慮しつつ（半数は飼い主の在室中から、残りの半数は飼い主の不在時から先に体験する）、犬の分離反応（飼い主が退室するとクンクン鳴いたり吠えたりする）の有無について分析が行われた。

すると、赤ちゃんの調査結果との類似点がいくつか見られた。飼い主がいるときは「安心の基地」が作用し、見知らぬ人が威圧的な態度で接近したときも心拍数はそれほど上がらなかった。反応性の高い犬でも、飼い主の在室中に見知らぬ人と先に出会っていれば、飼い主の不在時にその人物が再び入室してきたときのストレスは小さかった（ただし基準値よりは高かった）。調査では個体差も見られた。威圧的な態度であっても見知らぬ人に興味を示す犬もいれば、唸り声をあげたり吠えたりして反応する犬もいた。

人間の赤ちゃんは1歳を迎えるまでに、何か不安が生じたときに養育者の反応を確かめる「社会的参照」の反応を示すようになる。この行動は犬にも見られる。社会的参照には2つの段階がある。1つは、不安を引き起こす対象から養育者に視線を移す段階。もう1つは、養育者の反応に従い反応する（接近したり回避したりする）段階だ。

ある調査で、犬が逃げ出すほどではないが警戒する対象物として、緑色の吹き流しを付けた送風機を用いた実験が行われた。[*6] 飼い主がリードを着けた犬を連れて送風機が置かれた部屋に入り、ドアが閉まった瞬間にリモコンで送風機を作動させる。飼い主は犬を放して、送風機を無表情で見つめる。一定の時間が経過したのち、飼い主はポジティブな表情かネガティブな表情を見せ、表情に合わせたコメントをする。何頭かの犬は臆さず送風機へ接近した。接近しなかった犬の83％は、送風機を見たあとに少なくとも一度は飼い主のほうを見た。そして、飼い主がポジティブな反応を示したときよりも、ネガティブな反応を示したときのほうが送風機を避ける傾向が見られた。

赤ちゃんの実験と違うのは、飼い主がまず無反応を示す点だ。そこで次の実験では、犬が確認したときに、すぐに反応して見せるようにした。[*7]

部屋には飼い主と見知らぬ人が同席し、どちらかが「情報提供者」として犬に反応して見せ、もう一方は座って読書を続ける。犬が情報提供者の反応をうかがったのは、飼い主だった場合が67%、見知らぬ人だった場合が60%だった。飼い主が情報提供者となりポジティブな反応を示したとき、犬はより早く送風機に接近した。飼い主が情報提供者でネガティブな反応を示したときは、見知らぬ人の場合よりも、送風機に接近するまで時間がかかった。

また、情報提供者の反応がネガティブだった場合、座って読書する人のほうをうかがう回数は、座っているのが見知らぬ人のときよりも飼い主だったときのほうが多かった。この結果から、犬が飼い主からの情報も求めているということがわかる。

この2つの実験から、犬が確信を持てない状況に遭遇すると、視線を用いて人に情報を求めること、そしてその人物の反応によってその状況を探索するか回避するかを決めていることがわかった。また、犬にとって、見知らぬ人よりも飼い主のほうが重要であることも確認できた。多少の違いはあれど、赤ちゃんを対象とした実験とよく似た結果と言える。

しかし、犬は常に飼い主を選ぶのだろうか。エリカ・フューバカー博士とクライブ・ウィン教授がこの疑問に答えるべく、犬に10分間で自由に選択をさせる実験を行った。[*8] 犬の飼い主と見知らぬ人が腰かけ、犬が近寄った人物が犬の体をなでる。この調査は犬が飼われている家と大学の研究室で行われた。研究室は、フューバカー博士は「犬にとっては動物病院の診察室を思わせる印象とにおい」だと言う。

実験中の80%の時間を、犬はどちらかの人物を選択してそのそばで過ごしたが、飼い主と見知らぬ人のどちらを選ぶかは場所によって異なった。馴染みのある場所では見知らぬ人のそばで2倍長く過ごし、馴染みのない場所では飼い主のそばで4倍長く過ごした。家でも、ほとんどの犬がまず飼い主のそばへ行き、それから見知らぬ人へ近寄った。

ちなみに、シェルターの犬に2人の見知らぬ人を会わせてみたところ、犬は迷わずどちらか一方に近づいたという。つまり、犬は瞬時に選択しているということだ。

この実験結果から、犬はほかの人に会うことを楽しむ一方で、飼い主と特別な絆で結ばれているということがわかった。

「慣れ親しんだ環境下では、犬は見知らぬ人に気軽に挨拶してからまずは飼い主に近寄って、それから見知らぬ人のそばでしばしの時間を過ごしました」とフューバカー博士は説明する。「一方、馴染みのない場所ではあきらかに気乗りしない様子でした。中には見知らぬ人のそばへ寄りもせず、挨拶すらしない犬もいたほどです。おそらくストレスのかかる状況を飼い主のそばでやり過ごしていたのでしょう」

フューバカー博士とウィン教授は、なでる、ホメる、フードを与えるという3つのごほうびのうち、犬がどの報酬を好むかを調査していた（4章）。そこで私は、その調査からわかった犬と飼い主の関係について尋ねてみた。「実験では飼い主の効果が多分に見られました」とフューバカー博士は教えてくれた。「それが見られなかった唯一の例は、スキンシップと声かけを比較したときでした」。犬は飼い主にホメられるよりも、見知らぬ人になでられるほうを選んだというのだ。

「犬はなでられるのが好きなため、どれだけ飼い主のことが好きであっても、他人になでられる報酬を選んだのです。しかし、ストレンジ・シチュエーション法や馴染みのない状況下など、ほかの調査結果では飼い主の効果が顕著に見られ、犬と飼い主とのあいだに特別な相互関係が構築されていることがうかがえます。また別の実験では、飼い主が近くにいることが犬の強化子になり得るかを調べました。飼い主からかたときも離れたくない犬の飼い主なら、結果を聞かなくてもその答えがわかるでしょう。飼い主がトイレに行くときでさえ、愛犬はなんとしてでも近くにいようとするのです。この調査結果からは、人と飼い主の関係も犬にとって重要であることがわかります。犬は飼い主と一緒にいたいと思っています。たとえあなたが犬にかまってやれなくても、そこにあなたがいるだけで、犬にとっては大きな意味があるのです」

これらの調査結果から、犬にストレスのかかる状況下で、飼い主が犬のためにしてやれることもわかるだろう。フューバカー博士が言うように、犬の体をやさしくなでて、ただ寄り添えばいいのだ。

犬の脳活動が活発になる事柄
飼い主のにおい、ごほうび、ホメる

人間と動物の絆については、イヌ科動物の神経科学という観点からも研究が進められている。米国アトランタ州エモリー大学のグレゴリー・バーンズ教授の研究チームが、犬が自発的に「fMRI」（脳活動を画像化するためのMRI装置）に入ってじっとしていられるよう、正の強化を用いてトレーニングを行った。バーンズ教授らによるfMRIを用いた研究では、犬の「尾状核」の実験が行われた。尾状核とは報酬予期に反応して活性化する脳の中の分野で、過去にはサルと人でも同様の研究が行われている。

実験では、よく知っている人のにおい（犬の飼い主、主な保護者）と知らない人のにおい、よく知っている犬のにおいと知らない犬のにおい、さらに自分（犬）自身のにおいを犬に嗅がせて、尾状核の活性化を測定した。[*9] この実験には12頭の犬が参加し、綿棒で採取した人間の脇のにおいサンプルと、犬の陰部と生殖器のにおいサンプルが用いられた。

尾状核がもっとも活性化したのは、犬がよく知っている人のにおいサンプルを嗅いだときだった。つまり、犬は主な保護者のにおいを認識し、そのにおいとも良好な関係を築いているということだ。この結果を犬の主観的な感情として翻訳するのは難しいが、その人物が犬にとって重要であることは間違いないだろう。人間の脳の同じ分野＝尾状核は、愛情の対象である者の写真を見たときに活性化する。犬に見られるこのような反応は、たんに食べ物を与えてくれる保護者への条件反射というだけでは片付けられないだろう。

バーンズ教授らによる別の実験では、フードを与える、ハンドラーの姿が見えてホメてくれる、何も起こらない、という3つの統制条件を用いて、犬の優先傾向を調べた。[*10] 犬はfMRI内で動くことができないため、アイテム（おもちゃの車、おもちゃの馬、ブラシ）を各条件と関連付けて実験を行った。棒の先に固定した各アイテムを10秒間見せたのちに、関連付けた出来事が起こる。

基本的には、フードとホメてくれる人では、尾状核の反応に大きな差が見られなかった。つまり、犬はどちらも同様に報酬と見なしているということだ。ただし、9頭はフードとホメてくれる人にほぼ同じ反応を見せたが、4頭はホメてくれる人の姿が見える条件を好み、別の4頭はフードにのみ反応するなど、個体差は見られた。

さらに、おもちゃの車を見せたあとにハンドラーが犬をホメないという、犬の報酬予期を裏切る実験も行われた。すると、ホメたときとホメなかったときで尾状核の活性化レベルに最大の差が見られたのは、最初の実験でホメられたときに尾状核がより活性化した犬だった。それらの犬は、ホメられることに喜びを感じていたということだ。

最後に、フードの入ったお皿と、なでてホメてくれる飼い主のどちらかを選択させる迷路実験を行った。はじめはどの犬も選択がまちまちだったが、20回繰り返すうちにそれぞれに選択の傾向が表れ始め、fMRIを用いた実験結果との相関性が浮き彫りとなった。実験に参加した犬は高度なトレーニングを受けた個体だったため、この結果が平均値であるとは一概に言えないかもしれない。それでも、尾状核の活性化は個々の犬の選択肢を安定的に予見するものと考えていいだろう。

バーンズ教授から送られてきたメールにはこんなふうに書かれていた。

「つまりは、犬も人と同じ個々の存在であり、動機の領域はそれぞれにあるということです。フードを好む犬もいれば、ホメられるのが好きな犬もいるし、どちらも同じくらい大好きだという犬もいるでしょう。まずは愛犬の好みを知ることです！」

犬は人間の表情と音で感情を理解する 鼻歌と泣き声の差、喜怒哀楽の差

犬が人間の感情表現に反応することは立証されている。ある研究で、犬が飼い主と見知らぬ人の泣き真似と鼻歌（統制条件）にどんな反応を示すか、各家庭で実験が行われた。[*11] すると、犬はあきらかに飼い主の鼻歌よりも泣き真似のほうに注意を払っていた。

泣く姿を見た犬が悲しい気持ちになったのだとしたら、犬は慰めを求めて飼い主の元へ向かうと予想されるだろう。しかし、犬は泣いているのが誰であれ、その人の元へ向かったのだ。多くの犬が泣いている人に接近したが、そのほとんどがその人を慰めようとしているかのようだった。これは必ずしも犬が共感していたという意味ではなく、泣いている人には犬が慰めに来たように感じられたということだ。

別の調査では、透けたドアを隔てて飼い主が座り、泣き真似をするか鼻歌を歌う姿を犬に見せた。[*12] 犬はどちらの場合もドアを突破して飼い主にかけ寄ろうとしたが、飼い主が泣いているときのほうがアクションのスピードは速かった。

飼い主の泣き真似に反応してドアを突破した犬は、飼い主の元にたどり着けなかった犬よりもストレスレベルが低かった。飼い主のそばへ行けなかった犬は、吠えながらそわそわと歩き回った。また、飼い主への愛着が強い犬ほど、泣いている飼い主に反応してドアを突破する傾向が強かったため、犬が共感を抱いている可能性があると考えられる。

ほかの犬や人間のポジティブな感情とネガティブな感情のどちらにも反応するのと同じように、犬は感情表現に伴う音の雰囲気の違いも認識する。[*13] これは、視覚と聴覚の両方を含むことから、「情動のクロスモーダル知覚」と呼ばれる。

ある研究で、人間の楽しそうな表情、犬が遊んでいるときの表情、人が怒っている表情、犬の攻撃的な表情が写った写真を犬に見せ、それと同時に、表情に合った音、表情にそぐわない音、滝のとどろきのようなニュートラルな低音「ブラウンノイズ」〔訳註：ブラウン運動＝液体または気体中で微粒子が不規則に運動する現象によって生成されるシグナルノイズ〕のいずれかを流す実験を行った。

犬の写真を見せるときは、楽しそうな鳴き声か、怒って吠える声を聞かせる。また、人間の写真を見せるときは、犬の知らない言語（ブラジル・ポルトガル語）で楽しそうに話す声か、怒ったように話す声を聞かせる。

犬は表情に合わない音が聞こえたときよりも、表情に合った音が聞こえたときのほうが写真をより注視した。反対に、ブラウンノイズが流れたときは、写真への興味を失った。また、人間の写真よりも犬の写真のほうにより注目したという。

この実験により、非霊長類が、表情と音の両方から感情表現を認識できるということが初めて立証された。

人と犬はコミュニケーションが取れている　ジェスチャー、遊び、接触、話し方

犬はお腹をなでてほしいときなど、それを独自の方法で要求する。一方、人間は幼年期から、欲しいおもちゃを指差すなど、指示的ジェスチャーで人の気を引こうとする。この能力は、野

生のチンパンジー、飼育下にある類人猿、カラスなどにも備わっている。また、ハタやスジアラ（コーラルトラウト）などの魚は、指示的ジェスチャーを用いて獲物のありかを仲間に示す。では、犬が人間に対して示すジェスチャーも、この種のコミュニケーションの1つに数えられるのだろうか。

『アニマル・コグニション』で発表された調査では、37頭の犬が飼い主と交流する動画から242件のコミュニケーションを抽出して分析を行った。[*14] この調査は「シチズンサイエンス」〔訳註：専門家と市民が協力して行う市民参加型プロジェクト〕として、犬の飼い主が家庭で撮影した動画を研究者に提供して実現したものだ。

研究者は、指示的ジェスチャーの基準を満たした19種の異なるジェスチャーを発見した。指示的ジェスチャーの基準とは、(1) ジェスチャーであること（なんらかの身体的活動としての運動ではない）、(2) 物体や体の一部を指し示していること、(3) ほかの誰か（対象者）に向けられていること、(4) 対象者から反応が得られること、(5) 意図的な性質を持つこと、という5つである。

意図的であるかどうかについては、対象者の反応を待つ、あるいは求める結果が得られなければジェスチャーを繰り返すか、別のジェスチャーを試すなどの行為の有無で判別できる。犬のジェスチャーは、指示的ジェスチャーの基準となる5つの条件をすべて満たしていた。

犬のジェスチャーは4通りのことを伝えるために用いられていた。「かゆいところをかいて」

「食べ物（または飲み物）をちょうだい」「ドアを開けて」「おもちゃ（または骨）をちょうだい」という要求だ。

人の体や物に鼻や顔を押し付けるなど、いくつかのジェスチャーは4つの要求すべての意味で用いられたが、特定の意味だけに用いられるジェスチャーもあった。たとえば、寝転がれば「体をかいて」という意味だ。もっとも多く見られたのが、頭を振って物と人とを交互に見るジェスチャーだった。こうした犬のジェスチャーが、ほかの種（私たち）とのコミュニケーションにも役立ってくれるというのは、なんて素晴らしいことだろう！

遊びは人と犬が交流するための重要な手段の1つだ。[*15] 犬はほかの犬と遊ぶチャンスが目の前にあったとしても、人と遊ぶほうを選ぶことがある。犬が人間と遊ぶときは、おもちゃを見せたりプレゼントしたりすることが多い。このことからも、人との遊びと犬同士の遊びは動機が異なっていることがわかるだろう。引っ張り合いっこ（タグプレイ）や追いかけっこ、また、おもちゃを追いかけたり見せたりする遊びは、犬同士よりも人と犬との遊びでよく見られる。

人は犬と一緒に遊ぶときにさまざまなジェスチャーを使う。ある調査で、12名の人たちが各家庭で、愛犬とおもちゃを使わずに遊びを始めるときの様子を撮影した。その動画から、飼い主が犬に発したシグナルを拾い集め、それらを20頭のラブラドールレトリーバーに試してみるという実験を行った。[*16]

すると、犬を遊びに誘うシグナルとして有効な動作もあったものの、それらは意外にも飼い主が頻繁に使う動作ではなかったという。遊びへの導入としてもっとも効果があったのは、人間がプレイバウのようにお辞儀をする、犬を追いかけたり犬から逃げたりする、犬に飛びつくといった動作だった。自分の胸を叩くなど、犬にジャンプを促すシグナルも機能していたが、それほど多く使われてはいなかった。犬の首筋を掴もうとする、足を踏み鳴らす、犬を持ち上げようとするなどの行為は、まったく遊びにつながらなかった。

別の調査では、人は犬との遊びの60％以上でポジティブな感情を示していることがわかった。[*17] 特にタグプレイをするときや犬にいたずらを仕掛けるとき（ボールを投げるふりをしたり、脚を触ったりする）には、その傾向が顕著に表れた。一方、フェッチプレイ（人がボールを投げて犬が回収する遊び）では、全体として飼い主の感情が伴わなかったという。犬との直接的な接触や接近が多いときや、人の動きが多い活動のほうが、人の表情に笑顔が多く見られるようだ。また、男性より女性のほうが愛犬と身体的接触を図っていた。この調査結果から、人間と犬の両方にとって遊びと言える活動が、ごく限られているということがわかる。おそらく、先の実験に動画を提供した飼い主は、犬の視点に立って犬の喜ぶ遊びを行っていたのだろう。

犬に対する人の話し方は、子どもに対する話し方ととても似ている。子どもには言語習得のためにも高い声でゆっくりと抑揚をつけて話すが、犬は英国で暮らしているからといってクイーンズ・イングリッシュを習得するわけではない（その他の言語も然り）。『英国王立協会紀要B』に掲載された調査によると、人々はすべての年代の犬に対してペット向けの話し方をしていたという。[18] 子犬にはさらに高い声で話しかけ、子犬もそれによく反応しているようだった。通常の話し方とペット向けの話し方で原稿を読んだ音声をそれぞれ再生したところ、子犬はペット向けの話し方のほうにより敏感に反応したが、成犬では反応に差が認められなかったという。

別の調査では、成犬と子犬に、通常の話し方とペット向けの話し方で録音した同じフレーズを聞かせた。すると、犬がスピーカーに視線を送る時間の長さから、ペット向けの話し方のほうにより注目していることがわかった。[19] さらに、人の声が聞こえる状況がより自然に感じられるよう、スピーカーのそばに人が座った状態で録音を流したところ、成犬はペット向けの話し方で「おいで」「いい子」など、犬にとってなじみのある言葉が聞こえるのを好むことがわかった。[20] つまり、そのような話し方を心がければ、愛犬と良好な関係を築くことができるというわけだ。

今一度、犬の視点に立って物事を（あらゆることを！）考えれば、世界はもっと犬にやさしくなれると思うのです。愛玩犬や使役犬が、自ら選んだ状況にいつも身を置いているわけではありません。犬に影響を与える人間の決断を見直すことによって、犬の生活の質を向上させることができます。

犬が1日のあいだにどれだけ一人ぼっちで過ごしているか、どこで生活しているか、どんな技術でトレーニングを受けているか、どのような手段で移動するか、また、どのような行為を強いられているか……。たとえば、子どもとの触れ合い、洋服の着用、スカイダイビングなどは、人間本位の活動です。

もちろん、すべて愛犬の意のままにあらゆるシチュエーションを避けられるわけではありませんが（動物病院で検温されるのは仕方のないこと）、犬について、また、犬の生き方について、犬の視点で見ることが求められているのです。

犬は私たちの決断しだいで、身体的、精神的に苦しんだり、幸せを味わえたりします。人間の好みや気まぐれを犬に押し付けたり、人間の利便性や楽しみのために犬が存在していると考えたりするのではなく、感情豊かな個々の存在として犬を慈しまなくてはなりません。それが、この世界に存在する多くの犬を幸せにする大きな一歩となるのです。

――ミア・コップ

モナシュ大学博士候補生、ブログ「あなたは犬を信じますか？」著者＝ジュリー・ヘッチと共著

この章で紹介したさまざまな調査結果から、犬が社会的参照を用いて人間の感情を読み取ること、また、新しいものに遭遇したときには飼い主の反応をうかがい、飼い主の存在によって

ストレスのかかる出来事を乗り越えることがわかった。

犬と人間との関係は、犬にとって愛着の1つだ。ボディランゲージを理解しているかどうかも含め、飼い主の犬への接し方が、飼い主と犬の関係性に影響を与える。

私たちは犬のすべてのニーズに応える責任を負い、またその応え方によって犬の幸福度を上げることができる。

次の章では、子どもとの関わりにおける犬の幸せについて考えてみよう。

［まとめ］

家庭における犬の科学の応用の手引き

・あなたが愛犬にとって大切な存在であることを理解すること。飼い主の存在が犬の新たな挑戦をあと押しすることもある。新しい物や、ストレスのかかる状況を前にしたとき、犬は飼い主の様子をうかがって情報を得ようとする。
・犬はあなたの幸せや悲しみを察知する。だから犬は、人間に求められているときに、寄り添って慰めてくれるのだ。
・犬が一人で過ごせる時間の限界を調査した実績がなく、またその許容範囲にも個体差があるため、犬を一人にできる時間は最大4時間程度と考えておくといいだろう。それ以上の時間を日常的に一人で過ごさなければならない場合は、友人や近所の人に様子を見てくれるよう頼んだり、散歩代行業者を手配したり、優良な犬のデイサービスを探して申し込んだりすること。

8章　犬と子どもの関係

DOGS AND CHILDREN

子どもと触れ合えるゴーストとボジャー
犬を触る前には断りを入れる

太陽がじりじりと照りつけていたある暑い日のこと。山から湖へ吹き下ろす風が、砂利道に涼やかさを運んでいた。展望台のそばを通る散歩からの帰り道、犬たちの顔には満足そうな笑みが広がっていた。と、幼い姉妹がこちらに向かって歩いてくるのが見えた。2人はすでに、犬を触りたいと両親にせがんでいるようだ。

「人に慣れていますか?」と父親が私に尋ねる。

「ええ」と私が答えると、父親は子どもたちにこう言った。

「じゃあ、小さいほうの犬を触らせてもらいなさい」

父親を責めることはできない。幼い娘よりも大きい図体のオオカミのような犬と、かわいらしい見た目の中型犬が並んでいたら、子どもにどちらの犬を触らせたいか、その答えは明白だ。

「ゴーストのほうがおとなしいんですよ」と私は言った。

「ボジャーは飛びついてキスするのが好きなんです」

私は2頭を座らせた。ボジャーはお姉ちゃんのほうにしばしなでさせてから、その子の顔をべろんと舐めた。女の子は「うわ!」と声をあげてあとずさり、ボジャーにキスされた口を拭いながらも、顔は笑っていた。それから姉妹はゴーストを少しずつなでた。妹は、ゴーストのやわらかな毛の感触にぱっと顔を輝かせた。

「ありがとう！」姉妹はお礼を言うと、小道を駆けていった。

こんなふうに、犬を触る前に断りを入れてくれる子たちなら大歓迎だ。ゴーストとボジャーはどちらも子どもとうまく触れ合えるし、不測の事態が起こったとしても見事に立ち回ることができる。たとえば、子どもが犬を触ろうと手を伸ばして転んでしまったときなんかでも。ほとんどの人は、子どもが知らない犬と接触するときには注意を払うだろう。しかし、相手が顔馴染みの犬となると、一気にガードを下げてしまうものだ。

子どもと犬の関わりが育む行動と強い愛着の相互関係

子どものいる家庭では犬を飼っていることが多く、ペットを飼っている子どもの半数以上が一番好きな動物は犬だという[*1]。親の多くが、ペットは子どもの友だちになってくれるし、ペットの世話を通して子どもの責任感が育まれると考えている（実際に世話をするのはたいてい親のほうだが……）[*2]。

では、犬は子どものいる家庭での暮らしをどのように感じているのだろう。英国のリンカーン大学のソフィー・ホール博士が、自身が行った調査について次のように話してくれた。

「犬は子どもから多くの恩恵を受けていると言えるでしょう。たとえば、子どものいる家庭にはきちんとした日課が定着するので、犬もそれに合わせて決まった時間にごはんがもらえるし、決まった時間に散歩にも出かけられるのです。子どもがいれば、運動や刺激の機会も与えられます。子どもが犬の障害物コースを作って遊ぶこともあります。子どもなりに犬の年齢や健康状態に合うよう考えて作るので、お互いに体と頭を使う遊びが成り立っているのです！　もちろん、多くの子どもは犬が大好きなので、やさしく適切に愛情を表現できたなら、それが犬にとって大きな幸せの源になります」

ホール博士の研究チームは、神経発達障害（自閉症と注意欠陥）の子どもを持つ親と、定型的な発達の子どもの親を対象に、家庭で飼育する犬の「ＱＯＬ」（Quality of Life＝生活の質）アンケートを行った。[*3] 犬のストレスに関するチェックリストも配布し、口の周りを舐める、じっと見つめる、まばたきする、歩いてその場を離れる、走り去るなど、22の行動についての回答も求めた。

犬を飼う大きな利点として挙げられたのは、日課ができることだった。また、子どもと犬の友情も大きな利点であり、犬がよく子どものそばで過ごしているという回答もあった。

その一方で、子どもがときどき犬に接近しすぎるという懸念の声も聞かれた。犬はなでられたり、寄り添って座ったりするなど、ちょっとした触れ合いを好むものだが、子どもが犬を抱きしめるなどして密に接し、犬にストレスを与えてしまうことがあるのだという。

また犬にとっては、子どもから遊びの機会をもらえる利点がある一方で、子どもが羽目を外したり、不注意でおもちゃを犬にぶつけてしまったりすると、それがストレスの原因になるとも考えられていた。親子の読み聞かせの時間にはそばへ来て、座って一緒に楽しんでいるようだった。

子どもの癇癪(かんしゃく)が犬のストレスの引き金になることもあるようだ。そんな中、子どもが癇癪を起こしても犬は気にしていないという人や、取り乱した子どものそばに犬が横たわるなどして寄り添うと答えた人も、少数ながらいたという。介助犬はこうした行動ができるよう訓練されているが、これらの一般的なペット犬は本能的にそうしたということだ。

ほかのストレスの原因として、子どもが犬を叩いてしまうことが挙げられた。ある親は、子どもに乱暴されれば、すぐにその場を離れるよう犬をトレーニングしたという。

この調査では、子どもが関わる状況のうち、子どもがパニックや癇癪を起こしたとき、友だちと一緒に遊ぶとき、犬のそばで危険なおもちゃ（車輪の付いたおもちゃなど）で遊ぶときなど、親が犬の快適度に特に留意すべき9つの状況を特定した。

親はこうした状況で犬のストレスに対処するため、次の3つの方法のいずれかを用いたという。1つめは、静かな部屋や犬用ベッド、あるいはクレートなど、犬がストレスを感じたときに退避できるスペースを用意し、子どもが癇癪を起こせば、犬をその「安全な避難場所」へ移動させる。2つめは、親自身が犬にとっての「安全な避難場所」であることを自覚し、犬の不安に気づいたときに介入する。その場に親がいないと犬が探しにいくという報告もある。3つめは、親が子どもに犬との関わり方を教えるという方法。犬のホメ方を含め、子どもに犬のトレーニングについて教える。神経発達障害を持つ子の親は特に、犬と安全に触れ合う方法を子どもに教える重要性を感じていたという。

科学雑誌『アンスロズーズ』に掲載された10歳前後の子どもを対象とした調査によると、子どもが犬の世話（食事の用意、グルーミング、散歩など）を手伝ったからといって、犬に対する愛着が特に深まったわけではなかったが、犬が食事の際に子どもの指示的ジェスチャーに従いやすくなったという。[*4]

子どもとの社交性テストでは、子どもが犬をよくなでるようになった。さらに、犬が子どもの指示的ジェスチャーに従うようになると、子どもは犬に対してより強い愛着を持つようになることがわかった。つまり、子どもがまず犬の反応を見て好ましく感じると、そこから犬の行動と子ども側の愛着に相互関係が生まれるということだ。興味深いのは、なでられることの少ない犬ほど、愛着がより強くなったということだ。ただし、その理由ははっきりとわかっていない。

子どもが咬まれないために犬を飼っている人のほうが認識が甘い

犬が咬みつくときは不愉快なときだ（咬まれたほうも不愉快になる）。しかし、この行為1つで養子縁組を解消され、新たな里親を探さなくてはならなくなったり（ただし条件はさらに厳しくなるだろう）、安楽死の危険にさらされたりもする。

犬に咬まれるリスクは大人よりも子どものほうが高い。米国獣医学会によると、2010年から2012年までに、米国で子どもが犬に咬まれた件数は35万9223件にも上るという。[*5] またその危険度は小さい子どもほど高くなる。いかなる接触でも、犬の歯と同じくらいの高さに頭と首がくるため、どうしてもこの部位を咬まれるケースが多くなってしまうのだ。イラナ・レイズナー博士の研究チームによると、小さな子どもは知っている犬に咬まれることがもっとも多く、特に家庭内で飼い犬に咬まれる事故が多発しているという。[*6]

咬みつき行為は子どもが犬と接触を試みた直後に起こることが多い。特に危険なのは、じっと座っているか横たわっている犬へ、子どものほうから近づいていくケースだ。子どもと犬の交流には十分な注意が必要で、子どもには自分から犬に近づくのではなく（犬を動揺させてしまうかもしれないため）、犬を自分のほうへ呼び寄せるよう教えておかなければならない（そして、呼んでも犬が来ない場合はそっとしておくということも)。

少し年齢が上の子どもたちの場合、家庭外で知らない犬に咬まれることのほうが多い。こうした事故は、犬の飼い主が近くにいないときに起こることが多く、犬が家の庭から出ていなければ防げたケースがほとんどだ。犬に脱走癖があるなら、飼い主が近隣の人たちに知らせておき、保健所などにも事前に連絡しておくべきだろう。

残念ながら、犬と子どもの触れ合いに潜む危険性は十分認知されているとは言えない。しかも、『アンスロズーズ』で発表された調査によると、どうやら犬を飼っている人のほうがその認識が甘いようなのだ。[*7] 実験では、幼い子どもと中型犬、または大型犬が触れ合う様子を撮影した3つの動画を人々に見せ、その反応を分析した。

1つめは、ボールのそばで横たわるダルメシアンに向かって赤ちゃんがハイハイしていく動画。2つめは、幼児がドーベルマンの周りを歩いて体に触る動画。3つめは、ハイハイしている赤ちゃんをボクサーが追いかけて顔を舐める動画だ。

3つの状況はいずれも見ていてハラハラするし、犬はあきらかに不安感か恐怖心を表すボディランゲージを示している。しかし、動画を見たほとんどの人は、犬がリラックスしている(68%)、または堂々としている(65%)と答えた。また、犬を飼っていない人よりも犬を飼っている人たちのほうが、犬がリラックスしていると答える割合は高かったという。犬の飼い主は、犬はフレンドリーであるものと考えてしまいがちなのだ。

動画を見た人たちのほとんどが、犬のボディランゲージには触れず、犬が「嬉しそう」「相手が小さい子どもだとわかっている」などと回答した。その傾向は特に、子どものいない人たちに顕著に見られたという。また、尻尾を振るのを機嫌のいい証拠だと捉えていたようだが、実際に犬が嬉しくて尾を振るのはごく限られたときだけだから、そう決めつけてかかるのは危険だ（1章）。犬の不安や恐怖の情動状態を認識してもなお、人々はその触れ合いを楽しそうだとか、フレンドリーだと表現したという。

特に子どもが関わっているときは、どんな犬でも咬みつく可能性があるということを忘れてはならないし、犬のストレス、不安、恐怖心のサインを認識できるよう学んでおく必要がある。幼い子どもは犬のボディランゲージをうまく読み取れない。犬が歯を見せて唸っていても、歯を見せて「笑っている顔」や「楽しそうな顔」に見えてしまうのだ。[*8]

幼い子どもの行動を犬が怖がることも 大人が手を添えてなで方を教える

子どもと犬の触れ合いに関する研究は驚くほど少ない。

学術誌『フロンティアズ・イン・ベテリナリー・サイエンス』に掲載された調査によると、子

犬には誰にも邪魔されずくつろぐことができる安全なスペースが必要だ。
◎写真／クリスティー・フランシス

どもの犬との触れ合い方は、子どもの発達とともに変化するという。[*9] 家庭に6歳以下の子どもと犬がいる養育者402人を対象に行われたその調査で、子どもと犬の触れ合いを見守るときは、子どもの発達レベルを考慮する必要があるということがわかった。1歳未満の子どもでも、犬の頭や体を触るなどの接触が多く見られる。

この調査では、生後6カ月から3歳頃までの子どもを避ける犬が多く見られたという。おそらく、子どもは生後6カ月頃から急激に移動性が高くなり、3歳になるとさらに動きの激しさが増すことから、犬にとっては恐怖に感じられるのだろう。子どもが犬に痛がるようなことをしてしまうケースはほとんど見られなかったものの、そのような事故が発生するのは生後6カ月から2歳の子どもに多かった。この時期の子どもは運動制御がまだ発達途上であるため、犬を誤って傷つけてしまうこともあるのだ。

また、共感性も発展段階にあるため、相手を傷つける動作に自覚がないということもある。幼い子どもが犬をなでるときには大人が手を添え、やさしくなでられるよう教えるのが望ましいだろう。

調査では、子どもが成長すると、犬のグルーミングや散歩のリード係などの世話を引き受け、犬を叱ったりコマンドを出したりするようになることもわかった。しかし、2歳半から6歳の子どもは犬と触れ合う機会が増える一方で、接触時の親の監視が少なくなる傾向も浮き彫りとなった。犬にとっては、この年代の子どもの遊びや愛情表現の行動が恐怖に感じられることもある。キスやハグで触れ合う場面が多く見られるが、どちらも危険をはらんだ行動だ。親はそんな行動にも愛犬がしだいに慣れるものと楽観視しているようだが、感作が起こって恐怖心を助長してしまうおそれもあるのだ。

『ジャーナル・オブ・ベテリナリー・ビヘイビア』で発表された調査で、犬と触れ合う子どもが危険にさらされる状況について、ほとんどの親が十分認識できていないことがあきらかになった。[*10]

親に犬と赤ちゃんが触れ合っている5枚の写真を見せ、その反応を分析した。5枚のうち4枚の写真には、ブランケットの上でくつろぐ犬に向かって赤ちゃんがハイハイしていく場面、見上げる犬の頭上で親に抱かれた赤ちゃんが犬に向かって手を伸ばしている場面、仰向けに寝た犬の前脚を赤ちゃんが掴んでいる場面など、専門家が親の介入が必要と判断した危険な状況が写っている。写真を見た親には、各状況が知っている犬だった場合と知らない犬だった場合の対応について質問した。

すると親の大半が、知らない犬の場合には介入すべきと答えたという。一方、知っている犬の場合は警戒がゆるくなり、ほとんどの親が介入しないと答えた（専門家は介入すべきと判断している）。また、親の52％がときどき目の届かないところで愛犬と子どもが触れ合うことがあると答え、44％が子どもと犬の接触を見ていないと回答した。

親の多くが、「子どもが犬にやさしく接する限りは好きなだけ犬と遊んだり抱きしめたりさせる」という項目に「はい」と答えた。しかし、そのような接し方は非常に危険だ。ほとんどの犬は抱きしめられるのを嫌い、そのような接触を友好的だとは思わないのだから。

この調査で良かった点は、たとえ犬が子どもに唸ったとしても、罰する人がほとんどいなかったことだ。犬にとって唸り声をあげる行為は、不快であることを相手に伝えるための大切なシグナルだ。また、親が犬と子どもの触れ合いに介入するときも、犬を罰することなく友好的に接していた。犬に罰を与えないというのは賢明な判断だ。親が犬を罰すれば、それを見た子どもが真似るだろうし、罰が犬の攻撃性の引き金になり得ることも過去の研究からあきらかになっている。

幼児期から18歳までの子どもに犬との安全な触れ合い方を教えた調査レビューから、介入が子どもの行動に一定の効果をもたらすことがわかった。[*11]

それらの調査では、ビデオやコンピュータープログラムを用いた教育か、犬と実際に触れ合う方法を用いた教育が行われていたが、行動への介入のほうが、知識への介入よりも効果が表れていたという。これは驚くべき結果と言えるだろう。多くの人は、生活習慣を改める必要性を知識として身につけることができても、行動はなかなか変えることができない。喫煙が体に有害だと頭ではわかっていても、実際には禁煙できないのはそういうわけだ。

行動の変化に着目した調査は数件のみだが、それらの調査はよく設計され、介入の質も高かったものと考えられている。しかし、行動への介入がより高い効果をもたらした背景には、幼い子どもには知識よりも実践的な行動のほうが教えやすかったという事情もあるだろう。

これらの結果を総合すれば、小さい子ども（特に動きがより活発になった年齢の子ども）と犬が触れ合う際は、けっして見守りを怠ってはならないということだ。飼い犬だからといって安全だと決めつけず、子どもが犬と接触するときは必ず介入し、子どもに犬との触れ合い方を教えることが大切だ。

犬は早いうちに子どもと触れ合うといい 家族に赤ちゃんが加わる前の準備

犬と子どもが関係を構築する上でもっとも厄介なのは、犬が子どもより「先輩」だったとき――つまり、家庭に犬が先住していて、あとから赤ちゃんが家族に加わる場合である。そのときは、赤ちゃんを迎えるまでに段階を踏んで犬に意識づけ、備えさせることが重要だ。

犬が子どもと快適に過ごせるようになるには、子犬時代の社会化の感受期にポジティブ体験を重ねることが有効だ。『獣医学ジャーナル』に、3つのタイプの犬を比較した研究結果が掲載されている。感受期に子どもに対する社会化ができた犬、感受期を過ぎてから子どもと過ごすようになった犬、そして、子どもとほとんど接触したことのない犬だ。[*12]

子どもに対する犬の反応を調べるために、飼い主が室内で犬にリードをつなぎ、そこへ9歳の女の子3名がそれぞれ入室するという実験を行った。リードは、犬が女の子に接近したり接触したりしないようにするための措置だ。まず、女の子が入室してドアのそばに立ったまま犬の名前を呼ぶ。次に、犬に接近する（安全な距離を保つために床に引いた線で立ち止まる）。最後に、犬の名前を呼びながら室内で2分間走り回る。

子犬時代に子どもと社会化ができた犬は、どのシナリオにも攻撃的にならず、また興奮した様子も見られなかった。走り回るシチュエーションでは、目を逸らすなどの逃避行動が見られる犬もいたが、ほとんどが子どもに対して友好的な態度を示した。

それに対して、社会化の感受期を過ぎてから子どもと接触した犬は、友好的な態度と同じくらい、攻撃的な態度や興奮した様子を示した。子どもとほとんど交流したことのない犬では、友好的な態度も見られたものの、攻撃行動（吠える、唸る、歯をむく、尻尾を高く上げる、尻尾を小刻みに動かすなど）を示す犬のほうが多かった。

この結果からも、子犬が感受期に子どもと交流する体験がいかに大切かわかるだろう。

早期の社会化と馴化の重要性は計り知れません。この先、人間の世界で出会うことになる多様な側面に触れ、ポジティブ体験を慎重に重ねることによって、成犬になったときの恐怖心が軽減し、情緒が安定して、社会に馴染んで暮らせるようになります。獣医に慣れるために定期的に体重チェックに通ってごほうびをもらうだとか、交通に慣れたり、パーティーや花火の大きな音に慣れたりするなどの取り組みも重要です。さまざまな人、犬、子どもに対して社会化ができれば（ポジティブ体験になるよう慎重に進める）、犬が社会に適応し、生活に適応できるようになるのです。

――ナオミ・ハービー博士
ノッティンガム大学獣医学スクール、特別研究員

赤ちゃんを迎える前にしておくべき犬のための準備として、赤ちゃんに対して好印象を持た

せておくといいだろう。家族に赤ちゃんが加われば、犬の日課が変わり、赤ちゃんの周辺が新しいもので埋め尽くされ、犬への注目が減り、犬が立ち入れる場所もさらに制限されるかもしれない。こうした変化のいくつかについては、赤ちゃんがやって来る前にペットゲートを設置しておくとか、犬がベビーカーの隣を落ち着いて歩けるよう練習するなどして、事前に慣れさせておくことができる。備えあれば憂いなし。準備した分だけ本番の苦労が減るはずだ。

問題行動のある犬を飼っている場合、赤ちゃんがやって来たからといって、新しい里親を探したり、安楽死させたりする原因にはなりにくい。『ジャーナル・オブ・ベテリナリー・ビヘイビア』に掲載されたカルロ・シラクサ博士率いる研究チームの調査によると、問題が起こりやすいのはむしろ思春期の子どもがいる家庭だという。[*13]

シラクサ博士は次のように解説してくれた。「クリニックでの経験から言うと、子どもを持つ親がどれだけ大変かということよりも、親と子どものあいだにどれだけ諍(いさか)いがあるかが問題となります。思春期の子どもは、大きな声をあげたり、叫んだりすることもあるでしょう。ときには、犬を利用して親と喧嘩することだってあります。親が犬に禁じた行動を子どもがわざとさせたりするのです」。シラクサ博士はさらに続ける。

「彼らは問題行動を抱えた特別な犬で、たいてい大きな不安を抱えています……不安で過剰反応を示す犬は、家庭内での争いや叫び声が覚醒のきっかけとなり、ますます動揺が大きくなるのです」

これがはたして、行動療法士を必要としない大半の犬にも当てはまるかどうかはわからない。しかし、犬がストレスを感じたときの安全な避難所を確保しておくことが重要であることに変わりはない。そして、あらゆる年代の子どもに、犬がいる空間での振る舞い方を教えることもまた重要だ。

［まとめ］

家庭における犬の科学の応用の手引き

・犬と子どもが交流する際は注意して見守る。すぐ近くで観察し、必要に応じて介入すること。ペットゲートなどの仕切りを設けて、小さい子どもと犬を分離する措置を取る。子どもは成長とともに運動能力が発達し、犬との触れ合いの幅も広がるため、接触するときは見守りを怠ってはならない。
・子どもに犬と安全に交流する方法を教える。安全と思われる触れ合いであっても、実際は危険が潜んでいることが多い。安全の確保は親の責任だ。慣れ親しんだ犬に「友好的」に接触するときが、咬みつき行為を誘発する危険性がもっとも高い。
・じっとしている犬（座っている、寝そべっている）に子どもを近寄らせない。近づくと犬に咬みつかれる危険性がある。

・犬がストレスを感じたときに退避できる安全な避難所を少なくとも1カ所、できれば複数カ所設ける。そのスペースには子どもをけっして立ち入らせないこと。寝心地のいいベッドが置かれた快適なクレートやケージ、あるいは子どもが立ち入れない部屋のベッドやソファなら、犬にとって居心地がいいだろう。

・犬にとって飼い主が「安全な避難場所」であることを忘れてはならない。まずは、ストレスのサインを見逃さないこと。口の周りを舐める、目を逸らす、まばたきする、その場を離れる、目つきが険しくなる、硬直した姿勢をとる、体が震えるなどのサインが現れれば、瞬時に子どもを呼び寄せて犬から離すか、犬をその場から立ち去らせるかして、犬と子どもの触れ合いを強制終了させる。そして犬においしいフードを与えたり、体をなでたりして落ち着かせるようにする。

・日中の物音が激しいときなど、犬が静かな場所で穏やかに過ごせるようスペースを確保しておく。

・犬に対して、子どもがいる空間での望ましい振る舞い方を覚えさせる。たとえば、子どもを倒してしまうおそれがあるため、むやみに飛びつかないよう教えなければならない。

9章　お散歩に行こう！

TIME FOR WALKIES!

どんな天候でも散歩のゴースト
雨が上がるまで待つボジャー

ボジャーの体内時計は正確だ。散歩の時間がぴったりわかるのだ。そのときが来ると、せがみにやって来るでもなく、外の通りを見張ることができる別の部屋から熱い視線を送ってくる。私が腰を上げるや、ボジャーは飛び上がり、音の鳴る羊のおもちゃを取りに走り、ブーツを履いているあいだ、「キー！キー！キー！」とおもちゃを鳴らし続ける。そして、夫も散歩に来るか確認しようと、やはり「キー！キー！」と音を立てながら走っていく。ときどき、私がリードを取り出そうと開けた引き出しに、羊のおもちゃをぽとりと落とす。

ゴーストはどんな天候でも散歩に行きたがったが、ボジャーはお天気のいい日しか表に出たがらない。土砂降りの日にはドアから悲しげに鼻だけ突き出して、しょんぼりと尻尾を下げ、空気のにおいを嗅いで、すごすごと部屋へ戻っていくのだ。

雨降りで、おまけに風も吹く日は、黙ってハーネスを着用させてはくれるものの、ドアの外を一瞥もせず、哀愁をまとって立ち尽くし、下げた尻尾を力なく揺らす。まるでこう言いたげに――「え？　まさかこの天気に出かけるわけないよね？」――散歩はあくまでボジャーのためのものなのだから、行くか行かないかは彼しだい。そんなときは、その日のうちに雨が上がり、少しでも外に出られるよう願うほかない。

でも、幸い今日は絶好のお散歩日和だ。日差しがきらめき、小川と水路には雪解け水が走り、犬を連れた人も連れていない人も、新しい春の日を楽しんでいる。今年最初のせっかちなセジロコゲラが、電柱の金属板をドラミングし、まだ見ぬ恋の相手を誘っている。ツグミの仲間たちは、調子っ外れのペニーホイッスルのような不協和音を奏でている。

こんな気持ちのいい日は、犬と一緒に外へ出るに限る。たとえ犬が、日陰に残る汚れた雪のにおいを執拗に嗅ぎ続けようとしても。

私はボジャーを1日2回は散歩に連れて行く。日の長い夏には3回出かけることだってある。そんな飼い主は多いだろう。でも、それと同じくらい、散歩にほとんど行かない飼い主もいるのだ。

散歩時間の不足は肥満への道 運動が社会化の継続にもつながる

散歩はいい運動になるし、体重管理に役立ち、犬の健康にもつながる。また、散歩道でにおいを嗅ぎ、自由に活動することで、犬本来の行動のニーズを満たすことができる。継続的な社会化のために、ほかの犬や人と交流する機会を与えれば（ただし愛犬のニーズに合わせる）、交友への欲求を満たすこともできる。つまり、散歩は心身の健康にプラスに働いてくれるのだ。

残念ながら、犬の健康維持のためにどれくらい歩くべきか、あるいはオフリードでの運動がどれくらい必要なのか、またリードをつないだ散歩も体型維持に役立つのかなど、その答えを教えてくれる研究結果は今のところない。

米国動物病院協会では、リードをつないだ散歩と、フェッチプレイやアジリティ（障害物を使ったドッグスポーツ）などの遊びも、犬の運動として推奨している。[*1] また、極端な暑さや寒さを避けることや、子犬や幼犬の成長板障害（過度の運動によって成長途中の関節が損傷することがある）に気をつけることを呼びかけている。肥満気味の犬は、1日3回各5分の散歩から始め、最終的には1日合計30分から45分の散歩をするよう推奨されている。体重45kgの犬が230キロカロリー消費するには、早足で4・82kmの散歩が必要となる。

また、運動が社会化の継続につながるとも指摘されている。犬が周りの環境に存在するさまざまな刺激に慣れ、ストレス、反応性（過剰反応）、不安感、飼い主に対する攻撃性を改善することができるのだ。

犬の多くは、飼い主が与える以上の活動を必要としているようだ。米国の人気犬種トップ50の犬種を見てみても、運動があまり必要でないのはたった1種、アメリカンケネルクラブ（AKC）に「カウチポテト」と評されるバセットハウンドだけだ。AKCのウェブサイトに、バセットハウンドについてこう書かれている。「普通は1日1回ゆったりしたペースで散歩すれば十分です。そして、散歩や遊びのあとはたいていおとなしく眠ります」

人気犬種トップ50に入っているそれ以外の犬種の中には、特に多くの運動を必要とする犬種もある。ラブラドールレトリーバー、ゴールデンレトリーバー、ジャーマンショートヘアードポインター、ドーベルマンピンシャー、ブリタニースパニエル、ワイマラナー、ボーダーコリーがそうだ。AKCによるラブラドールレトリーバーの紹介には、「運動不足から、鬱積したエネルギーを発散するための過剰な活動や破壊行動に発展するおそれがあります」とある。また、ゴールデンレトリーバーについては「運動不足が望ましくない行動の原因になることがあります」と書かれている。では、ラブラドールとゴールデンにとって十分な運動とはどれくらいなのだろう。

学術誌『プリベンティブ・ベテリナリー・メディスン』に、英国でラブラドールレトリーバーを対象に行われた調査結果が掲載されている。それによると、ラブラドールレトリーバーは1日平均129分の運動をしており、そのほとんどがオフリードでの運動か不特定の活動（使役活動が含まれているかもしれないが、リードを着けての散歩、ジョギング、フェッチプレイ、オビディエンスは含まれない）だった。[*2] 使役犬はペット犬より運動量が多く、家庭で子どもと一緒に過ごす犬は運動量がより少なかった。暮らしている環境のせいで犬の運動を制限せざるを得ないと言う人の多くは、犬が体重過多か肥満気味だと答えた。

『アプライド・アニマル・ビヘイビア・サイエンス』に掲載された、英国のラブラドールレトリーバー1978頭を対象とした調査では、1日の運動時間が1時間未満から4時間以上とばらつきがあった。[*3] 1日の運動時間が1時間未満の犬は4時間以上の犬と比べて、無視されると動揺しやすく、吠える、人や物を怖がる、興奮するなどといった様子が目立った。また、運動時間が少ない犬は、飼い主やほかの人に対して攻撃的になったり、異常行動が見られたりした。1日の運動量が1時間以上だった犬のトレーナビリティーが高かったことを考えると、散歩の時間が短い犬には、飼い主が散歩を困難に感じるなんらかの問題があるのかもしれない。

オーストラリアで行われた調査では、36%の人が毎日犬を運動させていると答え、28%の人が1日2回以上、8%の人が1週間に1回以下と回答した。[*4] また、運動の内容については、73%の人がリードを着けて散歩に出かけると答え、50%が一緒に遊ぶ、36%がリードを着けずに散歩をする、61%が庭や家の中で好きに運動させると回答した。

運動機能の障害によって歩行が困難な犬なら、水泳もいい選択肢になるだろうし、運動補助器具（飼い主が犬の下半身を支えられるようハンドルがついたハーネスなど）や理学療法も役に立つだろう。

散歩の楽しさは犬＋人のためともにストレスから解放される

ペット犬にはもはや、自由に歩き回れる安全な場所がほとんど残されておらず、飼い主に散歩へ連れ出してもらうほかなくなっている。そして、私たち人間は、心臓血管の健康維持のために推奨される最低運動量を満たせていない。わかりきったことを言うと、犬をもっと散歩させれば、私たちのためにも、犬のためにもなるのだ。研究者たちも人の健康を向上させる観点から、人が犬の散歩に出かける動機付けに関心を寄せている。

そのうちの1人が、英国のリバプール大学で犬の散歩と咬みつきの防止の関係について研究を行っている、カリー・ウェストガース博士だ。博士は、英国北西部の浜辺、スポーツ施設、森に囲まれた広場で、散歩する人と犬の様子を観察した。[*5]

ほとんどの犬は人間1人と一緒にやって来て（全体の59％）、多くの犬がリードを着けていなかった（平日は73％、週末は59％）。リードを着けていない犬は、リードを着けている犬よりも頻繁ににおいを嗅いだという。犬がにおいを嗅ぐのは排泄と関連した行為で、自分が用を足す前に行うことが多い。

散歩中の犬の社会的交流の相手は人よりも犬のほうが多かったが、リードを着けていない犬は人とも積極的に交流を図っていた。こうした結果から、犬にリードを着けて散歩に出かけるときは、においを楽しむ時間をより多く与えるべきだということがわかるだろう。

ウェストガース博士に、犬の散歩の重要性についてその理由を尋ねてみた。「散歩は犬にとってもっとも重要な習慣です」とウェストガース博士は言う。

「体を動かして疲れさせたり、体型を保ったりするのはもちろんですが、犬にとって散歩は情緒的な刺激にもなります。その一方で、飼い主にとっても散歩は非常に重要な習慣になります。散歩は犬を飼う醍醐味の1つなのですから。研究を進める中で、犬を飼う喜びとは、犬が散歩に出かけて走り回る姿を見られること、一緒の時間を過ごせること、そして何より、そうした体験のおかげで私たち自身がストレスから解放されることなのだとわかりました。もちろん、犬との散歩を気楽に楽しめれば、の話です」

ウェストガース博士は、人々が自分の健康のためというよりは、犬を喜ばせるために散歩に出かけているということに気がついた。[*6] 散歩で犬を幸せにできるとわかれば、より多くの人が犬と散歩するようになるということだ。

ウェストガース博士の調査によると、飼い主にとって犬の散歩とは、犬がするべきことをすること、そして飼い主としての責任を果たすことだという。そして、愛犬が嬉しそうに尻尾を上げて散歩を楽しむと話す飼い主がいる一方で、愛犬が天気のいい日でないと散歩に出かけたがらない、あるいは、怖がるのであまり散歩に出かけないという飼い主もいた。

「犬の散歩の利点を1つ挙げるなら、私たちもその恩恵を受けられることです」とウェストガース博士は言う。「愛する犬との散歩は楽しいものです。調査に協力してくれた飼い主たちは、犬の散歩を運動とは感じないと言います」。彼女はさらにこう付け加えた。「飼い主も散歩を楽しむことができ、もちろん犬も散歩を楽しみます。とにかく、リードを手に散歩に出かけてみることです」

また、博士は、犬の体格と散歩の距離は関係ないと言う。「小型犬だからといって長い散歩ができないというわけではありません。小さいから長い散歩は必要ないというのは、私たちの勝手な思い込みです。小型犬だってきっと2時間の散歩を楽しめるはずです」

カナダで行われた調査では、飼い主が犬を散歩させる理由がいくつかあきらかになった。犬に運動をさせること、継続的な社会化、トイレのために外へ出ることなどが散歩の動機として挙がったが、飼い主は自分も犬のおかげで体を動かせていると実感していたという。[*7] 犬が喜ぶからときどき家族全員で散歩に出かけるという飼い主もいれば、友人や近所の人に犬の散歩や世話を頼んでいるという飼い主もいた（休暇で留守にするときなど）。飼い主はそれぞれ、オフリードで散歩する機会を設けたり、散歩の仕方を変えるなど、愛犬のニーズに応える工夫をしていた。また、散歩中は愛犬の行動に気をつけること、ほかの人に迷惑をかけないことが、飼い主としての責任だと考えていた。

ほとんどの飼い主が犬の必要運動量を考慮しているという証拠もある。オーストリアで行われた調査では、小型犬では50%、大型犬では61%の犬が、緑豊かな公園などで毎日少なくとも45分の散歩をしていることがわかった。[*8] また、英国のケネルクラブが推奨する犬種別の必要運動量と、飼い主による実際の散歩量を比較してみたところ、必要運動量が多い犬種ほど、運動の機会が豊富に与えられているという正の相関関係が見られた。[*9]

小さい犬だって散歩が必要。
◎写真／バッド・モンキー・フォトグラフィー

少なくとも犬の半数は、玄関先を起点として家の近所の道を散歩する。家の周りの環境が犬の散歩量に影響していたとしてもなんら驚きはないだろう。[*10] 整備された歩道、十分な明るさの街灯、治安の良さ、緑豊かなスペース、オフリードで活動できるドッグラン、また、夏には涼をとれる日陰と、公衆トイレもあればありがたい。

自宅から1・6㎞以内に犬が快適に散歩できる公園があるという人たちは、1週間で少なくとも90分は犬を散歩させているようだ。犬にしてみれば「近所に公園がなくたって、車でビュンと行ける公園を探せばいいじゃない」と言いたいところだろう！

犬がみんなオフリードで毎日散歩ができたなら、犬にとってどんなに素敵な世界になるでしょう。愛犬が「ズーミーズ」をする姿を見ることほど、飼い主にとって幸せなことがあるでしょうか。腰を丸めて頭をのけ反らせ、芝生の上をグルグル回るのです。しかし、多くの犬はそんな機会に恵まれていません。おそらくは、近所に安心して運動させられるような環境がないか、飼い主が忙しくて十分な時間を確保できないのでしょう。あるいは、散歩中の犬の行動に困り事があってリードにつながざるを得なくなり、その悪循環にはまっていることだってあるのです。

一番の懸念は、犬が走り回れないような体型になるよう交配されたり、体重過多に陥ったりすることです。思いっ切り走り、犬である喜びを存分に体験するには、健康状態と適正体重がカギとなります。運動不足は肥満症の原因にもなりますが、それと同時に肥満症が運動不足の大きな原因にもなるのです。

アシスタンスドッグという施設でトレーナーとして働いていたとき、私はときどき犬の減量プログラムも担当しました。丸々としてのっそりとしか歩けなかった犬が、しなやかなレーサーのように変貌を遂げたとき、その身体と精神に起こる変化には目を見張るものがありました。犬と飼い主の両方が、もっと幸せに暮らせるようにと願ってやみません。

カリー・ウェストガース博士
リバプール大学付属感染症及び国際保健研究所・特別研究員

庭に放しても散歩の代わりにはならない 飼い主と一緒に歩くことの重要性

犬が散歩に連れて行ってもらえない理由の1つが、庭でも十分運動ができると思われていることだ。しかし、犬は庭に放されても、ほとんど活動していないことがわかった。

オーストラリアの郊外の町で、裏庭に放したラブラドールレトリーバーの子ども55頭を48時間以上撮影し、その行動を観察するという調査が行われた。[*11] 調査に参加した犬の52%は30分から1時間の散歩を日課としていたが、31%の犬はまったく散歩をしていなかった。裏庭での様子を見てみると、犬はカメラを回していた時間の45%から96%、平均すると74%の時間を何もせずに過ごしていたという。

犬がおもちゃで一人遊びをすることもあったが、より活動的な遊び行動が見られたのは、庭に人がいるときだった。犬が活動的になるほかの条件としては、庭の面積の1%以上に樹木が植えられていること（たんに芝生が続いているだけでなく）、夜は家の中で過ごして庭にも犬小屋が置かれていること、コマンドに従うことができること、犬が家の中にいる飼い主を追ってドアからドア、あるいは窓や門へと移動できることなどが挙げられた。

問題行動（吠える、物を噛む、穴を掘る、何かを運んだり操作したりする）が見られたのは、毛色がブラックやチョコレートの個体よりもイエローの個体に多く、また、トレーニングされていない犬や、より活発な性質の犬にも多かった。庭の中で移動する姿も見られたが、これはあきらかに飼い主の動きを確認する行動であることから、問題行動のいくつかは人間との分離状態が原因とも考えられる。

庭の造りも犬の活動内容に影響する。庭にただ犬を放すだけだと散歩の代わりにはならないが、木々が植えられていれば探検できるし、集まってきた鳥や野生動物を観察することもできるだろう。

散歩でほかの犬と接触する際のこと
首輪よりもストレスを与えないハーネスを

中には犬をまったく散歩させないという人や、たまにしか散歩に連れて行かないという飼い主もいる。しかし、そこには犬が抱える問題が潜んでいることがある。過剰に反応してしまう犬なら、ほかの犬や人に吠えたり、唸ったり、突進したりすることもあるだろう。また、近所の犬と鉢合わせたり、犬がリードをひどく引っ張ったりするなど、散歩が困難になる理由はたくさんあるのだ。

過剰反応する犬を連れた飼い主にとって、「人懐こそうなワンちゃんですね！」という言葉ほど心臓に悪いものはない。それは、こちらがどれだけ安全な距離を保とうとしても、その人が犬を従えてずんずん接近してくることを意味するのだ。そうなれば、何週間もの努力が水の泡になる。誰しも過ちは犯すものだし、リコールがうまくできなかったのだとしたら仕方がないだろう。でも、「人懐こいワンちゃん！」などと無邪気に声をかけてくるような人は違う。そんな人たちはちっともわかっちゃいないのだ。愛犬がほかの犬や人に飛びかかって、毛と泥とヨダレまみれにしてしまったらどうしようと、戦々恐々としているこちらの気持ちなんか……。

リードにつないだ犬が反応しているとき、それがほかの犬に近寄って遊びたいというフラストレーションの表れなのか、それともほかの犬を遠ざけておきたいという恐怖心の表れなのか、本当のところを判断するのは難しい。本当にフレンドリーな性質の犬ならば、オフリードの遊びの機会をたくさん与えるべきだろう。

犬は本来社交的な動物で、仲間と集まって遊ぶのを好む。しかし、愛犬が怖がっているときは安全確保のため、ほかの犬との距離を十分に保つことが大切だ。愛犬がほかの犬にも慣れることができるよう、ほかの犬と出会ったときにお肉のごほうびを与えるなどして、その体験をいい印象に結び付けて恐怖心を克服するのもいいだろう。

過剰反応を示す犬を散歩に連れ出すときは、密やかさと入念さがものを言う。周囲に犬はいないかと目を配り、耳をそばだて、けっしてほかの犬を視界に入れないよう、車や木の陰に隠れたり、進路を変えたりする。しかし、そんな必死の回避作戦が、なぜかほかの犬の飼い主をムキにさせてしまうことがある。そうなると、「人懐こいワンちゃん」を連れて、「お見合いさせてみましょう」と的外れなことを叫んで近づいてくるその人から、怯える愛犬を遠ざけるという別のミッションが発動する。そんなときも冷静に、犬を怖がらせる状況から立ち去れるよう最善を尽くさなくてはならない。

放し飼い禁止条例は、犬がリードを着けなければならない場所と、そうでない場所を規定するものだ。リードの効果を調べるため、ウェストガース博士が犬の飼い主10人を集め、特定の小道をオンリード、オフリードの2通りで散歩する様子を観察した。[*12] するとやはり、人よりも犬との交流のほうが多く見られたという。オンリードでは交流そのものが少なくなったが、相手の犬もオンリードだった場合にそれがより顕著だった。

つまり、犬同士の接触を避けたいなら、どちらもオンリードでなければならないということだ。外せば犬らしい行動の自由を与えることができるが、着けておくべき場面もある。

残念ながら、犬がほかの犬を攻撃してしまうことがある。その結果、攻撃された犬だけでなく、その飼い主にも深刻な影響を及ぼしてしまう。たとえ身体的な外傷はなくとも、精神的ストレスを与えてしまうのだ。特に盲導犬が攻撃されたときのダメージは深刻だ。

英国の盲導犬協会によると、２０１０年から２０１５年までの56カ月のあいだに、盲導犬が攻撃される事例が英国内で６２９件も発生したという。[*13] その結果、盲導犬としての能力への影響（数頭がしばらく仕事を離れるか、引退を余儀なくされた）、盲導犬ユーザーや周囲の人の負傷、盲導犬ユーザーへの精神的ダメージと移動手段の制限が見られた。おそらくこの調査でもっともショッキングなのは、それらの事故の76・８％で、攻撃した犬の飼い主が現場に居たということだろう。攻撃した犬の飼い主が、盲導犬が身に着けたハーネスを見てすぐにリードにつなぐ措置をとっていれば、その多くは防ぐことができたはずだと研究者は指摘している。

ほかに、犬がリードを引っ張りすぎて散歩が困難になるケースもある。引っ張りをなくすために、チョークカラーやピンチカラーを用いる飼い主もいるが、これは嫌悪療法にあたる（３章）。チョークカラーは、犬が引っ張ると首を締め付け、引っ張るのをやめるとゆるむつくりになっている。ピンチカラーは首輪の内側に鋭いトゲが付いていて、犬が引っ張るとそのトゲが首に食い込むようになっている。愛犬に用いるかどうか、まず自分の腕や首で試してから判断すると言う人もいる。たしかに安全確認は大切だ。しかし、人が自分で試すときは首輪の威力を加減できるため、実際に首に巻かれる犬とは受けるダメージが全然違う。サンフランシスコ動物虐待防止協会によると、「人間の首の皮膚（角質細胞10〜15層）は犬の首の皮膚（３〜５層）より厚い」のだという。[14]

私たち人間の皮膚と比べて、犬の皮膚は毛皮で手厚く守られていると思われがちだ。しかし、犬の首は気管などの重要な臓器が収まっている非常に敏感な部分だ。どんな犬でも気管に圧力をかけるのはよくないが、先天的に呼吸が困難な短頭種は特に深刻なダメージを受けやすい。もう1つ忘れてはならないのが、チョークカラーとピンチカラーによるしつけのからくりである。それらの首輪をはめて問題行動が収まったとしても、それはたんに犬が首輪そのものに嫌悪感を示しているだけのことなのだ。

オンリードで快適に散歩できるようにするためには、報酬ベースのトレーニングを用いるのがいいだろう。必要に応じてノープルハーネス（引っ張り防止ハーネス）も試してみるといい。ノープルハーネスは胸側に留め具が付いている（通常のハーネスは背側にだけ留め具がある）。ある研究チームがハーネスと首輪の効果を調べるため、同じ犬にそれぞれ着用させて散歩の様子を観察した。[15]散歩中の行動からストレスのサインを抽出して分析した結果、ハーネスは犬にストレスを与えず、愛犬の散歩にもってこいのツールだということが確認できた。

その調査論文の共著者であるタマラ・モントローズ博士が、メールで次のように説明してくれた。「首輪は犬の散歩に広く用いられていますが、最近、首と気管を損傷するおそれがあることが判明しました。さらに緑内障などといった目の問題も発生するかもしれません。犬の福祉のためにもハーネスが安全だと言われています」。モントローズ博士の説明はさらに続く。「首輪とハーネスを比較した結果、散歩中の犬の行動には、特に大きな差が認められませんでした……つまり、犬の福祉はどちらの拘束によっても害されないことがわかったのです。しかし、今後もさまざまなメーカーのハーネスと首輪について、生理的ストレスの指標や、歩き方と引っ張り強度の評価を考慮した調査を続けていきたいと考えています」

多くの人が愛犬に十分な運動の機会を与えているが、そうでない飼い主もいる。散歩は運動の機会、においを嗅ぐ機会、そして、人や犬との社会的交流の場であり、それらの体験によって社会化を継続することもできる。こうしたメリットがあるとわかれば、愛犬を散歩に連れて行くモチベーションも上がるだろう。1つ確かなのは、散歩が日課になれば、愛犬が散歩の時間をぴったり知らせてくれるということだ！

〔まとめ〕

家庭における犬の科学の応用の手引き

・散歩に出かける。散歩は愛犬のためにもなるし、飼い主にとっても良い習慣になる。愛犬と散歩する習慣がないなら、それを日課にするよう努めるべきだ。そうすれば犬がそれを覚えて、散歩の時間を必ず知らせてくるようになってくれるだろう。1日1回にするか2回にするか（トイレの外出は除く）、散歩の回数は飼い主と愛犬が決めればよい。

・犬にリードをつないだ人が、愛犬を連れたあなたから離れようとしていたなら、過剰反応を示す犬を安心させようと頑張っているのかもしれない。そんなときは相手に理解を示し、十分な距離を保つよう努める。犬同士を無理矢理会わせようとしたり、聞かれてもいないトレーニング方法をアドバイスしたりするのは望まれてもいないし、なんの助けにもならない。

・自宅の周辺でリードの着用を義務づけられている場合は、少し視野を広げて近隣のドッグラン、フェンス付きの広場、貸し出しサービスのあるテニスコート、友人のフェンスつきの庭など、オフリードで運動できる場所を探す。

・適切なツール（ノープルハーネスなど）を使用し、オンリードで散歩したり、リコールのコマンドに従ったりできるようトレーニングする。

・犬の恐怖心や過剰反応など、問題の克服にサポートが必要な場合は、認定ドッグトレーナーに頼ればいい。トレーニングしながら、問題解決のための方法（オフリードの犬がいる場所を避ける、人通りの少ない時間帯に散歩するなど）を模索する。

10章

犬の豊かな生活のために「エンリッチメント」

ENRICHMENT

タグプレイ＝引っ張りっこの効果
勝っても負けても集中力が増す

昨年の夏のある日のこと、木が燃える強いにおいで目が覚めた。ベッドから起き上がって窓の外を見る。濃い煙があたりに充満していた。消防車が何かを探すように通りをゆっくりと走り去り、またすぐに戻ってきた。近所の人も煙のにおいに気がついて、近隣で山火事が発生したのではないかと通報したらしい。実際、山火事が発生したのはずっと遠くの地域だったが、風向きのせいで煙がこちらまで押し寄せてきたのだった。

煙は数日間残ったままで、犬も人間も長い散歩をするには危険な状況だった。唯一外に出られるのは、犬のトイレ外出のときのみ。さて、室内に軟禁状態のボジャーをどうやって発散させようか？　こうなったら定番の遊びに頼るしかない。タグプレイ、つまり引っ張りっこだ。

タグプレイはボジャーが毎日行う儀式だ。興奮すると走ってロープを取りに行き、期待に胸を膨らませた様子で遊びをねだる。私たちがテレビを見ていると、ボジャーは私の膝の上にロープをぽいっと落とし、その場に座ってロープを見つめる。タグプレイでボジャーが勝てば、口からロープをぶら下げて、リビングをぐるりとウィニングランだ。

かつて、タグプレイは犬の問題行動の原因となると言われていた。そこで研究者たちは、14

頭のゴールデンレトリーバーを招集してタグプレイを行い、その後の行動に変化が表れるか調査した。[*1]

犬は実験者と40回タグプレイをして遊ぶ。勝ち負けのバラつきが結果に影響しないよう、40回のうち半分は犬が勝ち、半分は負けるように調整した。タグプレイの前後で、実験者に対する犬の服従性と反応性を試験する。試験には、呼び寄せやおすわりなどのコマンドに加えて、家庭ではけっして試すべきではないテストも含まれた。たとえば、犬に伏せの姿勢をとらせてフードの入ったお皿を取り上げ、どのような反応をするか観察するのだ。

結果は望ましいものだった。犬はタグプレイで勝とうが負けようが、遊びのあとには服従性と反応性が増していたのだ。犬が勝ったからといって行動に問題が生じることはなく、事実、勝てばタグプレイにより夢中に取り組むようになった。ときどき花を持たせるのも悪くないということだ！

エンリッチメントの重要性 犬の福祉向上には環境の改善を

「エンリッチメント」とは、犬の福祉を向上させるための飼育環境を改善することを意味する。

エンリッチメントを充実させれば、犬がその環境に関わり、犬本来の行動ができる機会が増えるため、犬の精神衛生にもプラスに働く。こうした機会を十分に与えずにいると、犬が自らその機会を求めて行動を起こし、家じゅうの物を噛むなどといった行為に走ることになる。

噛むという行為は犬として正常な行動なのだが、飼い主にとっては困りものだ。解決法としては、犬が噛んでもよいものを与えること。ペットショップなどでは、「チュートイ」と呼ばれる噛んで遊ぶおもちゃをたくさん取り揃えている。

エンリッチメントといえば真っ先に思い浮かぶのが、動物園の動物たちだろう。オオカミたちは暑い日にメロンを与えられ、園内には人工的な柵や囲いだけでなく緑豊かな木々も植えられ、動物たちが上り下りできるようなスペースも設けられている。

それと同じことを犬にもできるはずだ。犬の感覚を刺激し、問題解決に挑戦できるような活動が、犬を幸せにするためには重要だ。エンリッチメントが有効かどうかを知る基準となるのは、用意したアイテムに犬が関わろうとするかどうかだ。また、「QOL尺度」(動物の幸福度をスコア化して測定するツール)や動物の行動観察からも、エンリッチメントの効果を判断することができる。

『アニマル・コグニション』で報告された調査では、犬が問題を解決してごほうびをもらうか、何もしなくてもごほうびをもらえるか、どちらのほうがより幸福度が高いかをテストした。[*2]

これは、牛の実験から着想を得たという珍しい実験だ。畜牛で行われたその実験では、牛はただごほうびを与えられるより、タスクをクリアしてごほうびをもらうほうが満足度が高かったという。実験対象を犬に変えたこの調査では、12頭のビーグルが2頭ずつ6組に分かれ、それぞれが実験時間内に実験条件と統制条件を半分ずつ体験する対照実験が行われた。押せば音が鳴る犬用のピアノ、床に落ちれば音が鳴るプラスチック製の箱、ベルの音を鳴らすレバーなど、装置も6組用意された。犬が正しく操作すれば、それぞれの装置が音を出してタスクが遂行されたことを知らせる。すると、ゲートが開き、ごほうびへ続く傾斜台が出現するという仕組みだ。

ペアになった犬は、互いに異なる3つの装置の操作方法を教えられた。本番では6つの装置のうちの1つが部屋に置かれる。実験条件の犬は、それが学習した装置であれば操作を行ってゲートを開き、ごほうびへ続く傾斜台へ立ち入る。一方、統制条件の犬は、装置を正しく操作できるかどうかに関係なく、実験条件の犬が装置の操作にかかった時間が経過すれば、自動的にゲートが開き、同じごほうびにありつける。つまり、実験条件と統制条件の違いは、犬による装置の操作がゲートの開放に作用しているか否かである。

観察によると、実験条件の犬は積極的にスタート地点に着こうとし、ハンドラーよりも先に実験室へ入ったという。一方、統制条件の犬はだんだん消極的になり、促さなければ入室しないことが多くなっていったという。

統制条件の犬は、スタート地点に立ってもあまり活動的にはならなかった。装置をかじるなどの行動が見られたが、それは実験条件の犬には見られなかった行為だった。ひとたびゲートが開けば、統制条件の犬のほうが実験条件の犬よりも速く傾斜台へ飛び込んだが、心拍数の平均値には差が見られなかった。実験条件の犬のほうが尻尾をぶんぶん振っていて、見るからに楽しそうだったという。また、どちらの条件の犬も、ごほうびがフードだとわかっているときのほうがより活発だったようだ。これは犬がスキンシップよりもフードの報酬を好むというほかの研究結果とも一致している。実験の終盤には、統制条件下で未学習の装置を操作できる犬も現れたが、もちろんゲートは開かなかった。

この実験からは、犬が自ら状況をコントロールし（支配権）、問題を解決する機会を与えることが、犬の福祉にプラスの効果をもたらすということがわかる。この研究論文の第一著者であるレーガン・マクゴワン博士が、研究成果の詳細をメールで説明してくれた。

「私たちは長年にわたり、ペットは豊かな情緒を持ち、私たち人間と同じように体験から多大な影響を受けると考えてきました。それが今ようやく、科学的に立証されようとしているのです。ご自身が最近、何か難しいタスクに挑戦したときのことを思い出してみてください……それを達成できたときの興奮を憶えていますか？　犬もそれと同じ『エウレカ効果』を体験しているかもしれません。つまり、犬にとっては、学ぶこと自体が有意義な活動だということなのです」。彼女はさらに続けた。

「認知能力を刺激するおもちゃを与えるとか、庭におやつを隠して宝探しゲームをするなど問題解決の機会を与えたり、新しい行動を教えたりすることが、愛犬にとっては最高のごほうびになり得ます。多くの飼い主は身体的な活動が犬にとって重要なことだと理解していますが、私たちの調査では、精神的な活動の大切さにも焦点を当てているのです」

ある調査で、小型犬が飼い主とのトレーニングや遊びの機会を持てていない傾向にあることがわかった。[*3] さまざまな活動についてのアンケートの結果、アジリティ（ハンドラーが犬を誘導してウィーブポール、トンネル、シーソーなどを含む障害物コースを進むドッグスポーツの一種）だけは、小型犬と大型犬が共通して行っていることがわかった。

しかし、小型犬は飼い主とトレーニングやタグプレイ、トラッキング（足跡追跡）やノーズワーク、ジョギングやサイクリングなどをする機会が乏しかったという。これは、小型犬が大型犬よりもオビディエンスで劣る理由の1つと言える。犬の体格の大小にかかわらず、ある種のエンリッチメントは共通して不可欠であることを忘れてはならない。

感覚にアプローチするエンリッチメント
クラシック音楽、においの堪能、ノーズワーク

犬のエンリッチメントを向上させる1つの手段として、犬の感覚にアプローチする方法があ

る。このとき、人間と犬の価値観は必ずしも一致しないということを念頭に置かなくてはならない。

たとえば、人間の視力が20／20〔編註：視力1・0程度〕であるのに対して、犬は20／75である〔編註：視力0・2～0・3程度〕。つまり、人間が75フィート（20ｍ）先でもはっきりと見える物が、犬は20フィート（6ｍ）地点まで近づかないとはっきりと見えないということだ。[4] また、犬が見ている世界は黄色と青色で構成されていて、赤緑色覚異常の見え方に似ている（犬のおもちゃがカラフルなのは犬のためというより人間のためだ）。

一方、犬の聴力は人間よりも優れている。人間の可聴域は20～2万ヘルツと言われているが、犬は67～4万5０００ヘルツの音が聞こえる。[5] 犬笛はこの聴力を利用して、犬に聞こえて人間には聞こえない高音が出るよう設計されている。また、家庭にある電化製品のウィーンという音やブンブン唸るような高い音も、犬は敏感にキャッチして不快に感じていることもある。さらには、電灯のちらつきや家庭用品が発する人工的なにおいからも、犬は人間とは異なるストレスを受けているかもしれない。

音楽には犬をリラックスさせる効果があるとも言われている（特定のジャンルの音楽に限られるが）。犬舎で暮らす犬を対象に実験を行ったところ、ヘビーメタルを流したとき、犬のために作曲された音楽を聴かせたとき、また音楽を流さないときと比べると、クラシック音楽を流したときにもっともよく眠ったという。[6] 音楽が何も流れていないときと比較すると、ヘビーメタルを流したときは体に震えが見られ、クラシック音楽が流れたときは鳴き声をあまり発しなくなった。各ジャンルの音楽から数曲だけピックアップして試しただけなので、結果は平均値とはいえないかもしれない。

その後、別の研究チームが行った調査では、シェルターの犬はクラシック音楽を流すとリラックスした様子を見せたが、しだいに馴化したという。[*7]

動物保護シェルターには多くの犬が収容されていますが、施設内はストレスのかかる環境です。たとえばクラシック音楽やオーディオブックなど、感覚エンリッチメントを積極的に活用すれば、シェルターの犬のストレスが軽減され、福祉が改善されるでしょう。

こうしたエンリッチメントは適用しやすく、シェルターにとって重要事項であるコスト面でも負担が比較的少なくて済みます。また、このような感覚エンリッチメントは訪問者にも喜ばれます。ついついシェルターで長居したくなり、それが養子縁組率の向上につながるかもしれません。

――タマラ・モントローズ博士

ハートプリー大学主任講師

犬にとってもっとも重要な感覚は嗅覚だ。[*8] 犬にはただ鼻があるだけではなく、上の口蓋（こうがい）の中に鋤鼻器（じょびき）（ヤコブソン器官）と呼ばれる器官がある。また、微粒子を吸い込んでは吐き出し、臭気検知の効果を高める能力も備えている。鼻から取り込んだ空気は鋤鼻器に直接触れるわけではなく、微粒子が唾液などに溶解され、前歯の後ろにある2つのダクトを通って鋤鼻器に到達する。犬がおしっこやうんちを舐めるのを見て、思わず顔をしかめたくなったことはないだろうか。彼らはそうすることで、鋤鼻器に情報を送っているのだ。犬がほかの犬のおしっこからメッセージを読み取ろうとにおいを嗅いでいるのはおなじみのシーンだし、ときには私たちの股間やお尻に鼻を押しつけて、こちらが困惑するほど念入りにクンクンすることもある。

バーナード大学（ニューヨーク）のイヌ科動物学者であるアレクサンドラ・ホロウィッツ博士によると、犬の並外れた嗅覚は、気温によるにおい分子の変化から、現在時刻を知ることさえもできるのだという。そんな嗅覚の鋭さを活かし、病気探知犬、麻薬探知犬、さらにはクロストリジウム・ディフィシル腸炎探知犬などの職業犬が登場している。

ノーズワークという嗅覚を用いたドッグスポーツでは、臭気を探知するようトレーニングが行われる。初期のトレーニングでは、競技場の床に箱がいくつも置かれ、犬はそれらの箱を嗅ぎ回ってフードを探し、見つけられればそれを食べることができる。その後は、カバノキやアニスなど、特定のにおいを探知できるようトレーニングを受ける。犬が上達すればするほど、競技場もより複雑になっていく。プロの探知犬さながらに、車や建物の中、あるいは廃校になった校舎の中で、ターゲット臭を探して徹底捜索することもある。

ある調査で、ノーズワークのクラスに参加した犬は、一般的なドッグトレーニング（ハンドラーの足元に付く「ヒール」のコマンドを覚えてごほうびをもらう）を受けた犬と比べて、より楽観的な傾向が見受けられたという。[*9]

つまり、自主性と嗅覚に働きかける活動は、犬の福祉にも有意義だということだ。

「犬がノーズワークに夢中になるのは、私たちが犬の世界で活動しているからです」と、ドッグトレーナーのアン・ガンダーソンは言う。彼女は、愛犬のオーストラリアンキャトルドッグとノヴァスコシアダックトーリングレトリーバーとともに、「K9 ABC ゲームズ」のトリプル・オダー・ゲーム（TOG）〔訳註：オダー・ゲームと呼ばれるにおい探知競技のうちもっともレベルの高いゲーム〕のタイトルと、マスタータイトル〔訳註：基本競技で6つのタイトルを獲得した者がマスターの称号を与えられる〕をはじめ、ノーズワーク競技で数々のタイトルを獲得している。

「獲得したタイトルはすべて、私が犬のチームメイトであるという証明です」とガンダーソンは言う。「ノーズワークができるのは最高の気分です。私は犬を見て、犬の言葉に耳を傾けるのです」と説明する。「犬は私たちの思いに寄り添ってくれます。ペット犬は飼い主を四六時中観察し、そのほとんどの時間は飼い主を喜ばせることを考えています。あるいは、ごほうびをもらうことを考えているのかもしれませんね。だって彼らは犬ですから！」

人は常に「おすわり」や「待て」など、犬に何かさせることを考えているのだと彼女は言う。「それは私たちが自分たちのために犬にさせていることです。ノーズワークはその点、犬が自分のために自らする活動であり、私たちはただその場に付き添っているだけです。犬こそがノーズワークの専門家であり、取り組むその様子からは、純粋に楽しんでいるのが見てとれます。彼らはノーズワークが大好きなんですよ」

犬には思う存分においを堪能させましょう。

視覚に多くを頼って生活している私たち人間には、嗅覚を中心とした世界は想像がつきにくいものです。しかし、犬は嗅覚に多くを頼って生きています。まずはにおいを嗅ぎ、それから目で肯定したり否定したりするのです。彼らの世界は目に見えるものよりもにおいで成り立っています。犬があなたと散歩をしているとき、あなたと犬は異なる世界を歩いているのです。あなたは周囲の物を目で確認し、犬は通り過ぎた人のにおいと、向こうからやって来る人のにおいを（そよ風に乗って流れてくるにおいを）嗅いでいます。

人間はにおいを嗅ぐ行為をあまり好みません。事実、人がにおいを嗅ぎ合うなんて滑稽だし、失礼だと思うでしょう。だから飼い主は、犬がお互いのにおいを嗅いだり、ほかの犬の臭跡を追ったりするのをやめさせようとします。しかし、それが犬の世界なのです。コロッセオの真横を車で走りながら、助手席の子どもに「じろじろ見てはダメ」なんて言わないでしょう。それと同じで、犬が街角のにおいを熱心に嗅ぐのを、私たちは止めるべきではないのです。

私たちとは異なる犬の世界を知ること、つまり同じ世界の異なる生き方を理解することーーそれが、彼らが送るに値する生活への大きな一歩となるのです。

ーーアレクサンドラ・ホロウィッツ博士

バーナード大学非常勤准教授、『犬から見た世界：その目で耳で鼻で感じていること』（竹内和世・訳／白揚社）の著者

「K9ノーズワーク」（探知犬訓練士が考案した米国発祥のドッグスポーツ）の良いところは、犬への教え方がポジティブで親しみやすいところだ。また、競技場に入るのは一度に1頭ずつなので、過剰反応を示しやすい犬にも適している。ガンダーソンによると、短頭種も、視覚や聴覚に障害を持つ犬も、脚を1本失った犬も、年老いた犬も、あらゆる犬がノーズワークに参加して楽しんでいるという。

「どんな犬でもノーズワークができます」と彼女は言う。ノーズワークは、それぞれのやり方でできる活動なのだ。この活動の利点は、ノーズワークの上達だけでなく、ハンドラーが犬をじっくり観察するところにあるのだという。ハンドラーはノーズワークの活動を通じて、愛犬

の好きな活動に改めて気づき、またにおいを嗅ぐことが犬にとってどれだけ重要な意味を持つかを再認識することができるのだ。

「飼い主たちはまた違った気分で犬と散歩するようになるでしょう。愛犬ににおいを存分に嗅がせるようになるのです。そうなればどんなに素敵でしょう」

ドッグスポーツが結ぶ犬と人間の関係 新しいトレーニングを開拓する喜び

犬に問題解決の機会を与える方法はさまざまだ。報酬ベースのオビディエンス、アジリティ、トリックの習得、知育玩具を使った遊び、ノーズワークなど、エンリッチメントのための活動は多岐にわたる。ドッグスポーツも、ローカルの初心者クラスから国内外の大会まで、あらゆるレベルのイベントが開催されている。種類が豊富にあるドッグスポーツの中から、愛犬に合った競技を探せばいいだろう。

優勝を目指して大会に出場するのもいいが、ドッグスポーツに参加する理由はほかにもある。『アンスロズーズ』で発表された研究によると、さまざまなドッグスポーツのイベントにエントリーする人たちは、賞金やタイトルなどといった外発的動機付けと同じくらい、精神的な欲求や好奇心に関わる内発的動機付けを与えてくれる点を高く評価しているようだ。[*10] こうした評価は参加者の言葉にも裏付けられている。

ある人は「犬とチームを組んでスポーツに取り組むと、犬との特別な関係を築くことができる」と語り、また「トレーニングを通して構築される犬とのつながりはもちろんのこと、自分と同じように犬と向き合う人たちとのつながりが持てる点も魅力の1つだ」という声も聞かれた。多くの人たちの経験の中心には必ず犬がいるようだった。「犬と一緒に過ごせる時間を楽しめるし、犬のおかげでこの数年で知り合えた友人もいる」と言う人もいた。

参加者の多くが、愛犬との関係性と犬の身体的活動を重要な動機付け要因として挙げ、これを学びの機会と捉えている参加者も見られた。ある参加者は「トレーニングは楽しい活動で、既成概念に捉われず、何年にもわたってさまざまな犬と新しいトレーニングを開拓していく喜びがある——ひらめきの瞬間がたまらない」と語っている。

練習や競技を通して、犬と飼い主が多くの「ひらめき」や「エウレカ効果」の瞬間に出会えるのなら、こんな素晴らしいことはないだろう。

そして、人間のアスリートと同じく、犬もドッグスポーツでケガを負うリスクがある。また、犬にとって競技がストレスに感じられるケースもある。アジリティ競技に参加する7頭の犬を観察したところ、イベントの前後で落ち着きをなくすなどのストレスのサインが見られたという。[*11] これはどんな事柄にも言えることだが、犬にとってそれがポジティブ体験になっているかどうかも注視しながら、適度な取り組みを心がける必要があるだろう。

エンリッチメントの充実を新しいおもちゃ、におい探検

エンリッチメントの効果に関する調査は、主に犬舎の犬――生涯を犬舎で送る犬、あるいは譲渡用シェルターで暮らす犬――を対象に行われる。犬舎やシェルターの環境は豊かというにはほど遠く、ペット犬が暮らす一般的な家庭よりも刺激が少ないからだ。しかし、家庭で飼育されるペット犬も、飼い主がたびたび家を空けて一人で留守番させられることを考えると、どんな犬にもエンリッチメントの継続が必要であることがわかるだろう。

犬は新しいもの好きだ。だから、おもちゃを与えてもしだいに関心が薄れてしまったりする(馴化)。ある調査で、シェルターの犬に同じおもちゃを繰り返し与える実験を行った。[*12]

おもちゃを10回与える頃には、ほとんどの犬がそのおもちゃへの関心を失っていたが、同じおもちゃに色や香りの変化を加えると(あるいは色と香りの両方がベスト)、犬は再びそのおもちゃに興味を示すようになった。ほんの小さな変化でも新しい物のように思わせることはできるので、家庭でも手軽に試すことができる。古くなったおもちゃに手を加えるか、ローテーションで与

えれば、再び犬に関心を持たせることが可能だ。

別の調査では、研究室の犬舎で暮らす犬を対象とした実験が行われた。フードが入ったコング（犬のしつけ用知育玩具）を与え続けても、犬たちは毎回おもちゃの中のフードを食べ（当然の結果だ）、おもちゃへの馴化は見られなかった。[*13] また、おもちゃに飽きずに遊び続けただけでなく、犬はより活動的になり、吠えることが少なくなったという。

譲渡施設で暮らす犬を対象とした調査では、エンリッチメントの充実によって生活の質が向上することがわかった。[*14] 1日30分以上の運動と30分のトレーニング、ドライフードとウェットフードを組み合わせた食事（いわゆるカリカリだけではなく）、そして静かな環境。これらが整えば、生活の質がはるかに上がった。

結論としては、エンリッチメントを豊富に与えられることが理想ではあるが、まずは手近なところから始めればよいということだ。たとえば、私が積極的に取り入れる遊びがある。後ろに回した両手のどちらかにおやつを握り、両手を前に出してどちらの手におやつが入っているかボジャーに当てさせる。何も握っていない手を選べば、ボジャーは何ももらえない。ごほうびを握った手を選べば、ごほうびをもらえる。それをただ繰り返すのだ。

また、散歩のときに好きなだけにおいを嗅がせるのもいいだろう。たんなるお散歩ではなく、においの探検、すなわち「スニファリ」〔訳註：「スニッフ」＝嗅ぐ、と「サファリ」を組み合わせた造語〕に出かけるのだ。先は急がず、犬がEメールならぬPメール〔訳註：英語で「Pee（ピー）」は、おしっこの意〕を解読しているあいだは、けっして急かさず辛抱強く待つ。

犬がにおいを嗅ぐ行為は、取り巻く世界の情報を得る重要な手段だ。そこを通ったのがどんな犬か、その犬がどんなものを食べているかなど、においからあらゆる情報を読み取っているのだ。犬がおしっこやうんちのにおいを堪能しているあいだ、あなたはベルガモットに誘われてやって来た蜂や、草むらに咲いたクリーム色のシロツメクサ、空を流れる雲を愛でるのもいいだろう。

パーフェクトである必要はない。一番いいのは、エンリッチメントにつながるものを何か1つだけ選び、愛犬がそれを気に入るかどうか試してみることだ。科学者になったつもりで評価してみよう。与えたアイテムを犬が使っているか？　その効果は行動に表れているか？　その上で愛犬の好みに合わせて微調整を繰り返す。犬が気に入ったなら、それを続けていけばいい。そしてまた、ほかのアイテムを選んで追加する。これがエンリッチメントを習慣化する簡単な方法だ。あなたの愛犬もきっと喜んでくれるはずだ。

〔まとめ〕

家庭における犬の科学の応用の手引き

・犬がすべての感覚を活かせる方法を探す。特に犬にとって重要な嗅覚を刺激できるよう、鼻を使える機会をふんだんに設ける。においに従って進む方向を決めさせる「スニファリ」に出かけたり、ノーズワークマット（ペットショップでも購入できるし、自分で手作りもできる）〈訳註：マットのヒダの中に隠したフードをノーズワークで探し当てる知育玩具〉を使ったり、庭におやつをばらまいて探させるのもいいだろう。初心者向けのゲームから始めるなら、部屋に段ボール箱をいくつか用意し、そのうちの1つにフードを隠して犬に探させるのがおすすめだ。見事フードを探し当てられたときは、ごほうびをもう1つ与えるのをお忘れなく。

・ごほうびのフードがたくさんもらえる報酬ベースのトレーニングで、犬の脳に刺激を与える。基本的な服従訓練をマスターしているなら、トリックやラリーオビディエンス〈訳註：コース上に置かれた複数のトレーニングエクササイズを、犬とハンドラーが連携を保ちながら制限時間内にクリアしていく競技〉に挑戦するのもいいだろう（ドッグトレーニングのクラスやスクールで習得できる）。「死んだフリ」などのトリックの教え方を紹介するYouTubeなどの動画もたくさんある。

・噛むおもちゃ（犬は噛むのが好き）やフードトイ（フードを仕込んで遊ばせる知育玩具）、飼い主との遊びを楽しめるおもちゃ（フェッチプレイやタグプレイ）を与える。おもちゃによってエンリッチメントを強化し、遊んだり噛んだりといった犬らしい行動ができる機会を増やす。安全なおもちゃを選び、飼い主が不在のときはおもちゃをしまっておくなどの対策をとる（音の鳴るおもちゃなどをかじってしまわないように）。

・愛犬と一緒に楽しめるドッグスポーツを探す。愛犬が走るのが好きで、飼い主も体を鍛えたいと考えているなら、カニクロス（犬とランナーをハーネスでつないで一緒に走るクロスカントリースポーツ）〔訳註：「カニ」とはラテン語で犬、「クロス」はクロスカントリーを表している〕に挑戦するのもいいだろう。参加できるドッグスポーツのイベントや、競技やトレーニングクラスを見学する機会を見つけよう。

・犬は新しいもの好きだが、使い古したおもちゃでも、別のおもちゃとローテーションで使ったり、洗って使い回したりすれば、新しいおもちゃとして生まれ変わらせることができる。

・愛犬の生活環境を見直し、リラックスして眠れる犬用ベッドなどを設けたり、庭に穴掘りができる砂場を作ったりするなど、環境の改善に努める。

11章　食事とおやつを楽しむ

FOOD AND TREATS

ボジャーの一番の楽しみは食べること　フード、人のおこぼれ、猫の食べ残し!?

ボジャーが1日で一番楽しみにしているのが食事の時間だ。フードを準備しているあいだも、口からヨダレがしたたり落ちて、リノリウムの床をボタボタと濡らす。ようやく食事にありつくと、ボジャーは食べ始めてすぐに私の顔を見る。それが私にはまるで、ありがとうと言っているように見えるのだ。

私の食事の時間には、おこぼれをもらえないかとちょっぴり期待を覗かせる。夫がお菓子を食べ始めると、ボジャーの期待値は爆上がり。

そして、猫の食事の時間には……とにかくボジャーが猫から離れているようトレーニングしなければならなかった。ボジャーときたら、猫の食べ残しを大いに期待してぴったりマークし、間近で食事シーンをガン見するのだ。猫は肉食動物だからお肉中心の食事になる。ボジャーが猫のごはんに目がないわけだ!

私はめったに肉料理を食べないけれど、それでもボジャーは私が食べる物を食べたがる。生のにんじんやズッキーニのへたをあげると、ボジャーは夢中でかじりつくのだ。

十分な栄養は犬の福祉のニーズの1つでもある。そして、私たちが犬のために用意する食事は、犬に必要な栄養の源になるだけでなく、家族の一員であることの証にもなるのだ。

犬と人間は農業の発達とともにでんぷん消化の遺伝子が進化した

犬は雑食で、さまざまな種類の食べ物を食べる。お米やジャガイモなどのでんぷんを消化できるという点で、犬は現代のオオカミと異なっているのだ。今となってはこの適応は、犬が人間と共生するためには当然の成り行きだったように思えるが、じつは、スウェーデンのエリック・アクセルソン博士が偶然に発見した、犬の進化の大いなる足跡だった。[*1]

古代のオオカミからイエイヌへの進化に伴う遺伝子の変化を解明するため、アクセルソン博士の研究チームは、12頭のオオカミと14犬種60頭の犬の遺伝子配列を解読していた。

博士らが焦点を当てていたのは、犬にほとんど差異が見られないDNA領域だった。つまり、イエイヌにとって生き残りに重大な意味を持つ部分であったため、進化の過程で差異が消滅したということだ。これらの領域のいくつかは脳機能に関係する遺伝子を含んでいる。

アクセルソン博士にとって予想外の展開となったのは、それらの領域にでんぷん消化に関わる遺伝子が含まれていたことだった。犬のアミラーゼ（腸内でタンパク質を分解する消化酵素）遺伝子

（Ａｍｙ２Ｂ遺伝子）のコピー数は4〜30である。一方、オオカミのほうはコピー数が2である。アミラーゼ遺伝子のコピー数が多いということは、犬がオオカミよりもそれだけ多くのアミラーゼを保有しているということだ。研究室で行われた検査では、犬のでんぷん消化能力がオオカミの5倍であることがあきらかになった。

マルターゼという酵素に関係する遺伝子ＭＧＡＭ（マルターゼ・グルコアミラーゼ遺伝子）も、でんぷん消化に重要な働きを持つ。犬とオオカミはＭＧＡＭのコピー数が同じだが、両方の遺伝子には大きな違いがいくつかある。その1つが形状だ。犬のマルターゼは長く、その分、消化の効率がいい。長いマルターゼは雑食性の動物と草食動物にも見られることから、植物性タンパク質の消化に重要な役割を果たしていると考えられる。

アクセルソン博士はこうした発見から、オオカミ——現代のオオカミではなくその祖先——が人間の定住地の周辺に出没するようになり、やがてでんぷん消化能力を発達させたという結論に達した。肉以外の人間の食べ残しで飢えをしのぐようになったオオカミにとって、消化能力を身につけることが生き残りを賭けた戦略となったのだ。

世界に生息するさまざまなイヌ科動物をさらに調べてみると、オオカミ、コヨーテ、ジャッカルのほとんどでは、アミラーゼ遺伝子のコピー数が2だった。[*2] 北極圏とオーストラリア原産の2つの犬種、すなわち最近まで肉食中心の人々とともに生活していたシベリアンハスキーとディンゴもまた、アミラーゼ遺伝子のコピー数は2だった。そのほかの犬種では、先の調査の犬と同じく、より多くのコピー数が見られた。

また別の調査では、そのほかのさまざまな犬種にアミラーゼ遺伝子のコピー数の差異が認められ、中でもグリーンランドドッグ（グリーンランド原産）とサモエドのコピー数がもっとも少なかった。[*3] ただし、オオカミとグリーンランドドッグの異種交配の可能性については特定できなかった。

犬種内の差異も見つかったことから、アミラーゼ遺伝子はでんぷん消化に重要な影響を持つものの、それだけがアミラーゼ遺伝子の重要な要素ではないと考えられる。

イエイヌがでんぷん消化能力をいつ発達させたのかは定かでないが、研究者たちは古代の犬とオオカミのゲノムからそれを解明しようとしている。[*4] ヨーロッパとアジアの遺跡発掘現場から見つかった13体の犬の歯と骨から、DNAの抽出が行われた。これら古代の犬はアミラーゼ遺伝子のコピー数が2〜20だったことを考えると、初期の農業が行われていた時代に、すべての犬が新たな遺伝子を獲得していたわけではなさそうだ。

しかし、この遺伝子の選択は少なくとも7000年前に始まっていたということもわかった。つまり、犬と人間はともに、農業の勃興をきっかけとして、でんぷん消化を助ける遺伝子を進化させたということだ。これは、犬がオオカミのような食生活を必要としているという迷信を否定する材料にもなる。犬は遠い過去のある時点で、現代のオオカミとの共通祖先から枝分かれし、人間の食生活により近い食べ物を食べられるようになったのだ。

ペットフードは栄養価の基準に留意
生肉中心食のリスク、細菌と寄生虫

私たちの食と健康へのこだわりは、犬に与える食べ物にも反映される。

オーストラリアで犬の飼い主にアンケート調査を行ったところ、犬の食事回数は1日2回がもっとも多く（41%）、全体のおよそ3分の1（36%）が1日1回だった。フードをエサ皿に入れて1日中置きっぱなしにしているという人も少数（16%）ながらいた。[*5] 多くの犬がおやつを1日1回（37%）、あるいは1週間に1回（37%）与えられていた。もっとも多かったフードの種類は平均的な値段のドライフード（44%）で、生骨（44%）や残飯（38%）も多かった。

英国でラブラドールレトリーバーの飼い主を対象に行われた同様の調査では、飼い主の80%がドライフードを与えていると答え、ドライフードが主食としてもっとも多く利用されていることが確認できた。ドライフードとウェットフードを混合して与えるという人は全体の13%程度だった。[*6] 子犬は1日3回以上食事を与えられ、生後6カ月から9カ月に、1日2回の食事に切り替えられるケースが多いようだった。

市販のドライフードや缶詰のペットフードは、一定の栄養必要量を満たすよう設計されており（成長段階ごとに必要な栄養バランスや特別療法食などに配慮している）、その価格設定はさまざまだ。各メーカーでは時間をかけて、犬に好まれる食感、におい、形状を追求している。いわゆるカリカリは愛犬の歯に良いと信じている人もいるが、それがはたして本当かどうか、科学的な証拠は今のところ挙がっていない（ただし動物用デンタルフードの効果は認められている）。

飼い主の中には、愛犬に特別な食事を摂らせたいという人もいる。学術誌『北米動物病院における小動物診療』に掲載された記事には、特別な食事を与える理由と、そのメリットとデメリットが紹介されている。[*7] 自宅で調理した食事を愛犬に与える人たちは、添加物（保存料など）や、人間の食べ物には使われないような動物由来の成分を避け、オーガニックフードを使用したいと考えている。また、犬のために自ら調理をすることで、犬が家族の一員だという実感が持てると言う人もいる。しかし、お手製のドッグフードのレシピを分析したところ、その多くで基準となる栄養が不足していた。[*8]

ベジタリアン食やビーガン食のドッグフードを自ら調理する人もいるかもしれないが、やはり栄養価の基準を満たすのは難しい。市販されるベジタリアン食のドッグフードを調べたところ、栄養面の問題が多数見つかり、与える際は品質に十分注意しなければならないことがわかった。[*9]

自宅で調理した食事と同じく、家庭で用意する生食の食事でも、十分な栄養はなかなか摂れない。しかし、最近では市販の生食ドッグフードも増えてきている。

そして、生肉中心の食事を与えている人たちは、それが犬の「野生」での食事、あるいは、進化の過程で食べてきたものに近い食事だと考えているか、それが犬の健康や歯に良いと信じている。しかし残念ながら、生食が健康に与える効果については臨床試験が行われておらず、そうした利点を裏付ける文書化された証拠もない。生肉を中心とした食事は全体的に脂肪分が多くなるため、毛並みはつややかになるが、それと同時に胃腸障害や体重増加の原因にもなる。生食中心の食事の栄養価についてはあまり調査が行われていない。栄養価よりも心配されるのは、生の食物に付着した細菌が引き起こす健康被害と、犬の排泄物を介して起こる家族の二次的被害だ。この種の被害は疾病の兆候を見せずに起こるから厄介だ。[*10]

市販される犬猫用生肉製品4種類について細菌と寄生虫の検査を行ったところ、製品の43%にリステリア菌、23%に大腸菌、20%にサルモネラ菌が見つかった。[*11] また、冷凍保存されていない生肉では寄生虫のリスクも検知されたという。

この調査に携わった研究者によると、生肉を用いた食事を犬（および猫）に与えると、抗生物質に耐性のある細菌に感染し、犬の健康と人間の健康が損なわれるリスクが高まるという。研究者たちは、生肉を使用したペットフードのラベルに、保存と取り扱いについての注意書きを添えるべきだとの見解を示している。

生の食べ物を与える場合、人間の食事（生の鶏肉など）と同様、食品衛生には十分留意しなければならない。[*12] 加熱処理した食べ物と生ものは分け、冷凍した食品は冷蔵庫の下に置いて解凍し、エサ皿はペットごとに専用の皿を決め、愛犬にエサを与えたあとと排泄物を処理したあとには必ず手を洗う。豚耳やブリースティック、その他フリーズドライのものなど、犬用おやつにも生肉を使用したものがある。子どもやお年寄り、免疫力が低下した家族は、特に感染リスクが高いので注意が必要だ。

ここで、人間の食べ物で犬が食べてはいけないものをリストにまとめた。チョコレートやカフェイン、キシリトール（低糖のピーナッツバターに甘味料として使用されている）は犬にとって有害だ。また、脂肪を大量に摂取すると膵炎の原因になる。未加熱あるいは加熱が不十分な肉、卵、骨は、細菌が付着しているおそれがある。

また、鼓脹症（胃拡張捻転症候群。胃や腸に余分なガスが溜まる）を引き起こす食べ物（イースト生地など）や、閉塞症の原因となる食べ物（調理済みの骨、果物の種など）もある。ココナッツなど、少量なら摂取しても問題ない食べ物もある。多くの犬は乳製品の消化に必要な酵素が少なく、乳糖不耐症を発症しやすい。ナッツのほとんどが犬にとって有毒だが、ピーナッツは食べても問題ない（ただしキシリトール入りのピーナッツバターは与えないこと！）。

犬が食べてはいけない人間の食べ物

・アルコール類

・アボカド
・チョコレート（ダークチョコレートが特に毒性が高い）
・柑橘類
・ココナッツ（少量であれば問題ない場合もある）
・コーヒー（その他、カフェインを含むもの）
・ブドウやレーズン
・牛乳、その他の乳製品
・ナッツ類（マカダミアナッツ、アーモンド、ピーカンナッツ、くるみなど）
・玉ねぎ、ニンニク、チャイブ（セイヨウアサツキ）
・未加熱あるいは加熱が不十分な肉、卵、骨
・過剰な塩分
・キシリトール（低糖ピーナッツバターやキャンディーなどに人工甘味料として用いられる）
・イースト生地

出典／米国動物虐待防止協会中毒情報センター[*13]

おやつのカロリー摂取量に注意
犬は甘味を感じ取れる

一般的に、おやつの量は1日のカロリー摂取量の10％を超えてはならないとされている。しかし、『ベテリナリー・レコード』で発表された調査では、小型犬と中型犬の両方で、デンタルスティックを除くおやつの平均量が、推奨される1日のカロリー摂取量を超えていることがあきらかになった。[*14]

猫とは違って犬は甘味を感じ取ることができるため、砂糖が使われているものが多いのだ。詳しい成分表示が個包装にはないことも問題の1つとして挙げられ、なんらかの除去食を必要とする犬や、アレルギー反応のリスクがある犬には、おやつを与えるべきではないという。

また、おやつの多くが、慢性心不全や慢性腎疾患を持つ犬には適していないということもわかった。愛犬が特別療法食に取り組んでいるならば、どのおやつが安全か獣医師に相談するべきだろう。

犬も肥満が疾患のリスクを高める飼い主自身の行動も見直す

ボジャーは食べ物に関わるあらゆる音に敏感に反応する。冷蔵庫を開ける音、レジ袋がカサカサ鳴る音、ポテトチップスを嚙み砕く音、チーズを保存したプラスチック容器のフタを開ける音、缶を開ける音、猫用おやつをしまってある戸棚の扉を開ける音と猫用おやつのパッケージを開ける音など、すべて耳ざとくキャッチするのだ。

私がどんな食べ物を用意していたとしても、ボジャーは必ずキッチンに現れる。おやつが大好きなボジャーは、私たちの食卓のどんなおこぼれでも喜ぶし、猫たちがフードを食べ残そうものなら嬉々として平らげる。そんな具合だから、私はボジャーの体重に目を光らせていなければならないし、2年ほど前にはしばしダイエットにも励んだのだ。

太りすぎや肥満症は犬に起こりがちな問題だ。太りすぎ具合は「ボディ・コンディション・スコア」によって評価することができる。これは1~9の9段階評価で動物の体型を測定するものだ（5段階評価の測定方法もある）。このスコアはインターネットでも見つけられるし、かかりつけの獣医師に尋ねてもいい。犬（猫）は9段階評価のうち6~7（適正体重より10~20％多い）だと太り気味、8~9は肥満症と診断される（適正体重より30％多い）[*15]。

米国で行われた大規模調査では、太り気味の犬と肥満症の犬は全体の34％を占め、オーストラリアで行われた調査では全体の33・5％の犬が太り気味、7・6％が肥満症だった。[*16] データはそれぞれ異なる時期に集計されたもので、どちらかの国に肥満の犬が多いという意味ではない。むしろ、肥満の問題が広範囲で発生していることを示していると言える。

米国での調査ではシニア犬に太り気味の傾向が見られたが、これは生活していく中で徐々に体重が増えたためと推測される。高齢になると、若い頃よりもセミモイストフード〔訳註：ウェットフードの水分含有率が60％以上であるのに対し、こちらは水分含有率が14～60％〕を与えられる機会が増え、また去勢手術や避妊手術も受けていると太りやすいという事情もある。また、ゴールデンレトリーバー、ラブラドールレトリーバー、ダックスフントなど、特定の犬種に高い肥満のリスクが認められた。

私たち人間が太りすぎや肥満症で健康を損なうことがあるのと同じように、犬にとっても肥満は疾患のリスクを高める原因となる。特に、筋骨格障害や心血管系の問題には注意が必要だ。[*17] オーストラリアで行われた調査では、太り気味や肥満症の犬はある程度の年齢まで増加傾向だが、その後は横ばいになった。その理由はあきらかではないが、1つの可能性として、太り気味や肥満症の犬は病気にかかって長生きできず、適正体重の犬は病気の罹患率が低く高齢まで生きられることが考えられる。

この調査ではまた、農村地域と半農業地域に太り気味や肥満の犬が多いこともあきらかになった。そうした地域は食べ物が豊富で、また飼い主があまり犬を散歩させず、犬が勝手に運動するものと考える向きがあるのかもしれない。

犬が太ってしまう別の危険因子としては、1日1回の食事（1日2回に分けない）が定着していること、おやつを与えられること、十分な運動をしていないこと、飼い主自身も太り気味か肥満症であることが挙げられる。

子犬の肥満症は特に懸念すべき問題だ。子犬時代に太りすぎると、成犬になったときに肥満になりやすいのだ。しかし、犬種によってさまざまな大きさや体型に成長するため、子犬時代の体型が適正か太りすぎているかを判断するのは難しい。最近では、英国のウォルサム研究所ペット栄養学センターが、成犬の適正体重が40kgまでの犬に使用できる子犬成長チャートを開発し、獣医師が子犬の体重推移を確認する指標となっている。

犬は不変の存在ではありません。21世紀のこの時代、私たちはインターネットに頼って生きています。クリック1つで犬に関する情報、そして間違った情報が目の前に流れ込んでくるのです。

パトリシア・マクコネル博士の言葉を借りれば、犬を愛しているのなら、常に一歩引いてみることが必要です。犬に対する思い込みや勝手な期待があったなら、どんな小さなものでも今一度見直して、そこにしがみつく手を少しゆるめるのです。

犬に対する考えは何も不変である必要はありません。なぜなら、犬もまた不変ではないし、すべてが解明された存在でもないからです。思い込みに疑問符を打つゆとりを持ち、研究者や獣医師、行動療法士やサイエンスコミュニケーターが発信しているような、日々進化する情報を新しく取り入れましょう。そこに、個々の犬がより幸せになるヒントが隠されていると、私は思うのです。

——ジュリー・ヘクト

ニューヨーク市立大学博士、『サイエンティフィック・アメリカン』運営のブログ「ドッグ・スパイズ」の著者

どうしてこんなにも多くの犬が太ってしまうのだろう。犬の口に入るものはすべて私たちに責任があるのだから、私たちの食との関わり方が作用していることは間違いないだろう。『栄養学ジャーナル』に掲載されたドイツにおける調査では、適正体重の犬の飼い主60人と、太り気味の犬の飼い主60人の比較が行われた。[*18] どちらのグループの飼い主も、犬と密接な関係を築き、市販のフードを与えていた。しかし、太り気味の犬の飼い主のほうが、犬に多く話しかけ、同じベッドで寝かせ、犬から病気をもらってしまうことへの警戒心が薄く、犬の運動や活動をあまり重要視していないことがわかった。

また、太り気味の犬の飼い主には、ドッグフードの値段を気にする傾向があったという。スーパーマーケットでフードを購入していた飼い主の割合は、太り気味の犬のほうが66%、適正体重のほうが47%だった。ペットショップや動物病院で販売されているフードのほうが、バランスが取れた高い栄養価であることが多い。

この調査で私が驚いたのは、人々がどれだけ長く犬の食事を見守っているかということだった。適正体重の犬の飼い主の11%、太り気味のほうでは25%が、愛犬の食事を1日30分以上もそばで眺めているというのだ。また、太り気味の犬は、食事、おやつ、人間の食事の残り物のすべてにおいて与えられる量が多く、飼い主も肥満気味であることが多かった。

この結果から浮き彫りとなるのは、犬との交流で食べ物に重大な意味を見出している飼い主がいるという事実だ。その場合、たんに犬の食事量を減らす（フードを計量する）だけでは、おそらく改善は望めないだろう。飼い主の犬に対する行動を改める――人間の食事の残り物をあまり与えず、食べ物を用いた交流の一部をスキンシップやタグプレイ、散歩などに置き換える――ことも必要だ。トレーニングの報酬として与えるフードも、犬の1日のカロリー摂取量として計算に入れなければならない。

『応用動物福祉学ジャーナル』に掲載された調査では、愛犬の体重に対する飼い主の意識が、犬の体型にどのような影響を及ぼしているかに焦点が当てられた。[*19] 飼い主は愛犬の体型について、「痩せすぎ」「標準的な体型」「太りすぎ」のいずれかで回答し、それぞれの犬をボディコンディションスコアに基づいて評価した。

その結果、太り気味と診断された犬の飼い主の多くが、愛犬の太りすぎに気づいていなかった。また、愛犬が太り気味であると自覚のあった飼い主の多くも、適正体重に戻す試みに失敗していた。犬に与えるフードの適正量を知らなかったこと、そして、体重の評価基準を重要視していなかったことも敗因に挙げられる。

また、与える食べ物の量をなかなか制御できないというのも肥満の原因の1つだった。つまり、飼い主は犬にせがまれるとつい屈してしまうのだ。そう、犬はおねだりの天才だから！太り気味や肥満症の犬への対策の1つが、特別療法食への切り替えだ。事実、食生活の管理による体重減少の効果が報告されている。

しかし、飼い主の行動もまた見直さなければならないようだ。『プリベンティブ・ベテリナリー・メディスン』で発表されたレビューは、愛犬の減量に挑戦する飼い主への介入に着目している。[20] 犬のダイエットを第三者がサポートすることにより、犬の身体状態と飼い主の行動を変える効果が表れたというのだ。飼い主の姿勢に変化をもたらすよう設計された介入方法は次のとおりである。

・飼い主の行動の目標を決める。たとえば、毎日決まった時間だけ必ず犬を散歩させる、あるいは、食べ過ぎを防ぐため、1日に犬に与えるおやつの回数を決める、など。

・成果の目標を決める。たとえば、1週間に何kgずつ減量するか、など。
・犬に与えるフードの適正量と、犬が必要とする運動量について飼い主が学ぶ。
・飼い主の行動を管理するための戦略を導入する。たとえば、犬がすでにフードを食べ終わったら、追加で与えてしまわないように印を付ける、など。
・定期的に動物病院に通って体重を測定し、獣医師に進捗を報告する。

人間と同じように、太り気味や肥満症の犬はさまざまな健康上のリスクにさらされる。変形性関節症や糖尿病、膵炎、皮膚トラブル、呼吸器疾患、尿失禁などの原因になるのだ。

また、太り気味の犬は適正体重の犬よりも寿命が短いことがわかっている（去勢手術を受けたオスの犬の場合、太り気味のジャーマンシェパードでは平均5カ月、同じく太り気味のヨークシャーテリアでは平均2年半寿命が短い）。[*21]

そして、太っている犬の場合、ヘルスケア全般にかかる費用は適正体重の犬より17％高く、薬にかかる費用は25％高くなることもわかっている。[*22]

不適正な体型は、身体的影響はもとより、犬の幸せにも影を落としかねない。動物福祉科学の第一人者である、マッセイ大学（ニュージーランド）のデビッド・メラー博士がこう話してくれた。「ただ健康なだけの動物、つまり、深刻な病気にかかっていない、あるいはまったく病気にかかっていないけれど、体型が適正でない動物は、健康でなおかつ適正な体型を保っている動物と比べると、生活を十分楽しんでいるとは言えないのです」

ゴーストはネズミを掘り当てて……捕食行動＝「攻撃」ではない

ゴーストは食にうるさい。それに、自分で食べ物を見つけるのが好きだ。野良出身のゴーストにとって、かつてはそれが生きるための術だったからだろう。

ゴーストが立ち止まり、頭を左右に振り、背の高い草むらの中で耳をそばだてれば、間もなく穴掘りが始まる合図だ。最初にその光景を目の当たりにしたときは驚いた。ゴーストは見事ネズミを掘り当て、食べたのだ。それを見て初めて、ゴーストが地中で鳴くネズミの声から居場所を特定していたのだと知った。

また別の日には、リードをつないでゴーストと散歩していたとき、草むらに頭を突っ込んだと思ったら、口に鳥の巣の半分と雛をくわえて出てきたこともあった。最悪だったのは、死後何日か経過して膨れ上がったハイイロリスを呑み込もうとしたときだ。なんとかやめさせようとフードを見せても、ゴーストは頑として離そうとしなかった。結局、ゴーストがひと飲みにするには大きすぎて、自分から吐き出してくれたからよかったけれど……。

捕食行動は本能的で系統だった行動だ。この行動は脳の視床下部外側野（ししょうかぶがいそくや）と呼ばれる領域が関与するもので、神経科学者のヤーク・パンクセップ教授が「探求」（SEEKING）と名付けた感情回路の一部である（1章）。[23] オオカミの補食行動は、関心を向ける↓凝視する↓忍び寄る↓追跡する↓咬みついて捕獲する↓咬みついて殺す↓食いちぎる↓消費する、という手順で行われる。[24] この捕食手順は、エアデールテリアなどいくつかの犬種に保存されているが、そのほかの犬種では修正されている。[25]

ボーダーコリーが羊をじっと見ているところを目にしたことがあるなら、それは「凝視する↓忍び寄る↓追跡する」の部分が強調された行動で、この犬種はその性質が発現するよう交配されているのだ。一方、アナトリアンシェパードドッグは家畜を集めることを目的として繁殖され、捕食手順は抑制されている。

私たちは捕食行動を「攻撃」と結び付けて考えがちだが、じつは攻撃行動は――それがオフェンシブであれディフェンシブであれ――捕食行動とは違い、「怒り」（RAGE）の感情回路の一部である。言い換えれば、捕食と攻撃は脳の別の分野が関与しているということだ。犬によっては、猫や小動物が捕食の対象になる危険性も否めない。小動物が駆け回ったり甲高い声で鳴いたりすると、狩りの本能が呼び覚まされるのだ。

私たちと犬、そして犬の食事との関係は、私たちが思うほど単純なものではない。愛犬の健康を第一に考え、与える食べ物にもっと注意を払わなければならない飼い主もいれば、犬との触れ合いが食べ物を与える口実にならないよう気をつけなければならない飼い主もいる。

中でも重要なのは、犬の体重に気をつけることだろう。そして、十分な水を与えること。水は常に飲める状態にしておかなければならない。外出先でも、犬が水を欲しがればいつでも与えられるよう備えておくようにしよう。

［まとめ］

家庭における犬の科学の応用の手引き

- 愛犬のために飼い主ができるベストの食生活を選択する。
- 犬の食事を準備する場所と、食べ物を入れるエサ皿の衛生管理を徹底し、病気に感染するリスクを減らす。特に生食の食事を与えるときは十分注意すること。生肉はまず冷凍して寄生虫のリスクを排除する。子ども、お年寄り、免疫力が低下した家族（ペットも含む）がいる家庭では、生食の食事は見直すのが賢明だろう。
- 砂糖は犬の歯に悪いため、砂糖を多く含む食事は避ける。健康にいいおやつを選ぶか、人間の食事に使う鶏肉などの食材を、おやつとして適量与えてもいいだろう。
- 犬の体重過多や肥満症について学ぶ。愛犬が健康的な体重を保てているかわからないときは、獣医師に確認すればいいだろう。体重を減らす最善の方法は、カロリー摂取量を減らすことだ。愛犬に与えるフードを計量し、適正量を与えるようにする。おやつ（トレーニングで与えるごほうびを含む）も1日のカロリー摂取量の計算に入れなければならない。

・飼い主と犬の活動の多くに食べ物が用いられているならば、それをスキンシップ、散歩、タグプレイなど、ほかの新しい活動に置き換えるようにする。

・フードの種類や与え方に変化を持たせる（例：知育玩具のフードトイを用いる）など、愛犬のエンリッチメント向上のために工夫する。

12章　犬の睡眠メカニズム

SLEEPING DOGS

ゴーストとボジャーの眠る姿に心寄せて
犬はどこで眠るべきなのか

ゴーストが体を伸ばして眠る姿を見るにつけ、私はつくづく感心したものだ。なにしろ、鼻の先から尻尾の先までの長さが、私の身長を超えているのだ。眠りにつくと、呼吸がだんだんスローになる。息を吸えば胸が上がり、息を吐けば胸が下がる。そして、しばし動きを止める。そんなとき私は、次の呼吸がゴーストの胸を満たすのをじっと見つめて待つ。私は、ゴーストが眠りながら脚をぴくぴく動かし、消え入りそうな声で鳴くのが好きだった。

ボジャーもそれとよく似た声を出し、たまにいびきもかく。ボジャーはよく書斎に来て、私がパソコンで作業をしているそばで眠るのだが、ときどき私の椅子の真後ろで寝始めるものだから、「どいて」と言って起こさない限り、私は、椅子を引いて立ち上がることができなくなるのだ。

最近になってボジャーは、私たちのベッドの足元に置いた犬用ベッドで眠るようになった。そしてときどき、夜中に起き出して床に降り立ち、またすぐにベッドへ戻っていく音が聞こえる。ボジャーが私たちの寝室で眠るには、まずその権利を勝ち取らなければならなかった。

と言うのも、そこは元々、猫のテリトリーだったから、ボジャーが猫たちと問題を起こさないという確信が必要だったのだ。私はボジャーが寝室で眠ることができて嬉しい。ボジャーはきっと家族としての実感をより強めているはずだ。

ご近所では、家の中で眠る犬もいれば、夜の世界を自由に徘徊する犬もいる。夜中にほっつき歩いている犬は、何やら吠え立てながらうちの庭を走り抜けていく。犬がどこで眠るべきか、考え方は人それぞれだ。

犬と人の「共寝」に関する科学的見地 眠る場所とベッドの種類を犬の好みに

ラブラドールレトリーバーを対象とした研究では、夜間には半数以上の犬（55％）が屋内で一人で眠り、19％が屋内で別のペットとともに眠っていることがわかった。[*1] また、屋内で人と一緒に寝ていたのは21％で、そのうちの何頭かは別のペットも一緒に寝ていたという。屋外で寝ているラブラドールレトリーバーは、全体のわずか４％だった。

オーストラリアのビクトリア州で行われた調査では、飼い犬の33％が屋内の犬用ベッド、20％が家族の誰かのベッドで眠り、24％は屋外の犬小屋で、３％は犬小屋のない屋外で眠っていることがわかった。[*2]

残念ながら、犬は家族のベッドで眠るべきではないと言うドッグトレーナーもいる。それを許してしまうと犬を「甘やかす」ことになり、行動に問題が出やすくなるというのだ。飼い主のベッドで一緒に寝たからといって、犬が「甘やかされる」なんて証拠はないし、「甘やかす」ことと問題行動とはなんの関係もないのに。[*3]

もちろん飼い主によって、犬に添い寝してもらいたい人とそうでない人がいるだろうし、犬にどうさせるかは飼い主しだいだ。特にハンドリングに問題を抱える犬だと、体に触れると興奮し、飼い主に対して唸ったり、咬みつき行動に出たりする危険性がある。

じつは、この章を書くにあたって見直していた論文で、ベッドから降ろそうすると唸ったり咬みついたりする犬の事例と、寝室から閉め出すと夜どおし吠え続けるため、咬み癖のある愛犬をベッドで一緒に寝かせている事例に出くわしたのだ。しかし、犬の多くは飼い主やほかのペットの安全を脅かすわけではなく、夜は飼い主の隣で丸くなるか、あるいは、少なくとも同じ部屋で眠りにつきたいのではないかと、私は思うのだ。

犬が飼い主の寝室で、あるいはベッドで一緒に寝ることを「共寝(ともね)」と言う。この習慣がどれだけ浸透しているかはわからないが、オーストラリアで行われたある調査によると、飼い主の10%が犬と一緒にベッドで寝ていたという。[*4]そこで研究者は、同じ年齢と性別の人たちで、ベッドで犬と共寝する人と、ペットと共寝しない人の比較分析を行った。

犬と共寝する人たちは、共寝しない人たちより入眠に時間がかかったものの、その違いは微々たるものだった。また、愛犬と共寝する人たちの中に、起床時に疲労感があると答えた人が多く見受けられたが、ペットと共寝しない人と比べて睡眠時間が長いわけでも短いわけでもなく、日中に疲労を感じることはないようだった。どれだけ多くの人がペットと共寝しているかを考えれば、人々は犬と添い寝することでなんらかの恩恵を実感しているということだろう。

カニシャス大学（ニューヨーク）の人間動物関係学者であるクリスティー・ホフマン博士が、犬を飼っている女性を対象にアンケートを行い、ベッドで一緒に寝ているのが犬、猫、人間のいずれであるか、また、それが睡眠にどのような影響を与えているかを調査した。[*5] すると、もっとも多い共寝パートナーが犬という驚きの結果となり、1匹以上の猫や人と寝るよりも、犬と寝るほうが快適で安心だと考えられていることがわかったのだ。

また、犬と一緒に寝ている女性には、そうでない女性よりも、早寝早起きの習慣と、規則正しい睡眠スケジュール（質の良い睡眠につながる）の傾向が見られた。愛犬を自分のベッドで寝かせている飼い主は、夜間の睡眠時間のうち平均75%を犬がベッドで過ごしているという体感があった。

おそらく多くの犬が、飼い主と同じ部屋で眠ることを望んでいる。問題行動で動物病院に通う犬を調査したところ、飼い主のベッドで眠っている犬は全体の20%で、そのほとんどが不安感を抱えていた。[*6] ほかの睡眠の形態では、不安感を抱えた犬と攻撃的な犬との割合の差は特に見られなかった。もちろん、不安障害を持つ犬は飼い主のそばを離れたくないだろうが、攻撃行動に出る可能性のある犬は、安全面の理由から飼い主のベッドで寝ることは許されないだろう。

過去に、犬の眠りたい場所を調べた例はあまりないが、1日のほとんどの時間をまどろんだり眠ったりして過ごしているのだから、犬にとって快適なベッドは優先度の高い問題だろう。実験用ビーグル12頭で調査を実施したところ、彼らはやわらかい寝床を好んだという。[*7]

高齢のビーグルのために床にベッドを置くと、夜間の10時間のうち83%をベッドで過ごしたが、ベッドを床から30㎝上げて設置すると、ベッドで過ごす時間が21%に減少したという。もちろん、高齢犬にとって高いベッドに上るのは大変だろうから、若い犬では同じ結果になったかどうかわからない。実験用ビーグルを用いた別の調査では、ベッドが使える状況なら、床よりもベッドで休むほうを好むという結果となった。[*8]

犬に快適なベッドを用意することは最優先事項であり、犬の好みに合わせてベッドの種類や設置の仕方を選ぶことも大切だということだ。

望みを1つに絞るというのは難しいですが、あえて選ぶとしたら、国連の『世界人権宣言』のような『犬の基本的権利』の法制化を望みます。犬が手に入れるべき権利を謳う法律です。犬が虐待や痛みや苦しみから解放され、住まいややわらかいベッド、動き回る自由、満足な食事や医療を保障されるのです。

また、においを嗅ぎ、遊び、物を噛み、ほかの犬と交流するといった、種本来の行動をする権利が保障され、ペット犬や使役犬を飼育する人たちが、犬の恐怖心、不安感、苦痛など、不健全なサインを認識するためのガイドラインも整備されます。

これが実現すれば、人々は自発的に犬の権利を尊重するようになるでしょう。そして、願わくは、犬の権利の保障が世界に浸透してほしいと思うのです。

――ジーン・ドナルドソン
ドッグトレーナー・アカデミー創設者、『ザ・カルチャークラッシュ――ヒト文化とイヌ文化の衝突 動物の学習理論と行動科学に基づいたトレーニングのすすめ』(橋根理恵・訳/レッドハート)の著者

犬の睡眠パターンは「多相性睡眠」レム睡眠とノンレム睡眠の周期が45分

睡眠は健康に不可欠な要素であり、また、犬の福祉のニーズの1つにも数えられる。犬がよく寝るのはご存じのとおり。若い成犬は1日に11～14時間も眠るのだ。[*9]

人間と同じく犬にも睡眠周期があり、レム睡眠とノンレム睡眠の段階がある。しかし、人間と犬では睡眠パターンに違いがある。もっともわかりやすいのは、犬がよく昼寝をしていることだろう。人は夜に眠って日中は起きているが、犬は24時間のうちに眠ったり起きたりを何度も繰り返す。このように睡眠を分割してとるパターンを「多相性睡眠」、人間のように一括して睡眠をとるパターンを「単相性睡眠」と言う。

ハーバード大学心理学教授で『睡眠セラピー：芸術家、科学者、アスリートたちの夢を用いた問題解決法に学ぶ』（未邦訳）の著者でもあるディードリ・バレット博士は、人間の睡眠と夢の研究を行っている。教授によると、人間の睡眠についての研究は、1950年代半ばに、脳波図を用いて脳内の電気活動パターンが測定されたことをきっかけに飛躍的に進歩したという。レム睡眠とノンレム睡眠の存在があきらかになったのもこのときだ。バレット博士は言う。

「私たち人間は90分周期で、大脳が休息するノンレム睡眠と、大脳が覚醒時と同様に活動する（活動領域は異なる）レム睡眠を繰り返します。レム睡眠というのは、Rapid Eye Movement（急速眼球運動）の頭文字から付けられた名前です。睡眠周期が発見された当時、脳波の測定がまだ高額で珍しく、1960年代に入ってようやく多様な動物の睡眠が研究されるようになりました。そして、100種にも及ぶ動物とともに犬も脳波の検査が行われ、人間と同じくレム睡眠とノンレム睡眠の睡眠周期を持っていることがわかったのです」

バレット博士はさらに、動物の種によって睡眠周期が異なるのだと教えてくれた。

「入眠時には脳の活動が低下しますが、その後は覚醒していない状態で活動が活発化していきます。ほとんどすべての哺乳類にこのパターンが見られ、同じことが犬にも言えます。また、体の大きさと周期の相関関係も成り立っています。たとえば、象の睡眠周期は90分より長く、ネズミは90分より短いのです」

1984年の科学的論文には、アヒル、ヨーロッパハリネズミ（ナミハリネズミ）、チョウザメ、ゴキブリなど、じつにさまざまな種の睡眠周期が詳しく説明されている。犬としてはポインター6頭に対する調査で、睡眠周期が45分であることがわかった。[*10]

年齢とともに睡眠パターンが変化 夜間と日中の眠る時間について

犬は夜間の60～80％の時間を寝て過ごし、日中も30～37％は寝ていると言われている。ただし、シェルターで暮らす犬は日中の睡眠時間が短いことがわかっている。おそらくシェルター内のさまざまな活動の影響を受けているのだろう。[*11]

就寝前に明かりを弱めると、犬は眠りにつきやすくなる。これは、光が弱まることにより、催眠作用のあるメラトニンの分泌が促されるためと考えられる。メラトニンは睡眠ホルモンとも

若年期の成犬と比べて、子犬とシニア犬はたっぷりの睡眠が必要だ。
◎写真／バッド・モンキー・フォトグラフィー

呼ばれ、人間の睡眠にも関係している。

犬は年齢とともに睡眠パターンが変化する。ビーグルでの調査を3つの年代にわたって行ったところ、若年期の犬（1歳半〜4歳半）は、中年期の犬（7歳〜9歳）と高齢期の犬（11歳〜14歳）よりも、夜間に活発な活動が見られたという。[*12] 高齢期の犬は、その他の年代の犬よりも日中の活動が少なかった。

そして興味深いのは、1日1回食事を与えるよりも、1日2回食事を与えたほうが夜間の活動が増えたことだ。これは、食事の回数が増えたことによって朝の活動が早まったためと考えられる。ただし、食事の時間帯を変更することによる効果についてはまだ調査されていない。

さらに行われた追跡調査では、さまざまな年齢の犬を対象に、12時間の明暗周期の条件下で覚醒と睡眠の時間が分析された。[13] すると、夜間の睡眠時間は、若年期の犬が8時間7分、中年期の犬は9時間1分、高齢期の犬ではその中間にあたる8時間45分だった。一方、日中の睡眠時間は、若年期の犬が3時間19分前後、中年期の犬は3時間59分、高齢期の犬は4時間12分だったという。

犬の睡眠パターンが年とともに変わるのはごく普通のことだが、基礎疾患を持つ犬の場合、睡眠に大きな変化が表れれば獣医師に相談しなければならない。心臓や甲状腺の疾患が睡眠に影響を及ぼすこともあるし、睡眠と覚醒のサイクルの乱れは犬の認知機能障害症候群のサインの1つでもある。[14]

犬が認知機能障害に陥ると日中の睡眠時間が長くなり、夜間に覚醒して落ち着きを失う。これは、病気の進行によって生じる概日リズム（体内時計）の変化によるものと考えられる。

ちなみに、犬の認知機能障害症候群のほかの症状としては、不安感が強くなる、触れ合いへの関心を失う、ときどき混乱しているように見える、などがある。

犬は音への反応が敏感で目覚める 睡眠と覚醒のサイクルは短い

昨夜のこと、ボジャーが突然ベッドから飛び出して、吠え立てながら走り回り、私は深い眠りから引きずり起こされた。寝ぼけまなこの私には、ボジャーが何に吠えているのかわからなかったが、ボジャーはやがて何事もなかったようにベッドに戻って落ち着いた。なんとも迷惑な〝誤報〟である。そろそろ夜が明ける頃かと思い時計に目をやると、まだ午前1時前……。幸い、こんなことはしょっちゅう起こるわけではない。そうでないと、私はボジャーを寝室から追放したくなるだろう。

しかし、どうして犬は深い眠りから突如として目覚めるのだろう。

どうやら犬は、睡眠活動期と睡眠非活動期にかかわらず音に反応するらしいのだ。オーストラリアの研究者が12頭の犬を対象に、犬が普段夜を過ごす庭で、夜間の睡眠と覚醒のパターンを調査した。[*15] この調査では、レム睡眠かノンレム睡眠かを正確に判断できないため、睡眠周期の各段階を睡眠活動期と睡眠非活動期と呼んでいる。

研究者は犬の反応を調べるため、さまざまな音を流して聞かせた。犬にとって重要な音（ほかの犬が1度だけ吠える声と、連続して吠える声）、人間にとって重要な音（グラスが割れる音と、若者が強盗を企てている話し声――ただし犬は会話の内容が理解できず、ただ騒ぎ立てる声にしか聞こえない）などだ。また、犬と人間のどちらにもさほど重要でない2種類の音（バスとバイクの走行音）の録音も再生した。

犬は睡眠時よりも覚醒時のほうが音に反応した。これは、当然とも言うべき結果だろう。しかし、人間が睡眠非活動期（ノンレム睡眠）よりも睡眠活動期（レム睡眠）のときに敏感に音に反応するのに対し、犬は睡眠活動期と睡眠非活動期の反応レベルが同じだった。

全体としては、犬は流した音の29％に吠えて反応した。そして、やはり犬の吠える声に、ほかの音よりもはるかに高い反応を示した。また、単独でいるときよりもほかの犬たちと一緒にいるときのほうがよく吠えた。近所の人や飼い主を起こしてしまうほどに。

犬は夜間に人間よりも多く睡眠と覚醒のサイクルを繰り返す。オーストラリアの同じ研究者が、別の調査で24頭の犬を夜間に観察した。[*16] 24頭のうち20頭は家庭で飼育される犬で（そのほとんどが夜間は屋外で眠っていた）、4頭は大学の飼育小屋で暮らす犬だった。

観察は赤外線カメラを用いた撮影に加えて、研究者が近隣のビルや周辺に停めた車に張り込んで行われた。14カ月にわたって観察を続けた結果、夜間の8時間のうちに、平均すると睡眠と覚醒のサイクルを23回繰り返していたことがわかった。各周期は平均21分で、16分の睡眠ののちに5分の覚醒が続いていた。

フェンスに囲まれた庭で寝ていた犬の睡眠は平均19分で、自由に徘徊していた犬（カメラの撮影範囲外に消えてしまうことも多かった）の平均14分より長かった。

ある犬は、飼育小屋に入れられた最初の夜には睡眠活動期が見られず、睡眠と覚醒のサイクルが多く見られた。おそらくストレスが睡眠パターンに影響したのだろう。また、2頭の犬が一緒に眠っているとき、別の犬の吠える声に同時に目覚めたときを除いて、2頭の睡眠と覚醒が重なることはなく、周期も異なっていたという。

こうした詳細な観察によって、犬は夜間に短い睡眠と覚醒のサイクルを何度も繰り返していることがあきらかになった。屋外で眠る犬は睡眠以外の活動をし、近所の犬や人に睡眠を邪魔されることもあった。屋内で眠る犬は、睡眠を妨害される機会は少ないようだ。

犬の睡眠にもストレスが影響する ポジティブ体験とネガティブ体験のあと

人は日中に何か良くないことが起こると、その夜はなんとなく寝つきが悪かったりするものだ。それと同じく、犬の睡眠もネガティブな経験による影響を受けることがあきらかになった。とは言え、影響の仕方が人間とまったく同じというわけではない。『英国王立協会紀要B』に発表された16頭の犬を対象とするある調査では、ポジティブ体験とネガティブ体験のあとで記録した睡眠中の脳波を元に、犬が受けるストレスの影響を分析した。[*17] 3回にわたるセッションのうち1回目は練習として行われた。

犬たちは6分間のポジティブ体験かネガティブ体験のあとで3時間の睡眠をとる。ポジティブ体験では、犬が飼い主の元へ行くたびになでられ、やさしく声をかけられ、フェッチプレイやタグプレイなど好きな遊びができる。一方、ネガティブ体験は、犬をリードで壁につないだ状態で2分間放置され、その後飼い主が現れるも犬を一切無視し、続いて実験者が威圧的な態度で接近して座り、犬に反応せずただじっと見つめる、というものだ。

ネガティブ体験のあとでは、3時間のうち犬が眠ったのは平均72分で、睡眠周期は56分だった。ポジティブ体験のあとは入眠に時間がかかり、眠ったのは平均65分で、睡眠周期は51分だった。ネガティブ体験のあとはレム睡眠が長くなった。レム睡眠は感情処理と関連しているため、これは予想どおりの結果と言える。

もっとも眠りが深くなるノンレム睡眠は、ポジティブ体験のあとのほうが多く見られ、ネガティブ体験のあとは少なかった。ストレスを受けたあとに見られる睡眠の変化は、一種の防御反応の表れと考えられる。

この調査ではまた、犬の性格と飼い主に対する行動の関係性も浮き彫りとなった。たとえば、実験者が腰かけて犬をじっと見つめるネガティブ体験では、穏やかでシャイな性格の犬ほど飼い主の陰に隠れた。また、そうした行動の違いは睡眠周期の変化にも表れていたという。つまり、体験に対する反応の違いが、睡眠の変化にも反映されていたのだ。

ストレスが人間の睡眠に影響を与えることはすでにわかっていたが、犬の睡眠もまたポジティブ体験とネガティブ体験の影響を受けることが、この調査によって初めて確認された。

睡眠と学習の密接な関係 精神的休息が記憶の定着に役立つ

学習が睡眠に影響し、逆に睡眠が学習に影響することも、別の調査で解明された。[*18]最初の実験では、ハンガリーで暮らす15頭のペット犬が非学習条件と学習条件をそれぞれ別の日に体験した。非学習条件では、ハンガリー語ですでに学習済みの2つのコマンド――おすわりと伏せ――を練習する。学習条件では、同じ2つのコマンドを未学習の英語で学ぶ。犬はそれぞれのセッションのあとに睡眠の時間を与えられ、睡眠中の脳波活動が記録された（睡眠ポリグラフィー検査）。

その結果、学習後はノンレム睡眠とレム睡眠時の両方で脳の活動に変化が認められたという。この変化は、睡眠のあいだに起こっている記憶の整理と一致する。そして、3時間の睡眠のあとでは、新しい言語で学んだコマンドに対するパフォーマンスが上達していた。

2つめの実験では、53頭のペット犬に対して、ハンガリー語ですでに学習済みの「おすわり」と「伏せ」のコマンドを英語で学ぶという同じ学習セッションののち、4つの異なる活動のいずれかを行う時間を1時間設けた。4つの活動とは、睡眠、リードをつないだ散歩、別の学習、フードを仕込んだおもちゃを用いた遊びだ。そして、各活動の直後にコマンド（英語）のテストをし、さらにその1週間後に再テストを行った。

活動直後のテストでは、睡眠をとったあとの犬と、散歩をしたあとの犬にもっとも良いパフォーマンスが見られた。おもちゃで遊ぶ活動は犬を興奮させ、別の学習は記憶の整理を妨げたと考えられる。1週間後の再テストでは、睡眠、散歩、遊びの条件下の犬が良いパフォーマンスを見せたが、別の学習の条件下の犬にはパフォーマンスの向上が見られなかった。

これらの結果から、学習後に行う活動が学習の成果に大きな影響力を持つということがわかる。犬に精神的休息を与えれば、学習の長期的な効果が期待できるが、別の学習をさせると、前の学習が妨害されるのだ。学習セッションのあと1週間、自宅で普段どおり睡眠をとった犬は、睡眠が記憶の整理に役立ったようだ。

睡眠の重要性は、犬のトレーニング頻度に焦点を当てた別の実験結果にも表れている。[*19]

44頭の実験用ビーグルに、バスケットに入って待つコマンドを18段階に分けて学習させるトレーニングで、犬の半数は1週間に1~2回、残りの半数は毎日トレーニングを受ける。またトレーニング時間を、何頭かは短くし、別の何頭かは長くした。すると、週に1~2回トレーニングを受けた犬は、毎日トレーニングを受けた犬よりも優れたパフォーマンスを見せたという（もちろん前者のほうがトレーニング終了までにかかった期間は長い）。また、1回のトレーニングの時間は短いほうが高い効果を発揮した。ただし、4週間後にテストしたときには、すべての条件の犬がタスクを覚えていて、コマンドに従ってバスケットに入ることができた。

これら一連の調査結果から、時間が短いトレーニングセッションはより多くの認知的努力を必要とし（それがより良い記憶につながった）、セッションとセッションのあいだに睡眠の機会が多ければ多いほど、記憶の定着に役立つという結論に達した。つまり、トレーニングの合間に睡眠を十分とれば、学習の効率が上がるということだ。

犬が睡眠中にぴくぴく動くのは夢の中でボールを追いかけている!?

眠っているボジャーの脚がぴくぴく動いているとき、きっと夢の中でボールを追いかけているんだろうなと私は想像する。ゴーストは夢の中でウサギを追いかけていたはずだ。そう思った私は、ディードリ・バレット博士に、こうした動きは犬たちが夢を見ている証拠と考えてよいかと尋ねてみた。答えはこうだ――「いいえ、それはないですね」……。

博士は人間の睡眠を引き合いに出してこう教えてくれた。「夢のほとんどは、急速眼球運動のある睡眠と関連しているんですよ」。レム睡眠のあいだは、動き回れないように筋肉が一時的に麻痺した状態になる。

バレット博士によると、睡眠中に起き上がって動き回る睡眠時遊行症（夢遊病）は、じつはノンレム睡眠のときに起こるため、夢との関連性はないのだという。「私が思うに、犬の睡眠中に見られる動きのほとんどは、夢によって起こっているものではありません。大脳皮質の運動野が突然やや活発になったというだけで、動きに大きな意味はないはずなんです」

では、犬がかすかに漏らすあのかすれたような寝言は？　それについてもバレット博士が説明してくれた。「犬が睡眠中にあげる声は人間の寝言と同じと言えるでしょう。人間の寝言のおよそ80％はノンレム睡眠時に起こるため、夢とは無関係です。しかし、残りのおよそ20％は夢と直結していて、寝言の内容は見ている夢と一致しています。ただし、犬ではまだ調査が行われていません」。眠っているときにぴくぴく動いたりクンクン鳴いたりするのが、夢を見ているからではないのだと知ってがっかりはしたけれど、少なくとも謎は解けた！　とは言え、犬がどんな夢を見ているかという私の興味は尽きなかった。

「残念ながら、私たちは犬にインタビューすることができません」とバレット博士は言う。

「人間ならどんな夢を見たかと尋ねることができます。脳波の測定やその他の調査を行うこともありますが、夢を報告してもらうことで夢の内容を知ることができるのです……これについてはゴリラが限界と言っていいでしょう。ペニー・パターソン博士によると、ゴリラの〝ココ〟は思っていることや見た夢の内容をボディサインで伝えたと言います。証明できませんが、その話には説得力を感じます。しかし、犬となるとそうもいきません」

バレット博士は、人間についてわかっている事実との共通点を指摘した。

「人間の場合、その日にもっとも気になったことに関連した夢を見るものです。重要な人物や、直面した問題、経験しがちな状況などが夢に出てくるのです。夢の中ではひずみが生じて非現実的になり、支離滅裂な展開で視覚化されますが、内容は基本的に覚醒時の思考と通じています。だから、ペットとして飼われている犬は、飼い主の夢をたくさん見ていると言っていいでしょう。人間の夢には重要な他者が登場します。それならば、日中に私たちに大きな関心を寄せる犬は、夜眠るときに私たちの夢を見ていたとしても不思議ではありません。そして、大好きなごはんやおもちゃやドッグランなどが、夢の中でごっちゃになって出てくるのです」。それならば、ゴーストもやっぱりウサギを追いかける夢を見ていたのだろう――脚がぴくぴく動いていないときに。

［まとめ］

家庭における犬の科学の応用の手引き

・子犬は成犬より多くの睡眠を必要とする。人間と同じく、犬の睡眠パターンは年齢とともに変化する。ただし、基礎疾患がある犬に急な変化や大きな変化が見られたときは、獣医師に相談すること。

・愛犬が夜間に質のいい睡眠がとれるよう、日中のポジティブ体験を増やすことを心がける。

・愛犬を飼い主の寝室、あるいは同じベッドで寝かせることに決めたら、それを継続して実行する。

・愛犬が快適に眠ることができる居場所とベッドを準備する。

・家族や人の出入りが多く、一日じゅう賑やかな家庭では、日中に愛犬が落ち着いて眠れる静かな時間をいくらか確保する。

・トレーニングのあとは、記憶を整理し、学習能力を向上させられるよう、夜間の睡眠を十分確保する。

・知らない場所で過ごさなければならないときは、犬がその夜に眠れなくなることもあるだろう。家庭で普段使っている寝床を持参するなど、犬がリラックスできる環境作りに配慮する。

13章　恐怖心やその他の問題の克服

FEAR AND OTHER PROBLEMS

恐怖心は一瞬で生まれ克服は長期戦
人間が思う「反省顔」は的外れ

ゴーストは我が家へやって来た当初、食事を一切口にしようとしなかった。そこで、ゴーストを連れて獣医師に相談に行くと、先生は安価な缶入りドッグフードを手に診察室に入ってきた。エサ皿にフードを出そうとした先生の手元が狂い、大きな塊がぼとりと床に落ちた。すると、ゴーストはそれを食べたのだ。先生がエサ皿に残りのフードを入れてゴーストに勧める。しかし、ゴーストはぷいと顔を逸らし、口の周りを舐めた。どちらもストレスを示すサインだ。先生がわざとフードを少し床に落とす。すると、ゴーストはやはりそれを食べた。

「ゴーストくんはエサ皿が怖かったんだね!」と先生。

どうやらゴーストは、エサ皿が床にぶつかる音が苦手だったようなのだ。それ以降、エサ皿が音を立てないようにそっと置くように気をつけると、ゴーストはだんだんエサ皿に近づくようになり、やがてすっかり慣れることができたのだ。

エサ皿の恐怖は克服できたが、別の恐怖の克服は長期戦となった。ゴーストは私たちが触れようと伸ばした手を怖がって、するりと逃げてしまうのだ。そこで、私はただ手を差し出して、ゴーストが近づこうが近づくまいが、じっと待ってみることにした。すると、選択肢を与えたことが功を奏したのか、ゴーストは伸ばした手に近づいてくれるようになった。なでられるのは好きだけど、いつなでられるかはゴーストのお気に召すまま。とにかくゴーストは、私たちの手がまるで彼を傷つける凶器であるかのようにあとずさりし、それをやめるまでにはじつに半年もの時間を要したのだった。

恐怖症の克服にはとても時間がかかるけれど、恐怖心が生まれるのはほんの一瞬だ。

さまざまな問題行動の背景には恐怖心が潜んでいるものだが、なんらかの疾患や退屈、運動不足、脳を使う機会の欠落、必要な資源の欠落（噛むおもちゃなど）、あるいは単純に「ルールを知らない」といった事情もまた、問題行動の原因として考えられる。飼い主からもっとも多く報告される問題行動は、攻撃行動と音恐怖症や分離不安などの不安障害だ。[*1]

問題行動に対する飼い主の認識もまた重大な意味を持つ。飼い主が気づけない事柄（恐怖心など）があるからだけでなく、それが問題行動になるもならないも、飼い主の捉え方ひとつで決まるからだ。犬がたまに粗相をしても、それを許せる飼い主もいれば、重大な問題行動と頭を抱える飼い主もいる。行動上の問題は、犬にとっては福祉上の事案である可能性があり、飼い主にとって対処が難しい問題だ。

しかし、何より懸念すべきは、飼い主が福祉上の問題に気づくことができず、適切に対処できないことだ。

専門家を対象としたアンケート調査によると、望ましくない行動は犬の福祉の問題の中でもっとも重大な事案の1つに数えられるという。また、その他の重大な事案としては、不適切な犬の管理と飼い主の知識不足が挙げられ、もちろんどちらも望ましくない行動の引き金となり得る。[*2] 特に、音恐怖症や分離不安に関連した行動はその代表格だ。

犬にとってより良い世界を実現するための願いが1つだけ叶えられるならば、人々が犬の問題行動を広い視野で受け止めることを、私は願います。

犬はあなたの上に立とうとか、あなたの1日を台無しにしてやろうなんて思ってはいません。彼らはただ、自分の欲求に従っているだけなのです。私たちがトレーニング——反応、協力、振る舞いを強化するトレーニング——で直面する困難が、犬の行動の機能や変化について関心を持つ絶好の機会であると捉えてはどうでしょう。突進したり、吠えたり、咬みついたりする犬にも、変化する環境に行動を適応させる能力が備わっているとわかるでしょう。

犬として当然の行動を罰するのはやめ、種を超えた対話の喜びを見つけるのです。

——キャシー・スダオ

実験心理学修士、ブライト・スポット・ドッグトレーニング、
応用行動療法士、『自由を生きる：犬とトレーニングと品格について』（未邦訳）の著者

福祉の問題は、人々が犬の行動を罪悪感、悪意、頑固さの表れであると誤解したときにも起こる。犬が頭を垂れて懇願するような上目遣いをするとき、多くの人はこの独特の表情を罪悪感から来る「反省顔」だと考える。しかし、犬が反省するためには、自分が何か悪いことをしたという自覚がなければならない（そうでなければ罪悪感を抱く理由がない）。

犬が後ろめたさを感じていないと断言はできないものの、人間が「反省顔」と考えるその表情は、必ずしも悪さと直結してはいない。これはバーナード大学のイヌ科動物学者であるアレクサンドラ・ホロウィッツ博士の研究でもあきらかにされたことだ。ホロウィッツ博士は研究室に14人の飼い主と犬を招集し、「反省顔」についての調査を行った。[*3]

実験では、テーブルの上にクッキーを1枚置き、飼い主は、犬に食べないように指示してから退室する。この流れを4回繰り返すと、そのうちクッキーを食べる犬も見られるようになった。部屋に呼び戻された飼い主は、犬がクッキーを食べたかどうかの報告を受ける。ただし、報告は半分が真実で、半分が嘘だ。

愛犬がクッキーを食べたと聞かされた飼い主は愛犬を叱る。この実験の様子を収めたすべての動画を分析したところ、私たちが「反省顔」と考える表情は、犬が何か後ろめたいことをしたかどうかに関係なく、飼い主に叱られたことで現れるということがわかった。「反省顔」がもっともよく見られたのは、クッキーを食べていないのに、食べたという情報を信じた飼い主に叱られたときだった。

飼い主が犬の悪事を発見する前から、犬が反省顔を決め込んでいると言う人もいる。ブログ「ドッグ・スパイズ」の著者で、動物に関する研究を行うジュリー・ヘクトの研究チームが、食べてはいけないホットドッグが置かれた部屋に、ペット犬を単独で入室させるという実験を行った。[*4]

犬の飼い主への事前アンケートでは、飼い主のほとんどは、愛犬がホットドッグを食べたなら後ろめたさを感じるはずだと考え、「反省顔」を見せれば愛犬を叱らないと回答した。しかし、実際はホットドッグを食べた犬と食べなかった犬の「反省顔」に差が見られなかった。食べるor食べないで、犬の挨拶行動に若干の差異が見られたものの、真実を知らずに入室した飼い主は、愛犬が期待を裏切ってホットドッグを食べたかどうかを確実に見破ることはできなかったという。

犬の行動を理解すれば、犬の問題行動の予防や対処に役立てられる。ではここからは、特定の問題行動とその解決策について1つずつ考えてみよう。

恐怖心を取り除くには安心させること
音、トラウマ体験、遺伝的要因、サインは耳

我が家では夜になると、ホーウ、ホーウ、ホーウという声が聞こえる。アメリカフクロウの鳴き声だ。私はそれが好きだったが、ボジャーが来てからは事情が変わった。この音を不気味に感じるらしく、フクロウが鳴くと突如として吠え始める。そして、ひとたびこのスイッチが入ると、落ち着かせるのにものすごく時間がかかるのだ。

ボジャーが怖がるのも無理はない。アメリカフクロウは大きい。小型犬くらいならひょいと連れ去ってしまうだろうか。実際のところはわからないけれど、ボジャーくらい大きくてどっしりとした犬ならば（オーストラリアンシェパードの中でも特に大きい部類に入る）、連れ去られる心配はないだろう。いずれにせよ、ボジャーは家の中で安全に過ごしている。私はときどき深夜にボジャーの隣に座って体をなでてやり（ボジャーがなでろとねだるのだ。こうすれば落ち着くらしい）、フクロウが鳴けばおやつの雨を降らせる。この対処法はその場をしのぐにはよいが、疲労感が翌日まで残るのだ。

ボジャーの恐怖心をなんとかしなければ……。私はインターネットでアメリカフクロウの鳴き声を録音した音声を見つけた。そしてある日、ボジャーが別の部屋にいるときに、書斎でそ

の音声を再生してみた。ボジャーがなんとか耐えられそうなごく小さい音量で。しかし、再生ボタンをクリックするや否や、ボジャーの口から低い唸り声が漏れた。そして、ボジャーは吠え立てながら書斎へ駆け込み、フクロウはどこかと大騒ぎを始めたのだ。

「脱感作」の試みはあえなく失敗に終わった。脱感作は、犬がリラックスして機嫌よく過ごせた場合にのみ、成功したと言える。私はボジャーの大騒ぎを収拾するため、ただちに停止ボタンをクリックし、ボジャーに大好物のソーセージを与えた。脱感作のない拮抗条件付けに切り替えたのだ（3章）。

報酬はフクロウの鳴き声を聞いたことに対するもので、ボジャーがどんな行動を示したかにかかわらず与えられる。ボジャーをフクロウに慣れさせるこの作戦はいまだ継続中だ。あのフクロウ、ほかの人の庭に引っ越してくれないかしら、と思いながら……。

ボジャーのフクロウに対する反応は「恐怖」だった。恐怖心は生理反応を伴い、「闘争・逃走反応」と呼ばれる現象のスイッチを入れる。差し迫った危機に対する動物の反応の典型が、闘争、逃走、回避、あるいは硬直なのだ。危険な状況では、こうした根源的反応のおかげで私たちは生き残ることができる。

犬の不安感は、私たちの目には恐怖心と同じように映るが、似て非なるものだ。不安感とは、起こり得る脅威に対する継続的な恐れである。表面上のサインは同じだから、それが差し迫った事態に対する反応か、それとも将来的な何かに対する反応か判断することができないため、同じ範疇(はんちゅう)のものとして捉えるのが妥当だろう。

犬が怖がっている様子を見ると、人は反射的に犬の周辺で起こったなんらかの出来事に原因を探そうとする。しかし、恐怖の原因はいくつかある。社会化の不足、遺伝子的要因、母犬の出産前ストレス、幼い頃の経験、またあらゆる時期のネガティブ体験も、恐怖心の原因となる。社会化の感受期にあたる生後3週間から12〜14週間の時期にポジティブ体験が不足すると、新しく出会う人やものを怖がるようになるというのはあり得ることだ（2章）。

盲導犬候補の子犬を対象とした調査では、感受期に対人的な恐怖体験を経た子犬は、成犬になってからも人を怖がる傾向が見られた。[*5] 同じく、感受期にほかの犬の脅威を体験した犬は、成犬になってからもほかの犬を怖がることが多かった。

恐怖と不安には、遺伝的要因がある程度は関わっている。行動については、遺伝（生物学的影響）か環境（育った文化的影響）か論争が取り沙汰されるが、両者がいかに絡み合っているかが研究によって少しずつあきらかになっている。ある研究では、恐怖反応と関連のある遺伝子を何種かの犬種で特定したという。[*6]

犬にとって高い社交性は不可欠ではあるが、それだけが犬を作り上げる要素ではない。できることなら、子犬を引き取る前に両親の様子を見て、いずれも恐怖心を示さないフレンドリーな犬であるか確認することをおすすめする。

恐怖の種は、産まれる前から植え付けられていることもある。この現象は何も犬に限ったものではなく、人間や猫、ネズミなど、同じように子どもの世話をするほかの種でも関連した研究が行われている。母犬に出産前ストレスが生じると、母犬が分泌したストレスホルモンが胎児に届くため、子犬の発達に影響が及ぶ。現在継続中の研究でも、母体のストレス体験が後成的変容の原因となり、遺伝子発現にも影響する可能性が指摘されている。[*7]

そして、こうしたメカニズムの1つが「DNAメチル化」と呼ばれる化学反応で、基本的には遺伝子発現を抑制する。また、「ヒストン修飾」と呼ばれる化学反応は、遺伝子の転写を誘導する。リボ核酸に関わる反応も遺伝子発現に影響することがある。これらの後成的変容は、脳だけでなくシステム全体に作用し、動物の環境適合に必要である場合は適応するが、取り巻く環境に必要でない場合は不適応状態となる。

母体のストレス体験はまた、胎児の神経系とホルモンに影響を与えることがあり、出生後もその影響が継続する可能性がある。また、出産前ストレスが出産後の子どもの行動に影響することもある。たとえば、妊娠中の母猫が満足に食事できないストレスに悩まされると、生まれてきた子猫に平衡障害や母猫との交流欠如など、行動発達の異常が発現するのだ。[*8]

生後2~3週間の時期における母犬による子育て行動も、子犬が成長したときのストレスや不安障害に関与することがある。子犬は耳が聴こえず目も見えない状態で生まれてくる。そのため、生後2~3週間までの子犬に対する母犬の行動がとても大きな意味を持つのだ。母犬は子犬におっぱいを与えるだけでなく、お尻を舐めて排尿や排便を促し、危険から守り、まだ体温調整がうまくできない体を自分の体温で温め、鼻を押し付けたり体を舐めたりして子犬たちと触れ合う。

やがて子犬はきょうだい同士で遊ぶようになり、そのうち周囲を探検し始める。スウェーデン軍の軍用犬として育てられるジャーマンシェパードの22腹の子犬たちを対象に行われた調査では、母犬による世話――実験では子犬を箱に入れて、母犬たちが子犬と接触し世話する時間を計測した――が、やがて子犬が成長したときの高い社会性と、より活発な身体的活動に寄与することがあきらかになった。[*9]

また別の調査では、生後3週間までに母犬による世話をより多く受けた子犬は、生後8週間で早くも探索行動が見られ、ストレスレベルも低いことがわかった。[*10]

もちろん、トラウマ体験が恐怖の原因となることもある。『フロンティアズ・イン・ベテリナリー・サイエンス』に掲載されたアンケート調査によると、多くの人が愛犬の問題行動はトラウマ体験によるものと考えており、特に2度以上トラウマを経験している場合には、その傾向がより色濃く表れていたという。[*11] 犬のうち43%は、飼い主が変わる、シェルターに入れられる、1日以上迷子になる、家族に変化が起こる（子どもが誕生する、家族の誰かが引っ越しするなど）、外傷を負う、長期的な病気で苦しむ、手術を受けるなど、トラウマになるような出来事を少なくとも1つは経験していて、長期的なストレスによって健康を害されていることが多かった。

トラウマ体験の要因のいくつかは、飼い主が排除することができる。たとえば、迷子にならないようにリコールを徹底的に教えたり、首輪にIDを付けたりするなどの対策が考えられるだろう。しかし、ここまでの調査結果からは、犬がトラウマとうまく付き合えるようサポートすることの重要性もうかがえる。

5章で、飼い主は動物病院で犬が恐怖を感じているときのサインを認識しづらいという話をした。『プロスワン』に掲載された調査によると、ベテランのドッグトレーナーやトリマーなどは、実際に犬に触れて長年積んできた経験が、恐怖を示すサインの認識に役立っているという。[12]犬を扱う専門家は、犬の体のさまざまな部分に注意を払っているため、あらゆるサインを目にしてその意味を理解するようになるのだろう。犬に関わる職業に携わっている人は特に、一般の人たちよりも耳の動きに注目していた。目、耳、口、舌はすべて、恐怖心を読み取るときに役に立ってくれる。残念ながら、たんに犬を飼っているだけでは十分な経験値とは言えないようだ。

動物病院を訪れるのと同じく、犬は花火などの大きな爆発音にも恐怖を感じることがわかっている。ある大規模調査で、愛犬に音に対する恐怖心があるかと飼い主に尋ねたところ、「ある」と答えたのは25％の人たちだった。[13]しかし、一部の人を対象として行ったより詳細なインタビュー形式の調査で、掃除機や花火などの大きな音に対して、愛犬が震えたり、飼い主の姿を探したりするなどの行動反動が見られるか尋ねたところ、49％の人たちが、大きな音に恐怖反応を示すと答えたという。そのうちの43％が音に反応して震える、38％が吠える、35％が人の姿を探すと回答した。音恐怖症を克服するために専門家の助けを借りることもできるのに、音を怖がることをさしたる問題とは考えておらず、専門家に相談しない人が多いというのが現実だ。

愛犬が恐怖心を抱えている場合、安心させることが先決となる。恐怖に向き合わせようとしても、事態を悪化させるばかりだ。嫌悪療法（3章）に基づくトレーニングを行っていたなら、ただちにそれを止めること。そのような方法はストレスを増大させてしまうだけだ。犬をなだめて安心させられるならそれもいいが（ただしすべての犬がそれを求めるわけではない）、長い目で見て有効な戦略についても考えるべきだろう。長期的な戦略には、行動の矯正や、治療が必要かどうか獣医師に相談することなどが含まれる。

咬みつきなどの攻撃行動を防ぐために飼い主の責任に根ざした取り組みを

攻撃行動は、咬みつき行為だけを意味するものではない。『アプライド・アニマル・ビヘイビア・サイエンス』に掲載された調査[*14]において、攻撃行動は「吠える」「突進する」「唸る」「咬みつく」と定義されている。この調査に参加した犬の飼い主のうち、愛犬が家族に対して攻撃的だと答えたのは3%、家の中へ入ってきた見知らぬ訪問客に対して攻撃的だと答えたのは7%、外で出会った見知らぬ人に攻撃的だと答えたのは5%だった。

そして、この3つの回答すべてに同じ犬が入っているわけではない。たとえば、ある犬は家族に対して攻撃的だが、家庭内でも外であっても見知らぬ人には攻撃性を示さないという。つまり、あるシチュエーションで攻撃的になる犬でも、その他のシチュエーションで攻撃的になるとは限らないということだ。ただし、明確な脅威を感じるようなシチュエーションでは、どんな犬でも咬みつく可能性が大いにあるということを忘れてはならない。

残念ながら、カナダ、米国、英国では、特定犬種規制法（BSL）が施行されている。これは特定の犬種の飼育を規制したり禁止したりするもので、犬が人やほかの動物を襲う被害を減らすという目的がある。カナダのオンタリオ州ではスタッフォードシャーブルテリア、アメリカンピットブルテリア、そして「それに酷似する外観的特徴及び身体的特徴を持つ犬」を含むピットブルの飼育が禁止されている。[*15]

米国の一部地域では、チャウチャウ、ジャーマンシェパード、ロットワイラー、ドーベルマンピンシャー、アメリカンスタッフォードシャーブルテリアの飼育が禁止されている。[*16] しかし、こうした規制法が人々に、一部の犬種は「危険」で、その他の犬種が「安全」だという誤解を与えてもいるのだ。

英国では、1991年に4つの犬種（土佐犬、ドゴアルヘンティーノ、ブラジリアンガードドッグ、ピットブルテリア）の飼育が禁止されたが、犬による咬傷事故の件数は増加の一途をたどり、王立動物虐待防止協会をはじめとする団体がBSLの廃止を求めて運動を起こす事態となった。[17] アイルランドでも犬咬傷で入院する事案が増えている現状から、BSLがそのリスクを助長しているのではないかと懸念されている。[18]

デンマークのオーデンセで行われた犬咬傷に関する調査では、特定の犬種の飼育を禁止したところで何も効果は見込めず、また公共の場で口輪やリードの着用を要請しても意味がないことがわかった。また、事故のほとんどが公共の場ではなく、私的空間で発生しているという事実も浮き彫りとなった。[19] BSLの効果は証明されていない。それでも、愛犬がBSLの対象となる犬種であれば、その犬に行動上の問題がなくても飼い主は罰せられるのだ。

ある調査では、英国と米国で「ピットブル」として分類されてきた犬が、じつは複数の品種に分かれることが判明した。[20] こうした犬種の分類の難しさから、咬みつき行動がどの犬種に見られるのか、正確な情報は得られていない。

BSLとは対照的に、カナダのアルバータ州カルガリーでは2000年、飼育者の責任に根ざした指針が設けられ、犬による咬傷事故の減少に一定の成果を上げた。[21] この「カルガリー・モデル」では、特定の犬種の飼育を禁止するのではなく、犬の安全についての社会啓蒙活動と、飼育許可（ライセンス）の徹底や規制の強化に焦点を置き、飼い主には倫理的に問題のない場所から犬を迎えること、去勢手術または避妊手術を受けさせること、社会化とトレーニングを行うこと、逃走や迷惑行為をさせないことを要請している。
犬または猫に対する咬傷や攻撃行動による事故については市へ報告する義務があり、犬の行動で苦情が発生したときには、問題を解決するためのトレーニングなど、犬の飼い主に対するサポートを行う。このモデルが施行されてからというもの、カルガリーの人口が大幅に増加する一方で、1985年に2000件だった犬の攻撃による事故件数が、2014年には641件にまで減少した。うち咬傷事故は244件に留まっている。[22]
咬傷事故を防ぐ取り組みの障害となるのが、人々が自分に危険が及ぶとは思っていないことだ。最近では、飼い主は〝犬から食べ物を取り上げられるほどの信頼関係〟が必要だと信じているようだが、これはひと昔前には考えられなかったことだろう。犬に咬まれたことのある人たちにインタビューを行ったところ、その多くが「自分は大丈夫」という根拠のない思い込みがあり、愛犬を信じ切っていたことがわかった。[23]
犬が人に咬みつく前段階として、突進する、吠える、唸るなど、攻撃行動の前触れが見られる。[24] 愛犬にこのような行動が見られれば、すぐにでも専門家に相談したほうがよいだろう。過去の調査から、嫌悪療法によるトレーニングが攻撃行動につながるという相関関係もわかっている（これが正の強化を用いたトレーニングを選択するべき理由の1つである）。[25]

分離不安の動揺は直せる
焦らず時間をかけたプログラムを

分離不安を抱えた犬は、飼い主と離ればなれになるとひどく動揺する。彼らが見せる不安のサインとしては、物を噛んだり引っかいたりする破壊行動、飼い主が出て行ったドアへの接近、クンクン鳴く、吠える、遠吠えをするなどの発声、あるいはストレスによる排尿や排便などがある。[*26] こうしたサインは、飼い主が出かけてから数分以内に起こるものだが、飼い主が外出の準備をしているとき（靴を履くなど）にもすでに不安のサインが出ていることもある。

飼い主が不在のときに犬が破壊行動に出てしまう理由はほかにもある。退屈を持て余しているのかもしれないし、飼い主の留守中に何か怖い出来事が起こったのかもしれない。原因をあきらかにするために見守りカメラを設置するといいだろう。

飼い主にとって救いなのは、分離不安は直すことができるということ。ただし、それには時間と労力が必要だ。ある臨床試験で、分離不安を抱えた犬を対象に、飼い主の不在時間を徐々に延長していく12週間の標準プログラムを実施した。[*27] このプログラムには投薬治療は一切含まない。すると、プログラムを受けなかった犬にまったく改善が見られなかったのに対し、プログラムを受けた犬には不安障害の改善が見られたという。

それぞれの犬に合わせてプログラムを設計すれば、さらなる効果が期待できるだろうし、それが不安障害の治療のあり方と言えるだろう。[*28] 不安障害の治療には、獣医師や行動療法士が処方した投薬が含まれることもある。

食べ物、エサ皿、ベッドなどを守ろうとする「リソースガーディング」は不安の表れ

リソースガーディングとは、食べ物、エサ皿、犬用ベッドなど、自分にとっての〝資源〟(リソース)をほかの犬や人から守る(あるいは守ろうとする)行動だ。これは資源が取り上げられることへの不安の表れであり、資源が乏しかった時代からの進化の名残だと考えられる。リソースガーディングは、早食いや取り上げ回避の戦略(別の場所へ持って行く、体の向きを変えてガードするなど)、威嚇や攻撃の行動などを伴う。

『アプライド・アニマル・ビヘイビア・サイエンス』に掲載された調査によると、犬のリソースガーディングの動画を見た人たちは、あからさまな攻撃(咬みついたりする)のサインを認識することができたが、それ以外のサインにはなかなか気づくことができなかったという。[*29] リソースガーディングのサインとしては、早食いや取り上げ回避の戦略よりも、身構える、唸る、歯

をむき出す、体を硬直させるなどの威嚇行動のほうが多く見られた。

こうしたサインを認識できれば、犬が攻撃行動に出る前に対処することができるだろう。ドッグトレーニングクラスを受講した人や十分な経験を積んだ人たちは、攻撃行動以外のサインも認識することができた。つまり、飼い主側の教育にも大きな意味があるということだ。

調査によると、シェルターでリソースガーディングが見られた犬も、里親の家に迎え入れられたときに必ずしも同じ行動をするとは限らないようだ。裏を返せば、シェルターでリソースガーディングをしなかった犬が、新しい住まいで突如その行動を見せるようになる可能性もあるということだ。[*30]

こうした事情から、シェルターではリソースガーディングの実験はあまり行われていない。食事中の犬からエサ皿を取り上げると、リソースガーディングがより深刻化し、またより頻繁に見られるようになるため、けっしてやってはいけない。[*31]それに対して、食事中の犬のエサ皿に直接、ちょっと特別なフードを足してあげると、リソースガーディングを和らげることができるだろう（ただし、あまり深刻なケースでは安全のためにやめておいたほうがいいだろう）。

リソースガーディングの解決策としては、誰かが資源に接近して取り上げても問題ないと犬に教えること（脱感作を伴う拮抗条件付け）、資源を離すことを覚えさせること、リソースガーディングと同時進行できない「おすわり」などのトレーニングを行うこと（対立行動分化強化）などが挙げられる。

犬のサイン（動きを止めるなど）は見逃しやすいもの。だからこそ、専門家の手を借りることもときには必要だ。

トイレトレーニングにはごほうびを怒鳴ったり罰を与えたりは完全に逆効果

犬には家の中を汚さないよう教えなければならないから、トイレトレーニングは絶対に避けて通れない問題だ。

トレーニングでは、家の中で用を足さないように、何度も外へ連れ出さなければならない。特に子犬は長時間おしっこを我慢することができないので、30分ごとに外へ用足しに連れて行く必要がある。トイレに付き添って、おしっこやうんちができたらすぐにごほうびを与えることも大切だ。そのために、いつでもごほうびを与えられるよう常に携帯しておく。

家の中で粗相をしてしまった場合は、酵素クリーナーで完全ににおいを除去すること。犬は人間の何倍も鼻が利くことをお忘れなく。クリーナーを使用する前に、自宅のフローリングに使用しても問題ないかパッチテストを行うのが安全だ。

残念ながら、犬が家の中で粗相をしたとき、怒鳴りつけたり罰を与えたりする飼い主もいる。

それは本質的にトイレトレーニングからはほど遠い行為だ。怒鳴りつけ、罰することによって何が起こるか想像してみてほしい。飼い主の前で用を足すことに不安を覚え、飼い主がいなくなるまでトイレを我慢し、不在を見計らって家の中で排泄するようになるのだ。

また、トイレの問題には健康上の問題が隠れていることもある。トイレトレーニングができている犬が家の中で粗相をしてしまったときは、必ず獣医師に相談すること。小型犬はトイレトレーニングが難しいと言われるが、その理由はわかっていない。[*32]

問題行動には愛犬に寄り添う気持ちをトレーナー、行動療法士、獣医師のサポート

愛犬に問題行動が発生したときは大きな苦難を感じるだろう。そんなときこそ、飼い主は自分自身のことを大切にし、問題に対処できるだけのエネルギーを取り戻すよう努めなければならない。また、愛犬の行動が悪意や頑固さの表れではないことを忘れず、愛犬に寄り添う気持ちを持ち続けることも大切だ。

本やウェブサイトなど、役立つ情報を紹介している媒体はあるが、間違った情報も散見されるので注意が必要だ。ドッグトレーナーの助けを要請するなら、認定を受けたトレーナーを探

すようにする（3章）。ウェブサイトなどから、専門家団体に登録しているか、また、報酬ベースのトレーニングを採用しているか、プロとして向上心を持って取り組んでいるかなどの情報を収集して、信用できるトレーナーを選ぶ。

獣医師から行動療法士を紹介されることもあるだろう。行動療法士は問題行動の矯正を専門とする獣医師で、向精神剤を処方することができる。

問題行動の裏に基礎疾患が潜んでいることもある。犬は具合が悪くても、それを私たちに言葉で伝えることができない。室内で粗相をするなど普段見られない行動が突如として表れたときには、必ず獣医師に相談し、原因となる疾患が隠れていないか調べてもらう必要がある。最近行われた調査では、後天的に音恐怖症を発症した犬が、なんらかの痛みを抱えている可能性を指摘している。[*33] 健康問題への適切な対処が、多くの問題の部分的あるいは全体的な改善につながるかもしれない。

幸い、どんなタイプの問題行動も正しい対応によって改善することができる。不安感、リソースガーディング、恐怖心からくる攻撃行動などの問題行動があり、獣医行動療法士の診療を受けている犬を調査したところ、多くの犬が良好な経過をたどっていた。[*34] 専門家に相談する前には、飼い主の36%が譲渡か安楽死を考えていたと言うが、専門家に相談して3カ月後にそのいずれかを実行した人はわずか5%だった。

こうした調査結果から、犬の問題行動以外にも、飼い主側の問題や環境に関わる問題が、譲渡や安楽死の危険因子になることがわかった。調査論文の共著者の1人であるカルロ・シラクサ博士はこう話してくれた。

「データから、飼い主側がトラウマになるような分離経験も危険因子になることがわかりました。たとえば、愛犬を失う、子どもが大学進学で家を出て行く、大切な人を亡くすなどといった出来事は、心理的に大きな圧力がかかります。死別や別離を悲しんでいるときには、問題の影響をより深く受けてしまうものです」。シラクサ博士はさらに続ける。

「新しく迎えた犬が健康で、問題行動もなければ、飼い主は順調に犬との時間を過ごすことができるでしょう。しかし、犬を迎えたときに飼い主が負の影響を受けやすい状態にあり、悲しみを乗り越えるための癒しを犬に求めていたのなら、犬に問題が発生したときにはそれを許容できるだけの力がありません。トラウマ的体験によって自身の共感性が損なわれているからです」。博士は、犬の問題行動が飼い主と犬の関係性にも影響を及ぼすと言う。

「問題行動のせいで、犬が飼い主の理想と大きくかけ離れてしまうというのはよくある話です」と博士は続ける。「犬との関係を『こんなはずじゃなかった』という飼い主も珍しくありません。たとえば攻撃性の問題がある場合、特に家族を攻撃する、薬を飲ませられない、世話が困難であるといった問題は、犬が拒絶される危険因子となるのです」

また、シラクサ博士によると、行動療法士が犬の問題行動の背景に不安感や恐れがあることを飼い主に説明しても、「飼い主によっては『ええ、それはわかっていますが、こんな関係を求めていたわけじゃないんです』の一点張り」なのだと言う。飼い主の思いどおりにいかないことが、問題行動に対処しなかったり、犬を見捨てたりする理由になってしまうのだ。博士は、家庭での取り組みがうまくいかなかった場合は獣医師に相談し、行動療法士を紹介してもらうことを勧めている。

シラクサ博士によると、行動療法士によるサポートには、犬への投薬、飼い主に対する犬の行動についての教育、ボディランゲージの読み取り、早期の状況緩和のための学習などが含まれる。博士は最後に、問題が非常に深刻な場合の対処について、こんなアドバイスをくれた。「犬が誰かを咬んでしまったなど、特にストレスのかかる状況下で選択を強いられるとき、その出来事の影響が残るうちは安楽死や放棄などの決断をするべきではありません。まずは冷静になり、理性的に考えることを心がけましょう。行動療法士は犬の行動をすべて直してくれるわけではありませんが、飼い主が問題に対処できるようしっかりとサポートしてくれます」

シラクサ博士たちの調査からわかるのは、犬の問題行動に対して適切に対処することが、飼い主が犬を手放すことを防ぎ、犬の命を救うことにつながるということだ。

問題行動だけが犬の懸念事項というわけではない。恐怖心や不安感、健康上の問題もまた、犬が学習したり、エンリッチメントを享受したりする機会を制限してしまう。犬にとっては、安心感と統制感が重要事項なのだ。罰を用いるトレーニングをやめるなど、犬に安心感を与えるための配慮こそが、問題行動への正しい対処法となる。

私は数年にわたり、恐怖心に苦しむ多くのシェルター犬と向き合ってきた。その際は、犬が安全と感じる距離を保っておやつを投げ、できるだけ小さく身をかがめ、視線を合わさず、犬のほうから近寄ってきてくれるのをじっと待つ。そして犬には、私と一緒に犬舎で過ごすか、ベッドの下に隠れるか、犬用ドアから外へ出るか、あるいは、ドアの向こうからこちらを覗いたり、ドアから頭だけ出してチキンのかけらを食べたりするなど、いくつか選択肢を与える。

やがて、恐怖で心を閉ざしていた犬が、ようやく私のそばで横たわることを選んでくれた瞬間、私の心は喜びで震える。でも、私は体を動かさないよう密かに耐える。私の役割は、犬を安心させることだから。

［まとめ］
家庭における犬の科学の応用の手引き

- 愛犬の妊娠中は、ストレスを与えず安心感を与えられるよう、普段の習慣をそのまま継続する。母犬の安心感が、生まれてくる子犬の行動の健全性を育む。
- 愛犬の気持ちを読み取れるよう、恐怖心、不安感、ストレスのサインを学ぶ（尻尾を後ろ脚のあいだに巻き込む、低い姿勢を取る、体が震える、人の姿を探す、隠れたりあとずさったりする、など)。

・行動に急な変化が表れたときは、獣医師に相談する。健康上の問題が背景に潜んでいる可能性がある。

・愛犬に問題行動が見られても罰を与えてはいけない。罰を与えても犬に正しい行動を教えることにはならないし、犬の安心感を阻害するだけだ。

・愛犬を安心させることを最優先する。恐怖心を抱いたままの犬には、いくらポジティブ体験の機会を与えても十分に活かすことができない。

・愛犬に問題行動が見られたら、自分一人で解決しようなどと考えないこと。できるだけ早くサポートを求めれば、問題の深刻化を防ぎ、早期の改善が期待できる。専門家のアドバイスと対処が大いに役立ってくれるだろう。

14章　シニア犬と障害を抱えた犬

SENIORS AND DOGS WITH SPECIAL NEEDS

はしゃぐボジャーも立派なシニア犬
ゴーストは早くに落ち着いて

ボジャーも今や老犬の部類に入る。本当にあっという間に時が経ってしまった。どうしていつまでも若いままでいてくれないの!? でも、ボジャーは変わらずハッピーなままだし、今も軽やかに飛び跳ねている。それに、牧畜犬らしさも健在で、家族全員に目を配っては誰がどこにいるか把握しようとするし、みんなが集まって過ごすと満足そうにしている。

ボジャーはこれからもずっと無邪気にはしゃぎ続けるだろう。それでも、通りを自転車が走ってくるとか、誰かが鍬（くわ）をかついで歩いているなど、興奮してもおかしくないような状況に直面したときには、ボジャーはきちんと座ってごほうびを待つことができるのだ。

ときどき私はボジャーを楽しませたくて、飛び跳ねたり踊ったりしてふざけて見せることがある。するとボジャーは眉を上げ、耳をピンと立て、なんとも愛らしい表情を作って見せる。そして、急に立ち上がったかと思うと、大急ぎでお気に入りのロープを取ってくるのだ。

ボジャーが落ち着くなんて想像できない。だけど、ゴーストはあまりにも早く落ち着いてしまった。うちにやって来たときから抱えていた健康上の問題のせいで、落ち着くことを余儀なくされたのだ。車の乗り降りがきつくなると、私たちはゴースト用のステップを用意した。歩くペースもゆっくりだし、長い距離は歩けない。ゴーストにはゴーストのペースがあるから、どんどん先を急ぎたいボジャーとは、いつも一緒に散歩できるわけではなかった。

毎日が同じことの繰り返しだった。私たちはほとんど家を空けることはないから、ゴーストが一人になることはほとんどなかった。ゴーストは大型犬に生まれてきてしまった。大型犬は年を取るのが早いのに。

人間の年の取り方と犬の年の取り方は同じではない。子犬の成長は速く、パピー期は人間の子ども時代の数年間に相当する。しかし、成熟速度は犬の寿命によってさまざまだ。寿命は犬種によって異なり、大型犬になるほど短くなるため、犬種サイズに基づいて分類される。

体重が22・7kgを超える大型種では、6〜8歳でシニア犬に分類され、9歳には高齢犬となる。中型犬や小型犬では、7歳でシニア犬に突入し、高齢犬とされるのは11歳以上だ。つまり、小型犬と中型犬はシニア犬になるのが遅い上に、その期間が長いということになる。

ボーダーコリーの調査では、パピー後期は生後6カ月から1歳、青年期は1歳から2歳、成犬期は初期（2〜3歳）、中期（3〜5歳）、後期（6〜8歳）に分けられ、シニア期（中高齢期）は8歳から10歳、高齢期は10歳以上と分類されている。[*1]

10歳になったボジャーは立派なシニア犬ということになる。

老いることへの多方向からの考察
食事、視力と聴力、内臓疾患、精神的刺激

犬の加齢によって起こる変化は、人間の老化現象と似ている点が多い。そのため、人間の加齢のモデルとして、犬の老化についての研究が多く行われている。

老化は犬の体のあらゆる系統に影響を及ぼす。[*2] 中には、私たちの目にもあきらかな現象もある。毛並みが以前よりツヤを失い、筋肉量が落ち、睡眠パターンが変わり、私たちとの触れ合いにも変化が出るのだ。年を取っても変わらず壮健なままの犬もいるが、たいていの犬は活動量が減り、遊びへの関心が低くなり、散歩に出かけても以前のようにはしゃぐこともなくなる。ほとんどの犬は身体組成に変化が起こり、体脂肪の割合が多くなるが、年を取っても活動量が保たれている場合はこの限りではない。

若い頃と同じくらい活動的な犬を除き、加齢に伴う活動量の減少と代謝プロセスの変化により、老齢の犬に必要なエネルギー摂取量は20％少なくなる。しかし、必要な食事量が減る一方で、必要なタンパク質量は50％も増える。

飲食の習慣にも変化が起こるだろう。フードを完食できなくなり、水を飲む量が減り、嚙む行為が少なくなり、床に落ちたフードを見つけるのが困難になるのだ。

犬が年を取ると、家具の上に飛び乗ったり、車に乗り込んだりするのが難しくなる。毛包(もうほう)(皮膚の内側の組織)に変化が生じて白毛が生えることもある。白毛は特にマズルと顔に出やすいようだ。目は、暗視能力がだんだんと失われ、水晶体核が硬化し、淡青色の混濁が見られるようになる(ただし、この変化によって視力に影響が出ることはない)。

認知に変化が生じる犬もいる。また、飼い主が気づきにくい犬の老化に伴う変化もある。視力の低下や聴力の喪失などがそうだ。特に視力の問題は、聴力が衰えるまで気づかないこともある。その他の変化は目に見えず、獣医師に教えられるまで気づかないことが多い。

高齢になるとガンや心臓血管系の問題、腎臓疾患、歯周病(特に小型犬に多い)、糖尿病などのリスクも高くなる。また、老化によって内分泌系にも影響が出始め、副腎の機能も低下し、ホルモンバランスの乱れからストレスにもうまく対処できなくなる。

飼い主にとって、何が加齢による正常な変化で、何が獣医師に相談すべき問題なのか、判断するのは難しい。獣医師は、どんな問題も早期発見できるよう、年1回の定期検診を2回に増やすなど、通院の機会を増やすようアドバイスするだろう。

たとえ犬が老いても、それまでと同じように、家族の一員として楽しみを共有することが大切だ。『ベテリナリー・レコード』に掲載された記事の中で、ノッティンガム大学のナオミ・ハービー博士が、愛猫をある日失ってしまうことへの恐怖について告白している。

そのときが日に日に近づいているという怖さから、彼女は猫と過ごす時間に向き合えず、愛情にもブレーキをかけてしまったのだという。[*3] それでも猫は変わらず、甘やかされ、愛され、一緒に遊ぶ時間を必要としていた。幸いそれに気づくことができたハービー博士は、猫とできるだけ長い時間を過ごそうと思えるようになったのだ。博士は私にこう話してくれた。

「犬が年を取ると、さまざまなニーズの変化が出てくるかもしれません。しかし、犬が素晴らしい相棒であることに変わりはなく、若くて活動的な犬と同じく、愛するに値する存在なのです」。ハービー博士はさらにこう続けた。

「老犬よりも子犬のほうが里親に迎えられやすいというのは悲しい現実ですし、犬が年を取るにつれて飼い主の愛着が薄れていくという、あまりにも残酷な調査結果もあります。老いていくペットのケアには飼い主にも対応の変化が求められますが、そんなこまやかな寄り添いが、愛犬の生涯に大きな幸せをもたらすのです。歩くことも、走ることも、タグプレイも満足にできないかもしれません。それでも彼らの精神はいまだ活発で、鼻を動かしてにおいの刺激を楽しみ、飼い主とトレーニングや頭脳ゲームで交流できます。長い距離を歩けなくても家に閉じ込めておくことはありません。ペットトレーラーやバギーやキャリーに乗せて一緒のお出かけを楽しみ、同じ景色を眺め、外のにおいを堪能することができるのです」

シニア犬には少し手がかかるかもしれない。それでも大切な家族であることに変わりはない。
◎写真／ジーン・バラード

犬も人間と同じく、年を重ねるとともに注意力が低下する。ある調査では、6歳から14歳を過ぎたばかりのペット犬を、中年期（6～8歳未満）、中高齢期（8～10歳未満）、高齢期（10歳以上）の3つの年代に分けて実験を行った。[*4] 集められたのはボーダーコリー75頭と、ミックス犬を含むその他の犬種110頭だ。すべての犬に2種類の実験が行われたが、どちらも事前のトレーニングの必要がないよう設計されていた。飼い主はアンケートで13種の「生涯訓練」（犬がこれまでに行ってきた訓練）に関する質問に答え、研究者はそれに基づいて犬の生涯訓練得点を計算する。13種の生涯訓練には、パピークラス、オビディエンス、アジリティ、介助犬訓練、狩猟及びノーズワーク、トリック及びドッグダンス、シープドッグ（牧羊犬）訓練が含まれていた。

1つめの実験では、社会的刺激（動く人）と非社会的刺激（動くおもちゃ）を用いて、それぞれの犬の注目と「持続的注意」について調べた。中高齢犬と高齢犬は、中年期の犬と比べて、刺激に視線を合わせるまでに時間がかかった。また、すべての犬がおもちゃよりも人の動きを長く見つめた。持続的注意は年齢とともに低下し、高齢犬ではもっとも低くなった。しかし、生涯訓練得点の高い犬は、生涯訓練得点の低い犬よりも、刺激に対して高い持続的注意が見られた。

2つめの実験では「選択的注意」に着目。それぞれの犬が5分間のクリッカートレーニングを受けた。実験者が犬を呼んでソーセージのかけらを床に投げ、犬がアイコンタクトをするたびに、実験者はクリッカーを鳴らしてさらにソーセージを投げる。犬が興味を失えば、ビニール袋をカサカサと鳴らす（犬の気を引くもっとも効果的な方法だから！）。このタスクでは、犬はアイコンタクトから床に落ちたフード探しに関心を切り替えなければならない。犬は人間と違い、選択的注意に年齢の影響は見られなかった。

生涯訓練得点が高い犬と、クリッカートレーニングの経験があった犬は、生涯訓練得点が低い犬やクリッカーの経験がなかった犬よりも、アイコンタクトが速かった。年齢が上がるにつれて床に落ちたフードを探すのにてこずり、高齢犬がもっとも時間がかかった。これは犬の老化についてのこれまでの調査結果と一致している。

フードを探す時間に生涯訓練による差は出なかったが、クリッカーの経験があった犬は、クリッカーの経験がなかった犬よりもフードを見つけるのが速かった。クリッカートレーニングを経験していた犬は、クリックを聞いてフードを探すことに慣れていて、フードへの期待感がより強かったものと考えられる。

これらの結果を見ればわかるように、クリッカートレーニングはほかの訓練にも貢献しており、その効果を切り離して考えることはできない。すべての犬が5分間のクリッカートレーニングを通じて、アイコンタクトが上達した。つまり、年を取った犬でも、新しいトリックを教えられるということだ。

同じ研究チームはまた、テレビゲームがシニア犬の精神的刺激の材料として機能し得る点にも注目している。さらに、実験用ビーグルによる調査では、エンリッチメントの強化と食生活の改善が、少なくとも短期的に、認知的加齢を遅らせることがあきらかになった。

認知機能障害を持つペット犬に行われた臨床試験では、栄養補助食品を与えると、プラセボ食品〔訳註：見た目や味や香りが同じで、栄養補助の機能成分を含まない食品。飼い主にはプラセボ食品であることは知らされない〕を与えた犬よりも人との社会的交流が増え、粗相の減少や見当識障害（時間や場所がわからなくなること）の軽減にもつながることがわかった。[*5]

別の調査では、9歳から11歳半の犬に、普通食か、「脳機能保護混合食」と呼ばれる特別食（魚油、ビタミンB、抗酸化物質、L－アルギニンを含む）を与えた。[*6] その結果、普通食の犬よりも、特別療法食の犬のほうが、一部の複雑な学習タスクをうまくこなすことができたのだという（ただしそのほかのタスクではそうでもなかった）。

加齢によって愛犬の行動に変化が見られれば、獣医師に相談すればいいだろう。しかし、それまでに食生活の改善を試してみる価値はありそうだ。

ドッグトレーナー・アカデミーのジーン・ドナルドソンは、シニア犬が快適に過ごせるよう、獣医師による健康チェックを定期的に受けることが大切であり、「身体的快適性はシニア犬にとって非常に重要な要素になる」と言う。

「また、シニア犬だからといって、行動の健全性をないがしろにしてほしくはありません。犬が若いうちはエンリッチメントや刺激や運動が不足するとそのツケが回ってくるから、なんらかの対策を取ろうとするでしょう。シニア犬は、若い犬よりもほんの少し寛大であるばかりに、与えられるべき機会も与えられていないように思うのです」

さらにドナルドソンは続ける。「私が考える非常に深刻な過ちは、シニア犬にお友だちが必要だからと、あるいは暇つぶしにと、子犬を簡単に飼うことです」。ドナルドソンによると、シニア犬の中には、パートナーを歓迎する犬もいれば、そうでない犬もいるという。「猫だとさほど問題はないにせよ、ほかのペット、特に別の犬を迎える前に、先住の犬のことを考慮しなければいけません。65歳や75歳の女性の家に、ピアスだらけでヘビメタを大音量で聴くような、パーティー三昧の15歳の子どもを同居させようとは思わないでしょう」

ドナルドソンはさらにこう付け加えた。「我慢強く、たまにしか唸らないシニア犬をつかまえて、『気難し屋』などと評価するのはいただけません。犬はシニア期にさしかかると、以前より不安感が強くなり、病弱にもなります。高齢犬こそ優遇されるべきですし、ほかの犬の加入に拒否権を行使できて然るべきでしょう」

シニア犬は一緒に暮らしやすいとはいえ、ニーズはきちんと満たす必要があるのだ。

動物シェルターのコミュニティーは、シェルター犬の数を減らす取り組みで大きな成果を上げてきました。しかし、犬を愛する人が安心して犬と暮らしていけるよう、さらなるサポート体制が必要です。ペットの飼い主をサポートする支援団体の存在がもっと知れわたれば、犬にとって世界がもっと良くなるはずです。

誰しも苦しい時期を経験することはあるでしょう。犬の世話を負担に感じることだってあるかもしれません。幸い多くのコミュニティーで、ペットのための食糧配給、低額での獣医療サービス、経済的に困っている人がペットとともに低家賃で入居できる住宅サービス、などの提供が行われています。しかし、こうしたサービスも、それを本当に必要としている人が、その存在を知らなければ意味がありません。

カニシャス大学の人間動物関係学修士課程の学生たちが、自分たちが暮らすコミュニティーで動物支援団体の情報を集めました。素晴らしい支援の存在があきらかになる一方で、支援そのものにたどり着くまでの煩雑な手順も浮き彫りとなりました。何度も電話をかけたり、メールを何通も送ったり、関係団体を直接訪れたりしなければならないのです。学生たちは、生活困難者は、支援にたどり着けるだけの時間も術も持ち合わせていないのではないかと気づいたようです。

私たちはこのプロジェクトを通して、動物支援サービスと、それを必要とする犬の飼い主を、情報という架け橋でつなぐことこそが、犬にとってより良い世界を実現するための道だと知ることができたのです。

——クリスティー・ホフマン博士

カニシャス大学、人間動物関係学者

特別なケアが必要な犬でもほかの犬と何も変わらない

特別なケアと注意を必要とするのはシニア犬だけではない。障害を持つ犬もまた、一定水準の特別なサポートが必要だ。私が最近出会った黒いラブラドールの子どもは、パピーらしい愛らしさと人懐こさを存分に振りまいていた。目が見えないとは気づかなかったし、ほかの子犬たちと遊んでいるときもそれをまったく感じさせないという。私はこれまでにも視力や聴力を失った犬と出会ってきたが、彼らはほかの犬と何も変わらなかった。

聴覚や視覚に障害のある犬を支える攻撃や興奮することが少ない

聴力や視力を失った犬の行動についてはあまり知られていない。

『ジャーナル・オブ・ベテリナリー・ビヘイビア』に、聴力障害か視覚障害、あるいはその両方を持つ犬461頭の飼い主を対象としたアンケート調査が掲載された。[*7] 飼い主が犬の性格判断システム「C－BARQ」に回答した結果、聴覚障害や視覚障害を持つ犬とそうでない犬とのあいだには、多くの類似点が見つかったという。障害のない犬は、聴覚や視覚に障害のある犬より攻撃的で、より興奮しやすいと評価された。特定の行動には違いが認められた。障害のない犬はウサギを追いかけて食べたり、糞の上で転げ回ったりするものだが、聴覚や視覚に障害のある犬は吠えたり、舐めたり、噛んではいけないものを噛んだりといった行動が多く見られた。

吠える、舐める、噛むというのはすべて、ある種の刺激を得るための行為であるから、そうした行動の違いは障害による感覚入力の欠乏が関係している可能性もある。犬の健康上の問題についての飼い主の回答結果から、健康状態は行動の違いに関与していないことがわかった。

聴覚や視覚に障害のある犬は、耳や目からのインプットの欠落をほかの感覚を用いた行動で埋め合わせていると考えられる。そのため飼い主は、愛犬が満足のいく感覚入力ができるよう十分配慮しなければならない。たとえば振動するおもちゃ、コング、チュートイや、脳を使うトレーニングでエンリッチメントを提供することができるだろう。

聴力や視覚に障害がある犬でも、アジリティ、フライボール（ハンドラーと犬がチームを組んでコースをタイムトライアル形式で競う競技）、オビディエンス、あるいはドッグダンスのクラスまで、さまざまなクラスに参加してエンリッチメントと社会化の機会を得ることができる。耳が聞こえない犬でも、飼い主あるいはハンドラーを頻繁に見ることによって「確認」ができるようになる。調査に参加した聴覚障害犬や視覚障害犬は、組織的なトレーニングを受けていることが多く、その際にはハンドサインやボディサインを多用していた。攻撃したり興奮したりすることが少ないのはこのためだと考えられる。

これらの結果から、聴覚や視覚に障害のある犬もまた、素晴らしいペットになってくれるということがわかるだろう。

身体に障害のある犬を支える幸せな犬生を送れるように

外傷、ガン、その他の理由で断脚術を受け、一部の脚を失った犬もいる。私がこれまで出会った3本脚の犬たちは、とても幸せそうで、犬らしい振る舞いを楽しんでいた。愛犬の断脚を経験した飼い主44人を対象とした調査によると、41頭の犬が術後に高い順応性を見せ、3頭は順応が困難だったという（そのうち1頭はなんとか問題なく過ごせたが、2頭はガンの転移が見られて安楽死が選択された）。[*8]

ほとんどの犬は断脚術から1カ月弱で順応したが、中にはもっと早い順応を見せる犬もいた。

愛犬の断脚術を勧められた際は、飼い主の半数が手術に消極的だったが、術後はほとんどのケースで期待以上の結果が得られている。

特別なケアを必要とする犬も、ハッピーで愛すべきペットになれる。愛犬が年を取ったり、ほかの問題を抱えたりするようになると、獣医師との関係がより重要になるだろう。その際は、5章でお話しした獣医師との関係を構築するためのヒントを思い出してほしい。

愛犬が幸せな犬生を送れるよう、犬のニーズに（変化していくニーズにも）向き合っていこう。

［まとめ］
家庭における犬の科学の応用の手引き

- 年を取った犬はストレスの対処が難しくなるため、ストレスが最小限になるよう配慮する。
- これまでの習慣を維持し、犬と過ごす時間も同じくらい確保すること。たとえ年を取っても、犬は家族との生活から多くの幸せを得るものだ。
- できるだけ質のいい食べ物を与える。犬は年を取ると必要なエネルギー量が低下するが、タンパク質はより多く必要になる。
- 獣医師の診察を受けること。犬が年を取れば取るほど、獣医師による健康チェックを増やす必要がある。どんな問題も年のせいだと片づけないこと。正常な加齢による症状と、治療が必要な病状の判別は、獣医師に任せる。

・年を取った犬や障害のある犬もまた、ほかの犬と同じく豊かなエンリッチメントの機会を必要としている。

15章　最期のとき

THE END OF LIFE

ゴーストは不死鳥のように犬の寿命は短すぎる……

正確な年齢がわからないままうちの子になったゴーストは、やがて健康状態に陰りが見え始めた。調子には浮き沈みがあった。でも、「もってあと2、3週間」と宣告されたときだって、彼は不死鳥のような復活を見せたのだ。

犬の飼い主が満場一致で同意することがあるとしたら、犬の寿命があまりにも短すぎるということだろう。犬の寿命は、中央値を特定するのが難しく、また、さまざまな要因——犬の体格や犬種——も関与するため、平均寿命として一概に示すことが難しい。

犬の生活の質が著しく損なわれていると判断されたときには、自然死で最期を迎えることはまれで、安楽死が選択されることが多い。また、犬が深刻な咬傷を誰かに負わせたときなど（自治体から要請されることもある）、ほかの理由でも安楽死は起こり得る。

犬の平均寿命は小型犬のほうが長い 犬種によっても差が

『プリベンティブ・ベテリナリー・メディスン』に掲載された調査で、アニコム社の保険に加入している犬およそ30万頭のデータから平均寿命を算出したところ、13・7歳という結果になったという。[*1]

同調査では、2010年度に亡くなったすべての犬（4169頭）の死因を分析し、生命表（次ページ）を作成した。体重5〜10kgの犬は平均寿命が14・2歳ともっとも長く、体重5kg未満の超小型犬は13・8歳、体重10〜20kgの犬は13・8歳だった。大きな犬ほど平均寿命は短くなり、体重20〜40kgの犬は12・5歳、40kgを超える犬は10・6歳だった。

生命表には、犬の体格別に各年齢で推定される余命が示されている。超小型犬、小型犬、中型犬は17歳以上のデータがあるが、大型犬は16歳以上まで、超大型犬は13歳以上までとなっている。

調査を実施した研究者によると、保険に対して費用対効果が低い（犬が健康なときなど）と感じた飼い主が契約更新をしなかったケースもあるため、結果的に寿命が低く見積もられている可能性もあるという。犬の死因でもっとも多いのは、ガンと心臓血管系の疾患だった。

犬の体格別 生命表

犬の年齢	超小型犬（5kg未満）余命	小型犬（5～10kg）余命	中型犬（10～20kg）余命	大型犬（20～40kg）余命	超大型犬（40kg超）余命
1歳未満	13.8年	14.2年	13.6年	12.5年	10.6年
1-2歳	13.0年	13.4年	12.8年	11.7年	9.8年
2-3歳	12.0年	12.4年	11.9年	10.7年	9.0年
3-4歳	11.1年	11.5年	10.9年	9.8年	8.1年
4-5歳	10.1年	10.5年	10.0年	8.9年	7.2年
5-6歳	9.2年	9.6年	9.1年	8.0年	6.5年
6-7歳	8.2年	8.6年	8.2年	7.2年	5.9年
7-8歳	7.3年	7.7年	7.3年	6.3年	5.6年
8-9歳	6.4年	6.8年	6.4年	5.6年	5.1年
9-10歳	5.5年	5.9年	5.6年	4.9年	4.7年
10-11歳	4.6年	5.1年	4.8年	4.3年	4.6年
11-12歳	3.9年	4.3年	4.1年	3.8年	4.9年
12-13歳	3.2年	3.5年	3.4年	3.3年	4.9年
13-14歳	2.7年	2.9年	2.8年	2.8年	6.3年（13歳以上）
14-15歳	2.1年	2.2年	2.2年	2.7年	
15-16歳	1.7年	1.7年	1.7年	2.8年	
16-17歳	1.4年	1.3年	1.2年	3.0年（16歳以上）	
17歳以上	1.6年	1.0年	1.2年		

出典／井上舞（2015年）＊2
『プリベンティブ・ベテリナリー・メディスン』（第120巻 第2号）より転載、井上舞、長谷川篤彦、細井悠太、杉浦勝明

英国で、血統書付きの犬の飼い主1万4000人を対象に行われた調査からは、犬の平均寿命が11歳3カ月と算出された。[*3] 14歳まで生きた犬は全体の20％で、15歳まで生きた犬はわずか10％だった。先の調査結果と同じく、大きい犬は小さい犬ほど長く生きられないという結果となった。

中にはかなり長く生きた個体も数頭いた。スタンダードシュナウザーの20歳（犬種の平均寿命は12歳弱）、ボーダーテリアの22歳（犬種の平均寿命は14歳）、キングチャールズスパニエルの23歳（犬種平均寿命は10歳）である。

私のお気に入りの犬種の1つであるバーニーズマウンテンドッグは、平均寿命が8歳と言われている。死亡年齢中央値が7歳以下の犬種は、グレートデーン、シャーペイ、柴犬、アイリッシュウルフハウンド、ブルドッグ、ボルドーマスティフを含む11種だ。一方、平均寿命が13・5歳以上の犬種14種には、トイプードル、ミニチュアプードル、カナーンドッグ、ボーダーテリア、ケアーンテリア、バセンジー、イタリアングレイハウンドなどが含まれる。

しかし、大型犬はどうして寿命が短いのだろう。1つの理由として、大型犬は小型犬と比べて、特定の症状から死に至るケースが多いと考えられる。

『ジャーナル・オブ・ベテリナリー・インターナル・メディスン』に掲載された調査では、米国の獣医教育病院で、2004年までの20年間に亡くなったすべての犬の死因を分析している。[*4] 来院時に死亡したケースと死因不明のケースを除き、およそ7万5000頭の情報が集められた。

全体の五大死因は、消化器疾患、神経疾患、筋骨格疾病、循環器疾患、泌尿生殖器疾病だった。大型犬はガンで命を落とすことが多く、また筋骨格疾病と消化器疾患も多かった。小型犬はガンを患うことが少なく、代謝性疾患で亡くなることが多いようだ。外傷による死亡率は小型犬と大型犬でほぼ同じだった。また、年齢によっても死因に違いが見られた。若い犬は感染性疾患と消化器疾患で命を落とすことが多く、年を取った犬はガンや神経疾患で死亡するケースが多く見られた。

『獣医学ジャーナル』に掲載された調査では、英国におけるペット犬の死因について、獣医学診療86件のデータに基づき分析している。[*5] 3歳未満の死因でもっとも多かったのが問題行動(14・7%)で、消化器疾患(14・5%)、交通事故(12・7%)と続く。サンプル全体の死亡年齢中央値は12歳で、もっとも多い死因は腫瘍(16・5%)、続いて筋骨格疾病(11・3%)、神経疾患(11・2%)であった。

体格別に見ると、同じ体格であれば、ミックス犬は純血種よりも1・2年長く生きていた。これは遺伝子欠陥が少ないためと考えられるが、そのほかにもさまざまな因子が関与していることを忘れてはならない。つまるところ、寿命の違いが生じる原因ははっきりとわかっていないのだ。

平均余命は犬種によっても大きく異なる。小型犬のミニチュアプードルは14・2歳で、ビアデッドコリーは13・7歳という長寿を誇り、大型犬のボルドーマスティフが5・5歳、グレートデーンが6歳と短命である。

そして、この調査で犬の死因の86・4％を占めたのが安楽死だった。自然死が少ないのは、飼い主が犬の保護者として、最善のタイミングで犬を苦しみから解放する義務を負っているからだ。犬と分かち合う時間の中で、これがもっとも難しい瞬間と言えるだろう。

最期の「そのとき」への最善の道主治医との関係を構築しておく

ゴーストのことを話すときは、今でもノドがつかえてうまく話せない。

ゴーストの健康上の問題は腫瘍から始まった。お尻にできた腫瘍を最初に切除しなければならなくなったのは、私たちがゴーストを迎えてわずか2、3週間後のことだった。まず全身の倦怠感が現れて、それから病気が見つかったのだ。

その4年後、お尻に2つ目の腫瘍ができた。その腫瘍を切除したとき、私は獣医師から次はないと通告された。次にまた腫瘍が現れたときは、位置的な問題と便失禁のリスクから手術はできないというのだ。病気をしてから、ゴーストは便意を催すと我慢することができなくなった。近くに私たちがついておらず、外へ連れ出してやることができないとき、ゴーストは家の中で排便してしまう。これがゴーストを静かな悲しみへと追い込んだ。私たちは何も言わずに後始末をしたのだけれど……。

ゴーストの活力には波があった。ある日は調子がいいけれど、あくる日にはまた元気をなくしてしまうのだ。それでもゴーストは散歩に行きたがった。歩みは前より遅くなったけど、あらゆるにおいに対する好奇心は失われていなかった。お気に入りの川辺へ連れて行くと、いつまでも車へ戻ろうとはしなかった。あんまり遠くまで歩いていっては、1日分のエネルギーをすっかり使い果たしてしまうんじゃないかと気を揉んだものだ。

ゴーストは変わらず日課をこなし、お薬を飲まないといけないときは、チーズやサラミの中にそっと忍ばせて、ゴーストがちゃんと飲み下せるように私たちの手から食べさせるようにした。すると、ゴーストはだんだんとチーズとサラミを怪しむようになった。そんなわけで、私たちはまず100%混じりけなしのチーズやサラミを差し出して、ゴーストの納得がいくまでにおいを嗅がせて食べさせてから、抗生剤やステロイドを仕込んだ別のかけらを紛れ込ませて食べさせたのだった。

そんなこんなでいろいろあったものの、とにかくゴーストは幸せそうだったのだ。なのに、また、ゴーストのお尻にしこりが現れるなんて……。

「そのときがきたらわかる」と、人は言う。でも、大切な犬にできるだけ長く生きてほしいという思いと、これ以上苦しんでほしくないという思いのはざまで、どう正しい判断を下せというのだろう。そして、物言わぬ愛する者の思いを、どう汲み取れというのだろう。

病状が徐々に悪化していく場合は、病気の進行とともに飼い主もそれを受け入れ、状況の捉え方も変化していくかもしれない。でも、安楽死の決断は簡単なものではない。飼い主はときに、正しいことをしたと頭ではわかっていても、命を奪ってしまったという罪の意識にさいなまれる。それでも私たちは、かけがえのない愛する犬のために最善を尽くすしかない。

そのためにも、獣医師と最善の道について話し合う必要がある。複数の治療方針（尽くせる手が残っていれば）を検討するかもしれないし、あるいは緩和ケアで余生を送るという道を選ぶこともあるだろう。

主治医との関係を構築しておけば、こうした話し合いでも役に立つはずだ。このような話は、「そのとき」のことをあまり感情的にならずに考えられるうちに始め、犬の生活の質について判断が求められることを事前に知っておくといい。そうすれば、そのときを迎えた際に、獣医師の元へ連れて行くか、獣医師に自宅へ来てもらうか（かかりつけ医が対応してくれる場合）など、あなたと愛犬にとって最善の道を選ぶことができるはずだ。

安楽死の決断を迫られるときは、自分自身や家族の死と重ねて考えてしまったりして、まっすぐ向き合うのが難しいかもしれない。その決断には、私たちの感情も必然的に関わってくる。その一方で、犬の状態によって飼い主の生活がままならなくなることも起こり得る（家の中での粗相が多くなる、症状によって犬の行動が変わり、気難しくなったり扱いづらくなったりするなど）。

早い段階で安楽死を望む人もいるだろうし、たとえペットの生活の質が著しく低下したとしても、できるだけ安楽死を先延ばしにしたいという人もいるだろう。[*6]
その議論の根底には、私たち自身の倫理感と、私たちの目から感じる、犬の生活の質がある。

愛犬の生活の質と選択肢
緩和ケア、延命治療、あるいは……

「QOL尺度」（P226）は、愛犬の生活の質を向上させる方法を考え、また、価値のある生活を送れているかどうかを判断するためのツールだ。ただし、『獣医学ジャーナル』のレビューでは、これらの尺度の多くが、変形性関節症、脊髄損傷、あるいはガンによる痛みなど、特定の健康状態のために設計されたものだと指摘している。[*7] 実際に生活の質を明確にするような設問はほとんど見当たらない。

このようにQOL尺度は、特定の病状による影響を評価するツールとして重用されるが、一般的な生活の質を評価するという、より包括的な側面も持っている。さらなる研究は必要だが、レビューによると、飼い主や獣医師が特定の犬のQOL評価に役立てられそうな項目もいくつかあるようだ。

ホスピスケア、または緩和ケアは、犬が自宅でできる限り快適に過ごすことを目的としている。獣医学診療には緩和ケアを専門とするものもあり、犬を飼う家庭を訪問して生活の質の現状を評価し、改善のための対応や、ケアのためのリフォーム（犬が上り下りしやすいよう階段をスロープに作り直すなど）についても話し合う。緩和ケアでは、愛犬が残された最期の数日、あるいは数週間を家族とともに安らかに過ごし、家族は愛犬を自宅で看取ることができる。[*8]

腫瘍緩和的放射線治療を受けている犬を対象としたある調査では、飼い主の79％がこの治療法を選択して満足していると答え、78％がペットの生活の質が向上したと回答している。しかし、18％の人が、この治療で病気が治癒するかもしれないという希望を持ち続けていた。[*9] 延命治療には、延命による苦しみの延長という難しい問題もある。緩和ケアにおいても、それが最善と判断されれば、安楽死が選択されることもある。

獣医師のエイドリアン・ウォルトン博士は、年老いたペットや慢性的な不調を抱えるペットがいる場合、安楽死が持つ2つの要素に目を向けるべきだと語る。

「ペットの生活の質だけでなく、飼い主にも守られるべき生活の質があります。獣医師として私がお伝えしているのは、私の仕事はペットの命を救うことではないということ。私の役割は、飼い主のペットとの関係を救うことなのです」。ウォルトン博士はさらに続ける。

「ペットが腎臓疾患や糖尿病、心臓疾患を患った場合、投薬の影響でところかまわず排尿したり、頭が混乱したり、もはやペットとしての姿を失ってしまうこともあるでしょう。そうなると、飼い主はペットがこの段階を迎えてしまったことに感情的になり、多大なストレスを受け、良くない影響が出てしまいます。飼い主だけではありません。ペットもまた飼い主の感情的な影響を受けることになるのです……。腎臓機能が低下して粗相をしてしまう犬が、洗濯室やバスルーム、あるいはガレージなどに隔離されるのはよくある話です。しかし、ペットからすれば、家族とのつながりを突如断ち切られたことになります。非意図的なネグレクトが起こってしまうのです。もしも、今の状況が生活にマイナスの影響を与えているのなら、安楽死を視野に入れるべきでしょう。一方、ペットにとっては、単純に具合の悪い日が調子のいい日より多くなったときが、安楽死を考えるべきときなのです」

安楽死への苦渋の決断 あなたと家族が選んだ道が正しい道

治療を始める（あるいは続ける）か、安楽死を選ぶかという決断は時として難しいものだ。もちろん、病状が急激に悪化したり、交通事故で重体に陥ったりしたときなど、選ぶべき答えがはっきりしているケースもあるだろう。しかし、そうでない場合は、倫理的観点からも、正しい答えが複数あるように思えてくる。

『スカンジナビア獣医学行為ジャーナル』に掲載された調査では、こうした状況の分析が行われた。[*10] 獣医師のカルテに安楽死について話し合った旨が記載されているペットを抽出し、その飼い主12人にインタビューした。すると、過去8カ月のあいだに安楽死させられた犬もいれば、今でも治療を受け続けている犬もいたという。症状としては、てんかん、糖尿病、喘息、認知症、ガンがあった。

ペットが突然苦しみ始めたときや、病状が急変したとき、また、そのような状況下で飼い主が困難を感じるときや、それ以上手の施しようがないという局面では、飼い主は決断への迷いが消えていくと感じていた。しかし、病状が徐々に進んだり、調子の良い日が具合の悪い日を上回ったりすると、線引きのタイミングを見失ったり、前日やほかの日の病状と比較して、その日を選ばなければならない理由が見つからずに苦しんだりするのだ。

また、決断が難しくなる別の理由として、知識の不足も挙げられる。飼い主は獣医師による病状の説明が理解できなかったり、愛犬の福祉を適切に評価できなかったりするのだ。人々はさらに、治療を試みるかどうか判断するときにも、葛藤があったと報告している。副作用の可能性や、ただ犬の苦しみを長引かせてしまう可能性もあるからだ。

そして、飼い主が自分自身のニーズや負担、苦しみについて考えることが許されるのか、犬のことだけを考えるべきではないかという苦悩もあったという。決断の責任も、飼い主の肩に重くのしかかる。

決断のときを迎えれば、獣医師の専門家としての知識は、当然必要になる。しかし、人々は獣医師のアドバイスに助けられたとも考えていた。なぜなら、飼い主にとってはそれが責任の共有を意味するからだ。つまり、獣医師は犬の福祉のための正しい決断をするときはもちろんのこと、飼い主が犬の保護者として苦渋の決断を迫られたときにも、苦しみを乗り越える支えになってくれるのだ。

こうした見方は、『アンスロズーズ』に掲載されたペットロスに関する調査結果にも表れている。[*11]悲しみ、苦悩、怒り、そして罪悪感は、ペットを安楽死で亡くしたあとに飼い主が抱く当然の感情だろう。飼い主がペットのために、最善のタイミングで最善の決断ができたと自信が持てたとき、また、獣医師やスタッフが飼い主の決断をサポートしてくれた場合、飼い主の罪悪感は少しはなだめられるという。

ペットがガンだった場合は、飼い主が怒りや罪悪感にひどく苦しめられることはなく、突然死で亡くした場合は、怒りの感情が大きくなったという。ペットを突然亡くした場合や、密接な関係を築いていた場合、飼い主にはしっかりしたサポートが必要になるだろう。昨今では、ペットロスカウンセラーを含め、愛する者を失った人が苦しみを乗り越えられるよう手助けをする、「グリーフカウンセリング」も増えてきている。

友人や家族からの社会的支援もまた大きな意味を持つ。ペットを失ったばかりの人（安楽死でも自然死でも）はストレスレベルが高く、身体的、精神的、また社交的側面においても、生活の質が低下してしまう。『プロスワン』の調査で、ペットの安楽死を経験した飼い主のストレスと生活の質に注目したところ、社会的支援の不足が浮き彫りとなったという。[*12] 身近な人物を亡くした人には社会的支援が必要だという認識があっても、ペットロスによる大きな喪失感には必ずしも寄り添えていないのだ。

心に空いた穴を埋めるために、すぐにでも新しいペットを飼いたいという人もいるが、心の傷が癒えるまで悲しみと向き合う人もいる。そこに正しい答えはない。あなたと家族が選んだ道が、正しい道なのだ。

死と向き合う「そのとき」に備える知っておくべきプロセス

多くの飼い主が気になっていることの1つが、愛犬が死にゆくときにそばにいるべきかどうかということだろう。「立ち会うか立ち会わないかは飼い主の意思に委ねられます」とウォルトン博士は言う。「ペットの死に立ち会いたい人もいれば、そうでない人もいます。現実的に言うと、犬にとってはどちらであっても関係ありません。今まで息をしていた動物が、次の瞬間にはもう心臓の動きを止めているのです。だから私はいつも飼い主に決断を委ねます」

ペットの安楽死が、人生で初めて死と向き合う体験になる人もいるだろう。私はウォルトン博士に、そのプロセスについて知っておくべきことを尋ねてみた。

「死に至るまでの短さに多くの人が驚きます」と博士は言う。「どうやら犬が5分ほどかけてゆっくり死へと向かっていくと考えているようですが、実際は30秒ほどの出来事です。また、目は開いたままだというのも意外と知られていません。テレビの影響か、亡くなる瞬間には目を閉じるものだと思っているのです。実際は、まるで宙を見つめているかのように目は見開いたままです」。ウォルトン博士はさらに続けた。

「ほかにもあまり知られていない身体の反応もあります。その1つは死戦期呼吸と呼ばれるものです。心停止により脳からの信号が途絶えると、血液中に二酸化炭素が溜まり、頸動脈の受容器官で反射作用が起こって胸部が膨らみます。そしてこんな呼吸が起こり、死後も数分間続くことがあります」。博士はそう言うと、大きな音を立てて息を2回吸い込んで見せた。

「もちろん、身体の弛緩と筋肉の硬直も起こり、腸や膀胱のコントロールも失われます。私は自宅での安楽死に対応することも多いのですが、そのときはまず家族にこの状態になることを説明し、ペルシャ絨毯の上に大事に横たえられた犬を、ブランケットやビニールの敷物の上に移動させなければなりません」

夜のあいだに亡くなった場合は死後硬直も起こっている。「しかし、多くの人は亡くなった動物の体が硬くなることを知らないのです」

ペットは仲間の死を悲しみ愛犬を亡くしたあとの飼い主も支える

犬が相棒だった動物の死を悲しむのも当然のことだろう。

ペットの飼い主を対象に、犬か猫が亡くなったときに、残された犬や猫がとった行動についての調査が行われた。[*13] すると、犬の60%が、亡くなったペットがかつてくつろいでいた場所を確認しに行き、61%が飼い主に甘えたり、べったりくっついて離れなかったり、注目を求めたりしたという。また、35%の犬は食欲が落ち、31%の犬は食べるペースが遅くなり、寝ている時間が長くなったという。

これはすべて、犬が悲しんでいるときに見られる行動だ。亡くなったのが犬と猫のどちらであっても、同じような行動の変化が見られたという。58%の犬が相棒の遺体を確認し、73%が遺体のにおいを嗅ぐ時間が与えられたというが、遺体を見ても見なくても、行動の変化に違いは見られなかった。つまり、犬は遺体を見たから悲しむというわけではないのだ。

＊　＊　＊

ゴーストの遺灰はテレビのそばの遺灰ポットに納まっている。そしてゴーストの足型は、1

日に何度も目にする棚の上に飾ってある。私はゴーストのことをしょっちゅう考える。「ハートドッグ」という言葉がある。運命の犬、すなわち犬のソウルメイトという意味だ。私にとってゴーストは、我が家に迎え入れることができた最高のソウルメイトだった。嬉しいときに漏れるウーという唸り声。テレビを見ている私を見つめる目。一緒に出かけた散歩道。ゴーストのすべてが恋しくてたまらない。

くるりと背に巻き上げた尻尾。野生動物に反応するりりしいさま。なでてくれと私の膝にこすり付ける大きな頭と、豊かな毛に指をうずめたあの感触が、恋しい。

そして何より、そばにいてほしい。

＊　＊　＊

ゴーストを失った直後、私の心を支えてくれたのはボジャーだった。ボジャーだって悲しかったはず。それでもボジャーは、いつものように散歩に行き、ごはんを食べ、なでられたり、タグプレイをしたりする必要があった。

今ではボジャーもこの家で唯一の犬というポジションに慣れたようだ。ボジャーは今、窓の外を眺めているけれど、片目の端では私の様子をうかがっている。もうすぐ散歩の時間だ。今日は雨。ボジャーはそれでも散歩に行きたがるだろうか。それともやっぱり散歩をあきらめて、家でのんびりすることを選ぶだろうか。

すべての犬がかけがえのない存在だ。生も死も超越して、私たちはありったけの誠実さで、彼らと向き合っていく。

飼い主自身の不測の事態にも備える 家族、友人、世話人、委任状、里親制度

飼い主自身が入院したり、ペットを残して死んでしまったりするなど、不測の事態に備えておくことも大切だ。家族や友人に自分の意思を伝え、遺言やペット信託、委任状の作成などについては弁護士と相談しておくべきだろう。

米国テキサス州のスティーブンソン・ペット動物終身介護センターでは、飼い主に先立たれたペットを引き取り、家庭に近い環境で飼育している。また、飼い主が入院したり、その他の理由で飼育が難しくなったりしたペットに里親制度を提供する団体もある（家庭内暴力から逃れた飼い主のペットを世話するドッグ・トラスト・フリーダム・プロジェクトなど）。

ペットの世話人を指名する場合は、その人物と定期的に連絡を取り合い、生活環境やペットの飼育状況に変化がないか確認する。世話人には、ペットの世話に慣れている人で、あなたの望みを尊重してくれる人を指名する。

また、信頼の置ける友人や近所の人に自宅の鍵を預け、入院時や、緊急事態で帰宅が遅れる

ときなどに犬の世話をしてもらえるよう、必要事項を伝えておく。ドアや窓に連絡用シールを貼っておけば、緊急時の第一対応者にペットが何頭いるか知らせることができる。

犬にとってより良い世界を作るための方法の1つが、飼育放棄の要因を取り除くことです。行動上の懸念や住宅事情の問題が、人々がペットを手放す主な理由として挙げられます。

私の1つめの願いは、人々が外見や流行だけで犬を飼うのをやめ、信頼できる施設から性格やライフスタイルに合った犬を迎えることです。信頼できる施設なら、飼い主のサポートから、地元のドッグトレーナーや動物病院の紹介まで、親身に面倒を見てくれます。

2つめの願いは、犬と飼い主がずっと一緒に暮らせるよう、賃貸住宅でもペットが家族と見なされることです。特に犬は賃貸住宅への入居を断られることが多く、飼い主が飼育や世話を続けることが難しくなるのです。

――タリン・グラハム博士

ヨーク大学研究員、PAWsitive(パウジティブ)リーダーシップ創設者また、緊急時にペットの安全が確保できるよう、計画を立てておくことも大切だ。考え得る緊急事態を想定し（火事、山火事、地震、ハリケーンなど）、ペットを受け入れてくれるホテルやシェルターを調べておく。

犬の避難用キットとして、ワクチン接種歴のコピー、服用している薬、ハーネスとリード、犬用おもちゃ、フードと水（3～7日分も用意すれば十分だ）、エサ皿（水入れ）、プープバッグ（トイレ用のゴミ袋）、食器用洗剤、清掃用品、ブランケットなどを準備しておく。

避難シェルターでクレートに入らなければならないときのために、クレートトレーニングをしておくといいだろう（山火事やハリケーンに見舞われる地域に暮らしている場合）。

そして、避難しなければならないときには、犬も一緒に連れて行く。日々のトレーニングはいざというときに役に立ってくれる。２０１１年、マグニチュード9を記録した東日本大震災では、ペットとともに避難できたという人たちのうち、46％がトレーニングと社会化を行っていた。一方、ペットを置いて逃げるほかなかった人たちのうち、トレーニングと社会化を行っていたのはわずか26％だったという。[*14]

ペットがＩＤを身に付けていれば、はぐれてしまったときも見つかりやすいだろう。マイクロチップ、タトゥー番号、首輪に飼い主の電話番号を記しておくなどだ。

また、万が一の自動車事故に備えて、衝突テスト済みのハーネス、クレート、ペットバリアなど、犬を守るための安全拘束装置についても検討が必要だ（自治体の法規定に従う）。
そして、事前の計画は不可欠だが、災害への準備はただ防災用品を揃えればよいというものではない。犬が普段の生活から、多少の出来事にも動じずに行動できるためのスキルを身につけておくことが必須だ。

［まとめ］
家庭における犬の科学の応用の手引き

・犬が慢性的な疾患を抱えている場合、犬の生活の質を維持するための手立てを探す。また、最期のときが間近に迫る前に、獣医師と早めに安楽死について話し合っておく。生活の質が損なわれたときのサインを知り、安楽死との向き合い方を考える（自宅とクリニックのどちらで最期を迎えさせるか、など）。
・愛犬の死に際してどのように決断するか考えておく。生活の質を測定するＱＯＬ尺度が決断の材料として役立つこともあるが、特定の症状のみに適用される内容もある。ウォルトン博士が提案するように、具合の悪い日が調子のいい日より多くなったときが１つの目安であると考えればいいだろう。
・今後の方針を決めるための材料として、治療方法（治療できる場合）の選択肢と、それぞれの良い点と悪い点について獣医師に説明を求める。

・残されたペットに寄り添うこと。仲間を亡くした犬もまた、その死を悲しみ、飼い主の愛情と注目を必要とするものだ。種が異なるペット、たとえば猫が亡くなったときも、犬は友の死を悼むだろう。

・飼い主が病気になったときや、亡くなったときのために、ペットのその後について計画を立てておく。

・ペットを含む家族の緊急時の対策を立てておく。急に避難を要したときのために、ペットを受け入れてくれるホテルを事前に調べておく。また、犬に必要な緊急セットを入れたバッグを用意しておく。

16章　安全な犬、幸福な犬

SAFE DOGS, HAPPY DOGS

ボジャーとゴーストと私の完璧な世界
犬の幸せとは何かを追い求めて

ボジャーにとって理想の生活とはどんなふうだろうと私は考える。たとえば夫と私が、ボジャーを散歩に連れ出す以外は家にいる生活。散歩に出かけるのは、静かだけれど人や犬がほどよく行き交い、好奇心をいい感じに刺激してくれる場所。太陽が輝き、そよ風が心地よく頬をなでる。出会う人はこぞってボジャーをなでて、喜んで唇を舐めさせる。散歩以外の時間は家にいて、ボジャーと一緒にくつろいで過ごす。

ボジャーはカリカリも好きだけど、私の手作りの食事を楽しみにしている。朝食にはステーキ、夕食にはトリッパ（ハチノス）のチーズソースに卵を添えて。日中はエネルギー補給とモチベーション維持のためにチーズとソーセージをたっぷり与える。

午後には近所に散歩に出かけ、犬のお友だちと交流し、魅惑的な香りを醸すネズミの死体を見つけては、その上に寝転がって背中を擦り付ける。クマの糞もいい。リンゴやプラムなどの果物を食べたクマの落とし物を見つければ、ボジャーはまずかぐわしいにおいを堪能してからひとかじりする。

午後の散歩が終われば、おうちに帰って、長椅子で体を寄せ合ってまったりする。

もちろん、タグプレイもたっぷりするし、フェッチプレイも数分間（疲れない程度に）楽しむ。ボジャーはグルーミングが好きだけれど、一回に適度がいい。猫たちが家の中を歩き回ると、ボジャーが後ろについて別の部屋へと誘導する。

フクロウはいない。夜には猫と一緒に私たちのベッドで眠る。猫はほどよい距離を保ち、夜中に起きていたずらすることもない。

ゴーストには、もっと散歩が必要だ。森林の中を探検し、サーモンベリーを探し、ネズミやリスの気配に耳をそばだてる。おうちに帰れば、トリッパのチーズソースと卵の夕食だ。ゴーストの狩猟本能に火をつけないよう、猫は別室に隔離する。ちらちらと獲物に見えてしまう友だちを持つというのも酷な話だから。そして一日の締めくくりは念入りなグルーミング。少なくとも30分はかけて、その日の疲れをほぐすのだ。私たちはゴーストを置いて出かけたりしないし、一人ぼっちになんて絶対にさせない。

……なんていうのは、残念ながら夢の話。ときには外出しなければならないこともあるし、ボジャーはそれにも慣れて、今ではうまく対処できている。お散歩コースにクマのうんちが落ちていれば、私はボジャーに絶対に近づかないように言い、代わりにごほうびを地面に投げる。ボジャーは後ろ髪を引かれつつクマのうんちから離れるが、あくる日以降もその場所をちゃんと覚えていて、しばらくはその場所へ戻ろうとする。

ボジャーにとって猫はぶっちゃけ刺激が強いようだ。特にキャットタワーのてっぺんにジャンプして降りてこないときや、今も子猫のようなメリナが寝室のカーテンをよじ登ったりしたときは。

ハチノス料理なんてとんでもない！　だからボジャーには缶のドッグフードで我慢してもらう。でも、缶入りのごはんだってすごくおいしそうだ。そして、ボジャーと私にとって完璧な世界には、やっぱりゴーストがいなくちゃいけない。

＊　＊　＊

この本では、犬の幸せとは何か、また犬の科学がいかに犬のニーズの解明に貢献しているかについてお話ししてきた。もちろん、さらなる研究が必要であるのも事実だ。より多くの犬を対象として研究を重ね、長期的な変化を追跡調査し、実験的研究と自然的研究のバランスの取れた調査が行われることが望まれる。

動物福祉について考えるとき、ネガティブ体験をできる限り排除するだけでなく、ポジティブ体験の機会を与える必要があるという、デビッド・メラー教授の言葉を思い出す。

動物が痛みを抱えているとき、人やほかの動物と遊んだり関わったりしなくなる。私たちは痛みが許容できるものか、またその痛みがポジティブ体験の機会を損なってはいないか見極めなければならない。犬の福祉を考える上で、ポジティブとネガティブ、どちらの体験も重視する必要があるのだ。

動物福祉5つの領域の観点から、ペット犬の福祉に影響を与える主な因子を表にまとめた。

犬を幸せにするための福祉

栄養	環境	健康	行動
・質の良い食べ物 ・水	・囲われた安全なスペース ・快適なベッド ・子どもから離れてリラックスできる安全なスペース ・適切な規則や法的枠組みの整備	・健康の維持 ・ストレスの少ない診療 ・安全なハンドリングと、グルーミングのためのトレーニング ・健康的な交配と、遺伝的疾患の予防 ・散歩やその他の運動	・社会化感受期におけるポジティブ体験 ・交友の機会――犬のニーズに合わせてほかの犬や人との交流の仕方に配慮 ・遊びを楽しむ機会 ・報酬ベースのトレーニング ・行動上の問題への早期の対応

精神状態
・安心感 ・問題行動への迅速な対応 ・複数の選択肢

福祉向上の方法は飼い主が見つける
愛犬の幸福度を確認しよう

犬の幸せのために私たちにできることはたくさんある。

- ・安心感を与える（3、7、13章）
- ・恐怖心、不安感、ストレスのサインを学ぶ（1、13章）
- ・社会化感受期の子犬の社会化を行う（2章）
- ・選択肢を与える（2章）
- ・報酬ベースの方法を用いたトレーニングを行う（3、4章）
- ・定期的な散歩や運動の機会を与える（9章）
- ・低ストレスの診療を行う獣医師を探す（5章）
- ・体重管理について獣医師に相談する（11章）
- ・遊びから「スニファリ」まで、エンリッチメントの機会を設ける（6、10章）
- ・年齢とともに変化するニーズに応じて修正を加える（14章）

犬の個性は一頭一頭異なる。愛犬にとって最善の方法を見つけるのは飼い主の役目であることを忘れてはならない。

犬を幸せにするための最初のステップは、まず犬について知ることだ。最近では、犬に関する情報や世話の仕方などを簡単に調べることができる。しかし、こうした情報の中に誤りも多く含まれるということを認識しておくことが大切だ。

また、犬の行動、認知、福祉に関する調査・研究が次々と行われ、情報も日進月歩の勢いで更新されてもいる。信頼性の低い情報が多い中、いかに良質な本、ブログ、ウェブサイトの情報を共有できるかがカギとなる。私のブログ「コンパニオン・アニマル・サイコロジー――ペットのための心理学」では、最新情報を提供し、良質なブログや本の紹介も行っている。

犬の科学調査に参加してみるのもいいだろう。オンラインで参加するならば、「ダーウィンズ・アーク」（犬のDNAデータや行動などを収集するアンケートプロジェクト）、「ドグニション」（犬の知能測定のオンラインツール）、「ジェネレーション・パップ」（犬の生涯医療費や生活全般のデータベースを作成する調査プロジェクト）があるし、実地では地元の大学などで参加することができるだろう。

こうした経験は犬にとっても、また飼い主と犬の関係にとっても良い刺激を与えてくれる。この本を読んでもらえればわかるように、飼い主がすでに正しく理解できていることもたくさんある一方で、改善の余地もまた十分残されているのだ。

2つめのステップは、私たちが犬の行動や動物福祉について学んだこと、また、愛犬のニーズや好みについてわかっていることを活かし、実際に行動に移すことだ。

年齢とともにニーズは変化するが、犬はいくつになってもハッピーでいられる。
©写真／ジーン・バラード

本書の最後に、愛犬の幸福度を確認するためのチェックリストを用意した。ここまで紹介してきた科学的調査やドッグトレーニングの経験則を反映したものだ。あなたの愛犬が好きなものは何か、ストレスや不安の元は何かといった問いも含まれる。

ただし、このチェックリストは専門家のアドバイスの代わりになるものではない。心配事があれば、獣医師や認定を受けたドッグトレーナー、あるいは行動療法士に相談してほしい。

ボジャーは私の生活の一部だ。起きている時間のほとんどを一緒に過ごし、夜には私たちのベッドの足元に置いた犬用ベッドで眠る。私が執筆している書斎にときどきやって来ては、ゆったりと横になる。すぐそばで寝入ってしまい、椅子を引いて立ち上がれなくなることもしばしばだ。

ゴーストがかつてくつろいでいた場所でくつろいでいるのは、ボジャーがゴーストの不在を受け入れているということだろう。でも、そうじゃないこともある。ボジャーは食事の時間になると、エサ皿が置いてある場所までぐるりと遠回りしてやって来る。まるで、ゴーストがまだそこで食事を楽しんでいるかのように。わかってる。それはただ、かつてゴーストが落ち着いて食べられるようにと、ボジャーが自然と身につけた習慣だってことは。

でも、そんなふとした瞬間に、私たちが愛した犬の生きた証を感じることができるのだ。犬が私たちに与えてくれるものは計り知れない。だからこそ、私たちには義務がある。彼らを世界で一番幸せにするという義務が。

犬の幸福度チェックリスト

各章で紹介した、犬を幸せにするためのアイデアをチェックリストにまとめた。

ただし、このチェックリストは科学的に有効と認められたものではなく、専門家の意見と同等の機能を果たすものでもない。愛犬について何か懸念されることがあれば、必ず獣医師、ドッグトレーナー、行動療法士に相談してほしい。

チェックリストの1〜29の問いに「はい」か「いいえ」で回答する。「はい」と答えた数が多ければ多いほど、愛犬の幸福度が高いということだ。「いいえ」と答えた項目については現状を見つめ直し、習慣や環境に修正を加えるべきか検討してみよう。

愛犬の名前：

年齢：　　歳

犬種：

		はい／いいえ	［参照先(章番号)］
1	ストレスを感じたときに一人になってくつろげる安全なパーソナルスペース（犬用ベッドやクレートなど）がある。		[1][13]
2	家族全員が愛犬のパーソナルスペースを尊重し、愛犬がそこにいるときはそっとしておく。		[1][13]
3	愛犬には日課がある。		[1][13]
4	家族全員が愛犬に関する家庭のルールを一貫して守っている。		[1][13]
5	家族のメンバーとの交流の度合いについては、愛犬の意思が尊重されている。		[1][13]
6	子どもは、犬が座っているときや横たわっているときに、自分から近づいていかないよう教えられている。		[8]
7	幼児など小さい子どもに愛犬を触らせるときは、保護者や大人が子どもの手をとり、やさしく触れられるよう誘導する。		[8]
8	1日1回以上散歩に行く。		[9]
9	散歩のときはにおいを嗅ぐ機会を与えている。		[9]

10	定期的に4時間以上一人で留守番させない（あるいは、留守番させるとしても散歩代行業者や家族、近所の人に様子を見てもらうよう手配している）。		[7]
11	年に1回は（あるいは獣医師が指示する頻度で）獣医師による健康チェックを受けている。		[5]
12	獣医師が推奨する時期にワクチン接種を行っている。		[5]
13	獣医師が推奨する頻度で寄生虫対策を行っている。		[5]
14	適正体重が維持できている（疑わしい場合は獣医師に確認する）。		[5][11]
15	ほかの犬と交流する機会を与えている（ほかの犬と穏やかに交流できる場合）。		[6]
16	ほかの犬との交流にストレスを感じるようなら、無理に交流させないようにしている。		[6]
17	フードトイで遊ぶ機会を与えている。		[10]
18	チュートイを与えている。		[10]
19	嗅覚を活かす機会（ノーズマットやスニファリなど）を与えている。		[10]
20	家族の誰も犬のトレーニングに罰（叱る、叩く、ショックカラーやピンチカラーを使う）を用いていない。		[3][4][13]
21	正の強化を用いて定期的に新しいトリックの学習やトレーニングを行っている。		[3][4][13]

22	車での移動の際は、自治体の法規定に従って安全確保に努めている。		[15]
23	愛犬はほかの人にもフレンドリーに接する。		[3][4][13]
24	愛犬は家族にフレンドリーに接する。		[3][4][13]
25	愛犬のストレスのサイン(口の周りを舐める、目をそらす、震える、隠れる、人の姿を探す)に注意し、必要なときは介入する。		[1]
26	自分の身に何かあったときのために、愛犬のその後の計画を立てている。		[15]
27	家族の緊急時計画には愛犬も含まれている。		[15]
28	愛犬お気に入りのベッドがある。		[12]
29	愛犬のニーズに合わせて生活環境を改良している。		[14]
	愛犬のお気に入りのおもちゃは……		
	愛犬のお気に入りの遊びは……		
	愛犬のお気に入りのお散歩スポットは……		

謝辞

本書の刊行に力を貸してくれた多くの人たちに感謝します。私の疑問に答えるために時間を割き、それぞれの研究について犬の視点で考察し、貴重なお話を聞かせてくれたみなさま、そして質問にメールで丁寧に回答を寄せてくださった専門家の方々にお礼申し上げます。ジーン・ドナルドソンは最高のドッグトレーナーです。アカデミーの徹底したドッグトレーニング教育に心より感謝いたします。

ブログを始めていなかったら、この本を執筆するなんて思いもよらなかったでしょう。私のブログ「コンパニオン・アニマル・サイコロジー――ペットのための心理学」に「いいね！」してくれたり、記事をシェアしてくれたり、また素敵なコメントを残してくださった読者のみなさまが、私の背中を押してくれました。

素晴らしいサイエンスブログを提供してくれるマーク・ベコフ、ミア・コブ、ミケル・デルガド、ジュリー・ヘクト、ジェシカ・ヘクマン、ハル・ヘルツォク、カット・リトルウッド、ケイト・モーネメントにも感謝いたします。

アイリーン・アンダーソンのドッグトレーニングに関する最高のブログと（フォローしていない人は今すぐフォロー！）、マルコム・M・キャンベルが有益な情報を共有してくれる楽しいブログにも「いいね！」を送ります。また、カナダのサイエンスブロガーをサポートしてくれるサイエンス・ボレアリスのチームのみなさまにも心よりお礼申し上げます。

下書きの段階で貴重な意見をくれた、クリスティー・ベンソン、シルビー・マーティン、ベス・ソーティンスの友情に感謝します。

スザンヌ・ブライナー、ニカラ・スクワイア、カラ・モインズ、ニック・オナー、ジョアン・ハンター＝メイヤー、ティム・スティール、キャスリン・マンクーゾ・クライスト、ジュリー・パーカー、ジョディ・キャロウ、ジェン・バウアー、ジョアン・グラスボウ・フォリー、ケイラ・ブロック、ロリ・ナナン、メラニー・ディアントニース・セロン、レイチェル・スメル、リンダ・グリーン、エリカ・ベックウィズ、クローディン・プリュドム、そしてアカデミーのライティング・グループのみなさまの励ましと思いやりにも感謝いたします。

キャシー・スダオの温かい言葉にどれだけ励まされたかわかりません。この場を借りてお礼申し上げます。散歩仲間のロイ・トッド、フランキー・トッド、ステフ・ハーベイ、ボニー・ハートニー、ヘレン・ベルト、トレイシー・クルリク、キム・モンティース、エバ・キフリ、ナタリー・モスバク・スミス、コリー・ファント・ホフ、ホセ・カハン・オブラットのサポートにも感謝いたします。

バッド・モンキー・フォトグラフィーのラミー・エバンス、ジーン・バラード、クリスティー・フランシス、クリスティン・ミシャウは、素晴らしい犬の写真を提供してくれました。心からお礼申し上げます。

これまで関わってきた犬やトレーニングしてきたすべての犬が、私に多くのことを教えてくれました。特にゴースト、ボジャー、チャーリー、レックス、バートン、マーシャル、テス、ジョニー・オンブレ、ジュニアには、とびきりの愛を。

貴重なアドバイスをくれた最初のエージェントのトレナ・ホワイトと、新しいエージェントのフィオナ・ケンスホールには感謝の念に堪えません。また、本書の刊行を実現させ、最高の本を作るために尽力してくださったグレイストーン・ブックスのみなさまにもお礼申し上げます。特に編集のルーシー・ケンワードは好奇心と忍耐力を持って私を導いてくれました。最高の本が完成したのは彼女のおかげです。また、校正のロウィナ・レイは私のつたない原稿を整え、文章に磨きをかけてくれました。心より感謝いたします。

そして、アル。執筆中のサポートと励ましをありがとう。

作品中の誤りや不備はすべて著者によるものであることをお断りしておきます。

STAFF
編集　石黒謙吾
デザイン　吉田考宏
カバーイラスト　松本ひで吉
DTP　藤田ひかる（ユニオンワークス）

あなたの犬を世界でいちばん幸せにする方法

2024年 5 月20日　第1版1刷
2024年12月 5 日　3刷

著　者　ザジー・トッド
訳　者　喜多直子（協力 トランネット）
編　集　尾崎憲和　葛西陽子
発行者　田中祐子
発　行　株式会社日経ナショナル ジオグラフィック
〒105-8308　東京都港区虎ノ門4-3-12
発　売　株式会社日経BPマーケティング
印刷・製本　シナノパブリッシングプレス

ISBN978-4-86313-613-7
Printed in Japan

乱丁・落丁本のお取替えは、こちらまでご連絡ください。
https://nkbp.jp/ngbook

本書はカナダDunod社の書籍
「Wag: The Science of Making Your Dog Happy」を翻訳したものです。
内容については原著者の見解に基づいています。

著者略歴

ザジー・トッド（Zazie Todd）

心理学博士。科学的な根拠をもとに、犬や猫などの家庭で飼育されている動物のケアについて探求している。その成果を書籍、動物行動学の専門誌、ウェブなどに執筆。米国獣医動物行動学会準会員。本書がブリティッシュコロンビア州のベストセラーとなり、各メディアから「最も読むべき犬の本」として取り上げられる。またドッグ・ライターズ・アソシエーション・オブ・アメリカよりマックスウェル・メダリオンを授与された。「ドッグトレーニングのハーバード大学」ともいわれるジーン・ドナルドソンのアカデミー・フォー・ドッグ・トレーナーズを卒業。著書に姉妹本『あなたの猫を世界でいちばん幸せにする方法』（日経ナショナル ジオグラフィック）がある。夫、犬1匹、猫2匹とともにカナダのブリティッシュコロンビア州メープルリッジに在住。2012年開設の自身のブログ「コンパニオン・アニマル・サイコロジー」（companionanimalpsychology.com）で、最新の科学的知見に基づくペットのケア方法を伝えている。

訳者略歴

喜多直子（きた・なおこ）

和歌山県生まれ。京都外国語大学卒業。訳書に『イヌ全史　君たちはなぜそんなに愛してくれるのか』（日経ナショナル ジオグラフィック）、『恐竜研究の最前線　謎はいかにして解き明かされたのか』（共訳、創元社）、『サファリ』『ダイナソー』（大日本絵画）、『名画のなかの猫』『ファット・キャット・アート――デブ猫、名画を語る』（エクスナレッジ）、『アレックス・ファーガソン　人を動かす』（日本文芸社）、『THE REAL MADRID WAY レアル・マドリードの流儀』（東邦出版）などがある。

注記

1章　ハッピー・ドッグ

1 American Pet Products Association, "Pet Industry Market Size and Ownership Statistics," Accessed June 17, 2019, americanpetproducts.org/press_industrytrends.asp.

2 Statista, "Number of dogs in the United States from 2000 to 2017 (in millions)," Accessed August 8, 2018, statista.com/statistics/198100/dogs-in-the-united-states-since-2000/; Canadian Animal Health Institute, "Latest Canadian pet population figures released," January 28, 2019, cahi-icsa.ca/press-releases/latest-canadian-pet-populationfigures-released; Pet Food Manufacturers' Association, "Pet Population 2018," Accessed August 8, 2018, pfma.org.uk/pet-population-2018.

3 M. Wan, N. Bolger, and F.A. Champagne, "Human perception of fear in dogs varies according to experience with dogs," *PLOS ONE* 7, no. 12 (2012): e51775.

4 Chiara Mariti et al., "Perception of dogs' stress by their owners," *Journal of Veterinary Behavior* 7, no. 4 (2012): 213–219; Emily J. Blackwell, John W.S. Bradshaw, and Rachel A. Casey, "Fear responses to noises in domestic dogs: Prevalence, risk factors and co-occurrence with other fear related behaviour," *Applied Animal Behaviour Science* 145, no. 1–2 (2013): 15–25.

5 S.D.A. Leaver and T.E. Reimchen, "Behavioural responses of *Canis familiaris* to different tail lengths of a remotely-controlled life-size dog replica," *Behaviour* (2008): 377–390.

6 Marc Bekoff, *The Emotional Lives of Animals: A Leading Scientist Explores Animal Joy, Sorrow, and Empathy—and Why They Matter* (Novato, CA: New World Library, 2010)（『動物たちの心の科学：仲間に尽くすイヌ、喪に服すゾウ、フェアプレイ精神を貫くコヨーテ』マーク・ベコフ著、高橋洋訳／青土社／ 2014 年）; *Jonathan Balcombe, What a Fish Knows: The Inner Lives of Our Underwater Cousins* (New York: Scientific American/Farrar, Straus and Giroux, 2016)（『魚たちの愛すべき知的生活：何を感じ、何を考え、どう行動するか』ジョナサン・バルコム著、桃井緑美子訳／白揚社／ 2018 年）.

7 Jaak Panksepp, "Affective consciousness: Core emotional feelings in animals and humans," *Consciousness and Cognition* 14, no. 1 (2005): 30–80.

8 National Archives, "Farm Animal Welfare Council Five Freedoms," 2012, webarchive.nationalarchives.gov.uk/20121010012427/http://www.fawc.org.uk/freedoms.htm.

9 John Webster, "Animal welfare: Freedoms, dominions and 'a life worth living,'" *Animals* 6, no. 6 (2016): 35.

10 People's Dispensary for Sick Animals, "Animal Wellbeing PAW Report," 2017, pdsa.org.uk/media/3291/pdsa-paw-report-2017_printable-1.pdf.

11 David J. Mellor, "Updating animal welfare thinking: Moving beyond the 'five freedoms' towards 'a life worth living,'" *Animals* 6, no. 3 (2016): 21; David J. Mellor, "Moving beyond the 'five freedoms' by updating the 'five provisions' and introducing aligned 'animal welfare aims,' *Animals* 6, no. 10 (2016): 59.

12 David J. Mellor, "Operational details of the Five Domains Model and its key applications to the assessment and management of animal welfare," *Animals* 7, no. 8 (2017): 60.

13 Alexander Weiss, Mark J. Adams, and James E. King, "Happy orangutans live longer lives," *Biology Letters* (2011): rsbl20110543.

14 Lauren M. Robinson et al., "Happiness is positive welfare in brown capuchins (*Sapajus apella*)," *Applied Animal Behaviour Science* 181 (2016): 145–151; Lauren M. Robinson et al., "Chimpanzees with positive welfare are happier, extraverted, and emotionally stable," *Applied Animal Behaviour Science* 191 (2017): 90–97.

15 Nancy A. Dreschel, "The effects of fear and anxiety on health and lifespan in pet dogs," *Applied Animal Behaviour Science* 125, no. 3–4 (2010): 157–162.

16 American Society for the Prevention of Cruelty to Animals (ASPCA), "Facts about US animal shelters," Accessed April 7, 2018, aspca.org/animal-homelessness/shelter-intake-and-surrender/pet-statistics.

17 American Veterinary Society of Animal Behavior (AVSAB), "Position statement on puppy socialization," 2008, avsab.org/wp-content/uploads/2018/03/Puppy_Socialization_Position_Statement_Download_-_10-3-14.pdf.

18 Dan G. O'Neill et al., "Longevity and mortality of owned dogs in England," *The Veterinary Journal* 198, no.3 (2013): 638–643.

19 American Humane Association, "Keeping pets (dogs and cats) in homes: A three-phase retention study. Phase II: Descriptive study

of post-adoption retention in six shelters in three US cities," 2013, americanhumane.org/publication/keeping-pets-dogs-and-cats-inhomes-phase-ii-descriptive-study-of-post-adoption-retention-insix-shelters-in-three-u-s-cities/; BBC, "RSPCA launches Puppy Smart campaign," February 1, 2011, news.bbc.co.uk/local/cornwall/hi/people_and_places/nature/newsid_9383000/9383583.stm.

20 People's Dispensary for Sick Animals, "Paw Report 2018," pdsa.org.uk/media/4371/paw-2018-full-web-ready.pdf; Kate M. Mornement et al., "Evaluation of the predictive validity of the Behavioural Assessment for Re-homing K9's (B.A.R.K.) protocol and owner satisfaction with adopted dogs," *Applied Animal Behaviour Science* 167 (2015): 35–42.

2章　ようこそ我が家へ

1 Lee Alan Dugatkin and Lyudmila Trut, *How to Tame a Fox (and Build a Dog): Visionary Scientists and a Siberian Tale of Jump-Started Evolution* (Chicago: University of Chicago Press, 2017)（『キツネを飼いならす：知られざる生物学者と驚くべき家畜化実験の物語』リー・アラン・ダガトキン、リュドミラ・トルート著、高里ひろ訳／青土社／2023年）.

2 Bridget M. Waller et al., "Paedomorphic facial expressions give dogs a selective advantage," *PLOS ONE* 8, no. 12 (2013): e82686.

3 Stefano Ghirlanda, Alberto Acerbi, and Harold Herzog, "Dog movie stars and dog breed popularity: A case study in media influence on choice," *PLOS ONE* 9, no. 9 (2014): e106565.

4 Stefano Ghirlanda et al., "Fashion vs. function in cultural evolution: The case of dog breed popularity," *PLOS ONE* 8, no. 9 (2013): e74770.

5 Harold A. Herzog, "Biology, culture, and the origins of pet-keeping," *Animal Behavior and Cognition* 1, no. 3 (2014): 296–308.

6 Harold A. Herzog and Steven M. Elias, "Effects of winning the Westminster Kennel Club Dog Show on breed popularity," *Journal of the American Veterinary Medical Association* 225, no. 3 (2004): 365–367.

7 Kendy T. Teng et al., "Trends in popularity of some morphological traits of purebred dogs in Australia," *Canine Genetics and Epidemiology* 3, no. 1 (2016): 2; Terry Emmerson, "Brachycephalic obstructive airway syndrome: a growing problem," *Journal of Small*

Animal Practice 55, no. 11 (2014): 543–544.

8 American Kennel Club, "Most popular dog breeds of 2018 (2019)," March 20, 2019, akc.org/expert-advice/news/most-popular-dogbreeds-of-2018/; Canadian Kennel Club, "Announcing Canada's top 10 most popular dog breeds of 2018," January 18, 2019, ckc.ca/en/News/2019/January/Announcing-Canada-s-Top-10-Most-Popular-Dog-Breeds; Kennel Club, "Top twenty breeds in registration order for the years 2017 and 2018," 2019, thekennelclub.org.uk/media/1160202/2017-2018-top-20.pdf.

9 Peter Sandoe et al., "Why do people buy dogs with potential welfare problems related to extreme conformation and inherited disease? A representative study of Danish owners of four small dog breeds," *PLOS ONE* 12, no. 2 (2017): e0172091.

10 R.M.A. Packer, A. Hendricks, and C.C. Burn, "Do dog owners perceive the clinical signs related to conformational inherited disorders as 'normal' for the breed? A potential constraint to improving canine welfare," *Animal Welfare–The UFAW Journal* 21, no. 1 (2012): 81.

11 R.M.A. Packer, D. Murphy, and M.J. Farnworth, "Purchasing popular purebreds: investigating the influence of breed-type on the prepurchase motivations and behaviour of dog owners," *Animal Welfare–The UFAW Journal* 26, no. 2 (2017): 191–201.

12 M. Morrow et al., "Breed-dependent differences in the onset of fearrelated avoidance behavior in puppies," *Journal of Veterinary Behavior* 10, no. 4 (2015): 286–294.

13 D. Freedman, J. King, and O. Elliot, "Critical period in the social development of dogs," *Science* 133, no. 3457 (1961): 1016–1017; C. Pfaffenberger and J. Scott, "The relationship between delayed socialization and trainability in guide dogs," *The Journal of Genetic Psychology* 95, no. 1 (1959): 145–155; J. Scott and M. Marston, "Critical periods affecting the development of normal and mal-adjustive social behavior of puppies," *The Pedagogical Seminary and Journal of Genetic Psychology* 77, no. 1 (1950): 25–60.

14 James Serpell, Deborah L. Duffy, and J. Andrew Jagoe, "Becoming a dog: Early experience and the development of behavior" in *The Domestic Dog: Its Evolution, Behavior and Interactions with People*, ed. James Serpell (Cambridge: Cambridge University Press, 2017)(『動物のサイエンス　行動、進化、共存への模索』日経サイエンス編集部／日本経済新聞出版／ 2018 年）; John Bradshaw, *In Defence of Dogs: Why Dogs Need Our Understanding* (London: Allen Lane, 2011).

15 F. McMillan et al., "Differences in behavioral characteristics between dogs obtained as puppies from pet stores and those obtained from noncommercial breeders," *Journal of the American Veterinary Medical Association* 242, no. 10 (2013): 1359–1363.

16 Federica Pirrone et al., "Owner-reported aggressive behavior towards familiar people may be a more prominent occurrence in pet shop–traded dogs," *Journal of Veterinary Behavior* 11 (2016): 13–17.

17 Franklin D. McMillan, "Behavioral and psychological outcomes for dogs sold as puppies through pet stores and/or born in commercial breeding establishments: Current knowledge and putative causes," *Journal of Veterinary Behavior* 19 (2017): 14–26.

18 C. Westgarth, K. Reevell, and R. Barclay, "Association between prospective owner viewing of the parents of a puppy and later referral for behavioural problems," *Veterinary Record* 170, no. 20 (2012): 517.

19 Helen Vaterlaws-Whiteside and Amandine Hartmann, "Improving puppy behavior using a new standardized socialization program," *Applied Animal Behaviour Science* 197 (2017): 55–61.

20 Kate M. Mornement et al., "Evaluation of the predictive validity of the Behavioural Assessment for Re-homing K9's (B.A.R.K.) protocol and owner satisfaction with adopted dogs," *Applied Animal Behaviour Science* 167 (2015): 35–42.

21 Sophie Scott et al., "Follow-up surveys of people who have adopted dogs and cats from an Australian shelter," *Applied Animal Behaviour Science* 201 (2018): 40–45.

3章　犬はどのように学ぶのか

1 Pamela Joanne Reid, *Excel-erated Learning: Explaining in Plain English How Dogs Learn and How Best to Teach Them* (Berkeley, CA: James & Kenneth Publishers, 1996).

2 Enikő Kubinyi, Peter Pongracz, and Adam Miklosi, "Dog as a model for studying conspecific and heterospecific social learning," *Journal of Veterinary Behavior* 4, no. 1 (2009): 31–41.

3 J.M. Slabbert and O. Anne E. Rasa, "Observational learning of an acquired maternal behaviour pattern by working dog pups: An alternative training method?" *Applied Animal Behaviour Science* 53,

no. 4 (1997): 309–316.

4 Claudia Fugazza and Adam Miklosi, “Should old dog trainers learn new tricks? The efficiency of the Do as I Do method and shaping/clicker training method to train dogs,” *Applied Animal Behaviour Science* 153 (2014): 53–61.

5 Dorit Mersmann et al., “Simple mechanisms can explain social learning in domestic dogs (*Canis familiaris*),” *Ethology* 117, no. 8 (2011): 675–690.

6 Zazie Todd, “Barriers to the adoption of humane dog training methods,” *Journal of Veterinary Behavior* 25 (2018): 28–34.

7 Emily J. Blackwell et al., “The relationship between training methods and the occurrence of behavior problems, as reported by owners, in a population of domestic dogs,” *Journal of Veterinary Behavior* 3, no. 5 (2008): 207–217.

8 Blackwell, “Relationship between training methods.”

9 Christine Arhant et al., “Behaviour of smaller and larger dogs: Effects of training methods, inconsistency of owner behaviour and level of engagement in activities with the dog,” *Applied Animal Behaviour Science* 123, no. 3–4 (2010): 131–142.

10 Nicola Jane Rooney and Sarah Cowan, “Training methods and owner– dog interactions: Links with dog behaviour and learning ability,” *Applied Animal Behaviour Science* 132, no. 3–4 (2011): 169–177.

11 Stephanie Deldalle and Florence Gaunet, “Effects of 2 training methods on stress-related behaviors of the dog (*Canis familiaris*) and on the dog–owner relationship,” *Journal of Veterinary Behavior* 9, no. 2 (2014): 58–65.

12 Meghan E. Herron, Frances S. Shofer, and Ilana R. Reisner, “Survey of the use and outcome of confrontational and non-confrontational training methods in client-owned dogs showing undesired behaviors,” *Applied Animal Behaviour Science* 117, no. 1–2 (2009): 47–54.

13 G. Ziv, “The effects of using aversive training methods in dogs—a review,” *Journal of Veterinary Behavior* 19 (2017): 50–60.

14 American Veterinary Society of Animal Behavior (AVSAB), “The AVSAB position statement on the use of punishment for behavior modification in animals,” 2007, avsab.org/wp-content/uploads/2018/03/Punishment_Position_Statement-

download_-_10-6-14.pdf.

15 Jonathan J. Cooper et al., "The welfare consequences and efficacy of training pet dogs with remote electronic training collars in comparison to reward based training," *PLOS ONE* 9, no. 9 (2014): e102722.

16 Nicole S. Starinsky, Linda K. Lord, and Meghan E. Herron, "Escape rates and biting histories of dogs confined to their owner's property through the use of various containment methods," *Journal of the American Veterinary Medical Association* 250, no. 3 (2017): 297–302.

17 Sylvia Masson et al., "Electronic training devices: Discussion on the pros and cons of their use in dogs as a basis for the position statement of the European Society of Veterinary Clinical Ethology," *Journal of Veterinary Behavior* 25 (2018): 71–75.

18 Carlo Siracusa, Lena Provoost, and Ilana R. Reisner, "Dog- and ownerrelated risk factors for consideration of euthanasia or rehoming before a referral behavioral consultation and for euthanizing or rehoming the dog after the consultation," *Journal of Veterinary Behavior* 22 (2017): 46–56.

19 Juliane Kaminski, Josep Call, and Julia Fischer, "Word learning in a domestic dog: Evidence for fast mapping," *Science* 304, no. 5677 (2004): 1682–1683; John W. Pilley, and Alliston K. Reid, "Border collie comprehends object names as verbal referents," *Behavioural Processes* 86, no. 2 (2011): 184–195.

20 Rachel A. Casey et al., "Human directed aggression in domestic dogs (*Canis familiaris*): Occurrence in different contexts and risk factors," *Applied Animal Behaviour Science* 152 (2014): 52–63.

21 Ai Kutsumi et al., "Importance of puppy training for future behavior of the dog," *Journal of Veterinary Medical Science* 75, no. 2 (2013): 141–149.

22 American Veterinary Society of Animal Behavior (AVSAB), "AVSAB position statement on puppy socialization," 2008, avsab.org/wp-content/uploads/2019/01/Puppy-Socialization-Position-Statement-FINAL.pdf.

23 J.H. Cutler, J.B. Coe, and L. Niel, "Puppy socialization practices of a sample of dog owners from across Canada and the United States," *Journal of the American Veterinary Medical Association* 251, no. 12 (2017): 1415–1423.

4章　やる気を引き出すトレーニング

1 Federica Pirrone et al., "Owner-reported aggressive behavior towards familiar people may be a more prominent occurrence in pet shop–traded dogs," *Journal of Veterinary Behavior* 11 (2016): 13–17.

2 Meghan E. Herron, Frances S. Shofer, and Ilana R. Reisner, "Survey of the use and outcome of confrontational and non-confrontational training methods in client-owned dogs showing undesired behaviors," *Applied Animal Behaviour Science* 117, no. 1–2 (2009): 47–54.

3 Clare M. Browne et al., "Examination of the accuracy and applicability of information in popular books on dog training," *Society and Animals* 25, no. 5 (2017): 411–435.

4 Erica N. Feuerbacher and Clive D.L. Wynne, "Relative efficacy of human social interaction and food as reinforcers for domestic dogs and handreared wolves," *Journal of the Experimental Analysis of Behavior* 98, no. 1 (2012): 105–129.

5 Erica N. Feuerbacher and Clive D.L. Wynne, "Shut up and pet me! Domestic dogs (*Canis lupus familiaris*) prefer petting to vocal praise in concurrent and single-alternative choice procedures," *Behavioural Processes* 110 (2015): 47–59.

6 Erica N. Feuerbacher and Clive D.L. Wynne, "Most domestic dogs (*Canis lupus familiaris*) prefer food to petting: Population, context, and schedule effects in concurrent choice," *Journal of the Experimental Analysis of Behavior* 101, no. 3 (2014): 385–405.

7 Yuta Okamoto et al., "The feeding behavior of dogs correlates with their responses to commands," *Journal of Veterinary Medical Science* 71, no. 12 (2009): 1617–1621.

8 Megumi Fukuzawa and Naomi Hayashi, "Comparison of 3 different reinforcements of learning in dogs (*Canis familiaris*)," *Journal of Veterinary Behavior* 8, no. 4 (2013): 221–224.

9 Stefanie Riemer et al., "Reinforcer effectiveness in dogs—the influence of quantity and quality," *Applied Animal Behaviour Science* 206 (2018): 87–93.

10 Annika Bremhorst et al., "Incentive motivation in pet dogs—preference for constant vs varied food rewards," *Scientific Reports* 8, no. 1 (2018): 9756.

11 Cinzia Chiandetti et al., "Can clicker training facilitate conditioning in dogs?" *Applied Animal Behaviour Science* 184 (2016): 109–116.

12 Lynna C. Feng et al., "Is clicker training (clicker+food) better than foodonly training for novice companion dogs and their owners?" *Applied Animal Behaviour Science* 204 (2018): 81–93.

13 Lynna C. Feng, Tiffani J. Howell, and Pauleen C. Bennett, "Practices and perceptions of clicker use in dog training: A survey-based investigation of dog owners and industry professionals," *Journal of Veterinary Behavior* 23 (2018): 1–9.

14 Clare M. Browne et al., "Delayed reinforcement— does it affect learning?" *Journal of Veterinary Behavior* 8, no. 4 (2013): e37–e38; Clare M. Browne et al., "Timing of reinforcement during dog training," *Journal of Veterinary Behavior* 6, no. 1 (2011): 58–59.

15 Nadja Affenzeller, Rupert Palme, and Helen Zulch, "Playful activity post-learning improves training performance in Labrador Retriever dogs (*Canis lupus familiaris*)," *Physiology & Behavior* 168 (2017): 62–73.

5章　犬の診察とお手入れ

1 John O. Volk et al., "Executive summary of the Bayer veterinary care usage study," *Journal of the American Veterinary Medical Association* 238, no. 10 (2011): 1275–1282.

2 C. Mariti et al., "The assessment of dog welfare in the waiting room of a veterinary clinic," *Animal Welfare* 24, no. 3 (2015): 299–305.

3 Chiara Mariti et al., "Guardians' perceptions of dogs' welfare and behaviors related to visiting the veterinary clinic," *Journal of Applied Animal Welfare Science* 20, no. 1 (2017): 24–33.

4 Marcy Hammerle et al., "2015 AAHA canine and feline behavior management guidelines," *Journal of the American Animal Hospital Association* 51, no. 4 (2015): 205–221.

5 Fear Free, "Fear Free veterinarians aim to reduce stress for pets," 2016, fearfreepets.com/fear-free-veterinarians-aim-to-reducestress-for-pets/.

6 Bruno Scalia, Daniela Alberghina, and Michele Panzera, "Influence of low stress handling during clinical visit on physiological and behavioural indicators in adult dogs: A preliminary study," *Pet Behaviour Science* 4 (2017): 20–22.

7 Karolina Westlund, "To feed or not to feed: Counterconditioning in

the veterinary clinic," *Journal of Veterinary Behavior* 10, no. 5 (2015): 433–437.

8 Janice K.F. Lloyd, "Minimising stress for patients in the veterinary hospital: Why it is important and what can be done about it," *Veterinary Sciences* 4, no. 2 (2017): 22.

9 Erika Csoltova et al., "Behavioral and physiological reactions in dogs to a veterinary examination: Owner-dog interactions improve canine well-being," *Physiology & Behavior* 177 (2017): 270–281.

10 Rosalie Trevejo, Mingyin Yang, and Elizabeth M. Lund, "Epidemiology of surgical castration of dogs and cats in the United States," *Journal of the American Veterinary Medical Association* 238, no. 7 (2011): 898–904.

11 Margaret V. Root Kustritz et al., "Determining optimal age for gonadectomy in the dog: A critical review of the literature to guide decision making," *Journal of the American Veterinary Medical Association* 231, no.11 (2007): 1665–1675.

12 Jessica M. Hoffman et al., "Do female dogs age differently than male dogs?" *The Journals of Gerontology: Series* A 73, no. 2 (2017): 150–156.

13 James A. Serpell and Yuying A. Hsu, "Effects of breed, sex, and neuter status on trainability in dogs," *Anthrozoos* 18, no. 3 (2005): 196–207.

14 Paul D. McGreevy et al., "Behavioural risks in male dogs with minimal lifetime exposure to gonadal hormones may complicate populationcontrol benefits of desexing," *PLOS ONE* 13, no. 5 (2018): e0196284.

15 Paul D. McGreevy, Joanne Righetti, and Peter C. Thomson, "The reinforcing value of physical contact and the effect on canine heart rate of grooming in different anatomical areas," *Anthrozoos* 18, no. 3 (2005): 236–244.

16 Franziska Kuhne, Johanna C. Hosler, and Rainer Struwe, "Effects of human–dog familiarity on dogs' behavioural responses to petting," *Applied Animal Behaviour Science* 142, no. 3–4 (2012): 176–181.

17 Helen Vaterlaws-Whiteside and Amandine Hartmann, "Improving puppy behavior using a new standardized socialization program," *Applied Animal Behaviour Science* 197 (2017): 55–61.

18 Franklin D. McMillan et al., "Differences in behavioral

characteristics between dogs obtained as puppies from pet stores and those obtained from noncommercial breeders," *Journal of the American Veterinary Medical Association* 242, no. 10 (2013): 1359–1363.

19 Paul D. McGreevy et al., "Dog behavior co-varies with height, bodyweight and skull shape," *PLOS ONE* 8, no. 12 (2013): e80529.

20 Todd W. Lue, Debbie P. Pantenburg, and Phillip M. Crawford, "Impact of the owner-pet and client-veterinarian bond on the care that pets receive," *Journal of the American Veterinary Medical Association* 232, no. 4 (2008): 531–540.

21 American Animal Hospital Association, "Frequency of veterinary visits," 2014, aaha.org/professional/resources/frequency_of_veterinary_visits. aspx.

22 Zoe Belshaw et al., "Owners and veterinary surgeons in the United Kingdom disagree about what should happen during a small animal vaccination consultation," *Veterinary Sciences* 5, no. 1 (2018): 7; Zoe Belshaw et al., "'I always feel like I have to rush . . .' Pet owner and small animal veterinary surgeons' reflections on time during preventative healthcare consultations in the United Kingdom," *Veterinary Sciences* 5, no. 1 (2018): 20.

23 Lawrence T. Glickman et al., "Evaluation of the risk of endocarditis and other cardiovascular events on the basis of the severity of periodontal disease in dogs," *Journal of the American Veterinary Medical Association* 234, no. 4 (2009): 486–494; Lawrence T. Glickman et al., "Association between chronic azotemic kidney disease and the severity of periodontal disease in dogs," *Preventive Veterinary Medicine* 99, no. 2–4 (2011): 193–200.

24 Steven E. Holmstrom et al., "2013 AAHA dental care guidelines for dogs and cats," *Journal of the American Animal Hospital Association* 49, no. 2 (2013): 75–82.

25 Judith L. Stella, Amy E. Bauer, and Candace C. Croney, "A crosssectional study to estimate prevalence of periodontal disease in a population of dogs (*Canis familiaris*) in commercial breeding facilities in Indiana and Illinois," *PLOS ONE* 13, no. 1 (2018): e0191395.

6章　犬は社交的

1 Marc Bekoff, "Social play behavior. Cooperation, fairness, trust, and

the evolution of morality," *Journal of Consciousness Studies* 8, no. 2 (2001): 81–90.

2 S.E. Byosiere, J. Espinosa, and B. Smuts, "Investigating the function of play bows in adult pet dogs (*Canis lupus familiaris*)," *Behavioural Processes* 125 (2016):106–113.

3 Sarah-Elizabeth Byosiere et al., "Investigating the function of play bows in dog and wolf puppies (*Canis lupus familiaris, Canis lupus occidentalis*)," *PLOS ONE* 11, no. 12 (2016): e0168570.

4 Alexandra Horowitz, "Attention to attention in domestic dog (*Canis familiaris*) dyadic play," *Animal Cognition* 12, no. 1 (2009): 107–118.

5 Marc Bekoff, "Play signals as punctuation: The structure of social play in canids," *Behaviour* (1995): 419–429.

6 Rebecca Sommerville, Emily A. O'Connor, and Lucy Asher, "Why do dogs play? Function and welfare implications of play in the domestic dog," *Applied Animal Behaviour Science* 197 (2017): 1–8.

7 Marek Spinka, Ruth C. Newberry, and Marc Bekoff, "Mammalian play: Training for the unexpected," *The Quarterly Review of Biology* 76, no. 2 (2001): 141–168.

8 Zsuzsanna Horvath, Antal Doka, and Adam Miklosi, "Affiliative and disciplinary behavior of human handlers during play with their dog affects cortisol concentrations in opposite directions," *Hormones and Behavior* 54, no. 1 (2008): 107–114.

9 Lydia Ottenheimer Carrier et al., "Exploring the dog park: Relationships between social behaviours, personality and cortisol in companion dogs," *Applied Animal Behaviour Science* 146, no. 1–4 (2013): 96–106.

10 Melissa S. Howse, Rita E. Anderson, and Carolyn J. Walsh, "Social behaviour of domestic dogs (*Canis familiaris*) in a public off-leash dog park," *Behavioural Processes* 157 (2018): 691–701.

11 John Bradshaw and Nicola Rooney, "Dog social behavior and communication," *in The Domestic Dog: Its Evolution, Behavior and Interactions with People*, ed. J. Serpell (Cambridge: Cambridge University Press, 2017), 133–159.

12 Neta-li Feuerstein and Joseph Terkel, "Interrelationships of dogs (*Canis familiaris*) and cats (*Felis catus L.*) living under the same roof," Applied *Animal Behaviour Science* 113, no. 1–3 (2008): 150–165.

13 Jessica E. Thomson, Sophie S. Hall, and Daniel S. Mills, “Evaluation of the relationship between cats and dogs living in the same home,” *Journal of Veterinary Behavior* 27 (2018): 35–40.

14 Michael W. Fox, “Behavioral effects of rearing dogs with cats during the ‘critical period of socialization,’” *Behaviour* 35, no. 3–4 (1969): 273–280.

7章　犬と人の関係

1 Brian Hare and Michael Tomasello, “Human-like social skills in dogs?” *Trends in Cognitive Sciences* 9, no. 9 (2005): 439–444.

2 Juliane Kaminski, Andrea Pitsch, and Michael Tomasello, “Dogs steal in the dark,” *Animal Cognition* 16, no. 3 (2013): 385–394; Juliane Brauer et al., “Domestic dogs conceal auditory but not visual information from others,” *Animal Cognition* 16, no. 3 (2013): 351–359.

3 Charles H. Zeanah, Lisa J. Berlin, and Neil W. Boris, “Practitioner review: Clinical applications of attachment theory and research for infants and young children,” *Journal of Child Psychology and Psychiatry* 52, no. 8 (2011): 819–833.

4 Elyssa Payne, Pauleen C. Bennett, and Paul D. McGreevy, “Current perspectives on attachment and bonding in the dog–human dyad,” *Psychology Research and Behavior Management* 8 (2015): 71.

5 Marta Gacsi et al., “Human analogue safe haven effect of the owner: Behavioural and heart rate response to stressful social stimuli in dogs,” *PLoS ONE* 8, no. 3 (2013): e58475.

6 Isabella Merola, Emanuela Prato-Previde, and Sarah Marshall-Pescini, “Social referencing in dog-owner dyads?” *Animal Cognition* 15, no. 2 (2012): 175–185.

7 Isabella Merola, Emanuela Prato-Previde, and Sarah Marshall-Pescini, “Dogs’ social referencing towards owners and strangers,” *PLOS ONE* 7, no. 10 (2012): e47653.

8 Erica N. Feuerbacher and Clive D.L. Wynne, “Dogs don’t always prefer their owners and can quickly form strong preferences for certain strangers over others,” *Journal of the Experimental Analysis of Behavior* 108, no. 3 (2017): 305–317.

9 Gregory S. Berns, Andrew M. Brooks, and Mark Spivak, “Scent of

the familiar: An fMRI study of canine brain responses to familiar and unfamiliar human and dog odors," *Behavioural Processes* 110 (2015): 37–46.

10 Peter F. Cook et al., "Awake canine fMRI predicts dogs' preference for praise vs food," *Social Cognitive and Affective Neuroscience* 11, no. 12 (2016): 1853–1862.

11 Deborah Custance and Jennifer Mayer, "Empathic-like responding by domestic dogs (*Canis familiaris*) to distress in humans: An exploratory study," *Animal Cognition* 15, no. 5 (2012): 851–859.

12 Emily M. Sanford, Emma R. Burt, and Julia E. Meyers-Manor, "Timmy's in the well: Empathy and prosocial helping in dogs," *Learning & Behavior* 46, no. 4 (2018): 374–386.

13 Natalia Albuquerque et al., "Dogs recognize dog and human emotions," *Biology Letters* 12, no. 1 (2016): 20150883.

14 Hannah K. Worsley and Sean J. O'Hara, "Cross-species referential signalling events in domestic dogs (*Canis familiaris*)," *Animal Cognition* 21, no. 4 (2018): 457–465.

15 Nicola J. Rooney, John W.S. Bradshaw, and Ian H. Robinson, "A comparison of dog–dog and dog–human play behaviour," *Applied Animal Behaviour Science* 66, no. 3 (2000): 235–248.

16 Nicola J. Rooney, John W.S. Bradshaw, and Ian H. Robinson, "Do dogs respond to play signals given by humans?" *Animal Behaviour* 61, no. 4 (2001): 715–722.

17 Alexandra Horowitz and Julie Hecht, "Examining dog–human play: The characteristics, affect, and vocalizations of a unique interspecific interaction," *Animal Cognition* 19, no. 4 (2016): 779–788.

18 Tobey Ben-Aderet et al., "Dog-directed speech: Why do we use it and do dogs pay attention to it?" *Proceedings of the Royal Society B* 284, no. 1846 (2017): 20162429.

19 Sarah Jeannin et al., "Pet-directed speech draws adult dogs' attention more efficiently than adult-directed speech," *Scientific Reports* 7, no. 1 (2017): 4980.

20 Alex Benjamin and Katie Slocombe, "'Who's a good boy?!' Dogs prefer naturalistic dog-directed speech," *Animal Cognition* 21, no. 3 (2018): 353–364.

8章　犬と子どもの関係

1 Carri Westgarth et al., "Pet ownership, dog types and attachment to pets in 9–10 year old children in Liverpool, UK," *BMC Veterinary Research* 9, no. 1 (2013): 102.

2 Janine C. Muldoon, Joanne M. Williams, and Alistair Lawrence, "'Mum cleaned it and I just played with it': Children's perceptions of their roles and responsibilities in the care of family pets," *Childhood* 22, no. 2 (2015): 201–216.

3 Sophie S. Hall, Hannah F. Wright, and Daniel S. Mills, "Parent perceptions of the quality of life of pet dogs living with neuro-typically developing and neuro-atypically developing children: An exploratory study," *PLOS ONE* 12, no. 9 (2017): e0185300.

4 Nathaniel J. Hall et al., "Behavioral and self-report measures influencing children's reported attachment to their dog," *Anthrozoos* 29, no. 1 (2016): 137–150.

5 American Veterinary Medical Association (AVMA), "Dog bite prevention," Accessed March 31, 2018, avma.org/public/Pages/Dog-Bite-Prevention.aspx.

6 Ilana R. Reisner et al., "Behavioural characteristics associated with dog bites to children presenting to an urban trauma centre," *Injury Prevention* 17, no. 5 (2011): 348–353.

7 Yasemin Salgirli Demirbas et al., "Adults' ability to interpret canine body language during a dog–child interaction," *Anthrozoos* 29, no. 4 (2016): 581–596.

8 K. Meints, A. Racca, and N. Hickey, "How to prevent dog bite injuries? Children misinterpret dogs facial expressions," *Injury Prevention* 16, Suppl 1 (2010): A68.

9 Christine Arhant, Andrea Martina Beetz, and Josef Troxler, "Caregiver reports of interactions between children up to 6 years and their family dog—implications for dog bite prevention," *Frontiers in Veterinary Science* 4 (2017): 130.

10 Christine Arhant et al., "Attitudes of caregivers to supervision of child– family dog interactions in children up to 6 years—an exploratory study," *Journal of Veterinary Behavior* 14 (2016): 10–16.

11 Jiabin Shen et al., "Systematic review: Interventions to educate children about dog safety and prevent pediatric dog-bite injuries:

A metaanalytic review," *Journal of Pediatric Psychology* 42, no. 7 (2016): 779–791.

12 Sato Arai, Nobuyo Ohtani, and Mitsuaki Ohta, "Importance of bringing dogs in contact with children during their socialization period for better behavior," *Journal of Veterinary Medical Science* 73, no. 6 (2011): 747–752.

13 Carlo Siracusa, Lena Provoost, and Ilana R. Reisner, "Dog- and owner-related risk factors for consideration of euthanasia or rehoming before a referral behavioral consultation and for euthanizing or rehoming the dog after the consultation," *Journal of Veterinary Behavior* 22 (2017): 46–56.

9章　お散歩に行こう！

1 Dawn Brooks et al., "2014 AAHA weight management guidelines for dogs and cats," *Journal of the American Animal Hospital Association* 50, no. 1 (2014): 1–11.

2 C.A. Pugh et al., "Dogslife: A cohort study of Labrador Retrievers in the UK," *Preventive Veterinary Medicine* 122, no. 4 (2015): 426–435.

3 Sarah E. Lofgren et al., "Management and personality in Labrador Retriever dogs," *Applied Animal Behaviour Science* 156 (2014): 44–53.

4 Tiffani J. Howell, Kate Mornement, and Pauleen C. Bennett, "Pet dog management practices among a representative sample of owners in Victoria, Australia," *Journal of Veterinary Behavior* 12 (2016): 4–12.

5 Carri Westgarth et al., "Dog behavior on walks and the effect of use of the leash," *Applied Animal Behaviour Science* 125, no. 1–2 (2010): 38–46.

6 Carri Westgarth et al., "I walk my dog because it makes me happy: A qualitative study to understand why dogs motivate walking and improved health," *International Journal of Environmental Research and Public Health* 14, no. 8 (2017): 936.

7 Chris Degeling and Melanie Rock, "'It was not just a walking experience': Reflections on the role of care in dog-walking," *Health Promotion International* 28, no. 3 (2012): 397–406.

8 Christine Arhant et al., "Behaviour of smaller and larger dogs: Effects of training methods, inconsistency of owner behaviour and

level of engagement in activities with the dog," *Applied Animal Behaviour Science* 123, no. 3–4 (2010): 131–142.

9 Chris Degeling, Lindsay Burton, and Gavin R. McCormack, "An investigation of the association between socio-demographic factors, dog-exercise requirements, and the amount of walking dogs receive," *Canadian Journal of Veterinary Research* 76, no. 3 (2012): 235–240.

10 Hayley Christian et al., "Encouraging dog walking for health promotion and disease prevention," *American Journal of Lifestyle Medicine* 12, no. 3 (2018): 233–243.

11 Amanda Jane Kobelt et al., "The behaviour of Labrador Retrievers in suburban backyards: The relationships between the backyard environment and dog behaviour," *Applied Animal Behaviour Science* 106, no. 1–3 (2007): 70–84.

12 Westgarth et al., "Dog behavior on walks."

13 Rachel Moxon, H. Whiteside, and Gary C.W. England, "Incidence and impact of dog attacks on guide dogs in the UK: An update," *Veterinary Record* 178, no. 15 (2016): 367.

14 San Francisco Society for the Prevention of Cruelty to Animals (SF SPCA), "Prong collars: Myths and facts," Accessed March 31, 2018, sfspca.org/prong/myths.

15 John Grainger, Alison P. Wills, and V. Tamara Montrose, "The behavioral effects of walking on a collar and harness in domestic dogs (*Canis familiaris*)," *Journal of Veterinary Behavior* 14 (2016): 60–64.

10章　犬の豊かな生活のために「エンリッチメント」

1 Nicola J. Rooney and John W.S. Bradshaw, "An experimental study of the effects of play upon the dog–human relationship," *Applied Animal Behaviour Science* 75, no. 2 (2002): 161–176.

2 Ragen T.S. McGowan et al., "Positive affect and learning: Exploring the 'Eureka Effect' in dogs," *Animal Cognition* 17, no. 3 (2014): 577–587.

3 Christine Arhant et al., "Behavior of smaller and larger dogs: Effects of training methods, inconsistency of owner behaviour and level of engagement in activities with the dog," *Applied Animal Behaviour Science* 123, no. 3–4 (2010): 131–142.

4 John Bradshaw and Nicola Rooney, "Dog social behavior and communication" in *The Domestic Dog: Its Evolution, Behavior and Interactions with People*, ed. James Serpell (Cambridge: Cambridge University Press, 2017), 133–159.

5 George M. Strain, "How well do dogs and other animals hear?" Accessed March 31, 2018, lsu.edu/deafness/HearingRange.html.

6 Lori R. Kogan, Regina Schoenfeld-Tacher, and Allen A. Simon, "Behavioral effects of auditory stimulation on kenneled dogs," *Journal of Veterinary Behavior* 7, no. 5 (2012): 268–275.

7 A. Bowman et al., "'Four Seasons' in an animal rescue centre; classical music reduces environmental stress in kennelled dogs," *Physiology & Behavior* 143 (2015): 70–82.

8 Alexandra A. Horowitz, *Being a Dog: Following the Dog into a World of Smell* (New York: Scribner, 2016)(『犬であるとはどういうことか：その鼻が教える匂いの世界』アレクサンドラ・ホロウィッツ著、竹内和世訳／白揚社／2018年).

9 C. Duranton and A. Horowitz, "Let me sniff! Nosework induces positive judgment bias in pet dogs," *Applied Animal Behaviour Science* 211 (2019): 61–66.

10 Jocelyn (Joey) M. Farrell et al., "Dog-sport competitors: What motivates people to participate with their dogs in sporting events?" *Anthrozoos* 28, no. 1 (2015): 61–71.

11 Camilla Pastore et al., "Evaluation of physiological and behavioral stress-dependent parameters in agility dogs," *Journal of Veterinary Behavior* 6, no. 3 (2011): 188–194.

12 Anne J. Pullen, Ralph J.N. Merrill, and John W.S. Bradshaw, "Habituation and dishabituation during object play in kennel-housed dogs," *Animal Cognition* 15, no. 6 (2012): 1143–1150.

13 Lidewij L. Schipper et al., "The effect of feeding enrichment toys on the behavior of kennelled dogs (*Canis familiaris*)," *Applied Animal Behaviour Science* 114, no. 1–2 (2008): 182–195.

14 Jenna Kiddie and Lisa Collins, "Identifying environmental and management factors that may be associated with the quality of life of kennelled dogs (*Canis familiaris*)," *Applied Animal Behaviour Science* 167 (2015): 43–55.

11章　食事とおやつを楽しむ

1 Erik Axelsson et al., "The genomic signature of dog domestication reveals adaptation to a starch-rich diet," *Nature* 495, no. 7441 (2013): 360.

2 Maja Arendt et al., "Diet adaptation in dog reflects spread of prehistoric agriculture," *Heredity* 117, no. 5 (2016): 301.

3 Maja Arendt et al., "Amylase activity is associated with AMY 2B copy numbers in dog: Implications for dog domestication, diet and diabetes," *Animal Genetics* 45, no. 5 (2014): 716–722.

4 Morgane Ollivier et al., "Amy2B copy number variation reveals starch diet adaptations in ancient European dogs," *Royal Society Open Science* 3, no. 11 (2016): 160449.

5 Tiffani J. Howell, Kate Mornement, and Pauleen C. Bennett, "Pet dog management practices among a representative sample of owners in Victoria, Australia," *Journal of Veterinary Behavior* 12 (2016): 4–12.

6 C.A. Pugh et al., "Dogslife: A cohort study of Labrador Retrievers in the UK," *Preventive Veterinary Medicine* 122, no. 4 (2015): 426–435.

7 Kathryn E. Michel, "Unconventional diets for dogs and cats," *Veterinary Clinics: Small Animal Practice* 36, no. 6 (2006): 1269–1281.

8 Vivian Pedrinelli, Marcia de O.S. Gomes, and Aulus C. Carciofi, "Analysis of recipes of home-prepared diets for dogs and cats published in Portuguese," *Journal of Nutritional Science* 6 (2017): e33.

9 Andrew Knight and Madelaine Leitsberger, "Vegetarian versus meatbased diets for companion animals," *Animals* 6, no. 9 (2016): 57.

10 Daniel P. Schlesinger and Daniel J. Joffe, "Raw food diets in companion animals: A critical review," *The Canadian Veterinary Journal* 52, no. 1 (2011): 50.

11 Freek P.J. van Bree et al., "Zoonotic bacteria and parasites found in raw meat-based diets for cats and dogs," *Veterinary Record* 182, no. 2 (2018): 50.

12 J. Boyd, "Should you feed your pet raw meat? The risks of a 'traditional' diet," 2018, phys.org/news/2018-01-pet-raw-meat-real-traditional.html.

13 ASPCA Poison Control, "People foods to avoid feeding your pet," Accessed September 30, 2018, aspca.org/pet-care/animal-poisoncontrol/people-foods-avoid-feeding-your-pets.

14 Giada Morelli et al., "Study of ingredients and nutrient composition of commercially available treats for dogs," *Veterinary Record* 182, no. 12 (2018): 351.

15 Ernie Ward, Alexander J. German, and Julie A. Churchill, "The Global Pet Obesity Initiative position statement," Accessed December 29, 2018, petobesityprevention.org/about.

16 Elizabeth M. Lund et al., "Prevalence and risk factors for obesity in adult dogs from private US veterinary practices," *International Journal of Applied Research in Veterinary Medicine* 4, no. 2 (2006): 177; P.D. McGreevy et al., "Prevalence of obesity in dogs examined by Australian veterinary practices and the risk factors involved," *Veterinary Record— English Edition* 156, no. 22 (2005): 695–701.

17 Alexander J. German et al., "Small animal health: Dangerous trends in pet obesity," *Veterinary Record* 182, no. 1 (2018): 25.

18 Ellen Kienzle, Reinhold Bergler, and Anja Mandernach, "A comparison of the feeding behavior and the human–animal relationship in owners of normal and obese dogs," *The Journal of Nutrition* 128, no. 12 (1998): 2779S–2782S.

19 Vanessa I. Rohlf et al., "Dog obesity: Can dog caregivers' (owners') feeding and exercise intentions and behaviors be predicted from attitudes?" *Journal of Applied Animal Welfare Science* 13, no. 3 (2010): 213–236.

20 Marta Krasuska and Thomas L. Webb, "How effective are interventions designed to help owners to change their behaviour so as to manage the weight of their companion dogs? A systematic review and meta-analysis," *Preventive Veterinary Medicine* 159, no. 1 (2018): 40–50.

21 Carina Salt et al., "Association between life span and body condition in neutered client-owned dogs," *Journal of Veterinary Internal Medicine* 33, no. 1 (2018): 89–99.

22 Banfield Veterinary Hospital, "Obesity is an epidemic," Accessed September 29, 2018, banfield.com/state-of-pet-health/obesity.

23 Jaak Panksepp and Margaret R. Zellner, "Towards a neurobiologically based unified theory of aggression," *Revue internationale de psychologie sociale* 17 (2004): 37–62.

24 Ray Coppinger and L. Coppinger, *Dogs: A Startling New Understanding of Canine Origin, Behavior and Evolution* (New York: Scribner, 2001).

25 Monique A.R. Udell et al., "Exploring breed differences in dogs (*Canis familiaris*): Does exaggeration or inhibition of predatory response predict performance on human-guided tasks?," *Animal Behaviour* 89 (2014): 99–105; D. Horwitz, *Blackwell's Five-Minute Veterinary Consult Clinical Companion: Canine and Feline Behavior*, 2nd edition (Oxford, UK: Wiley Blackwell, 2017).

12章　犬の睡眠メカニズム

1 C.A. Pugh et al., "Dogslife: A cohort study of Labrador Retrievers in the UK," *Preventive Veterinary Medicine* 122, no. 4 (2015): 426–435.

2 Tiffani J. Howell, Kate Mornement, and Pauleen C. Bennett, "Pet dog management practices among a representative sample of owners in Victoria, Australia," *Journal of Veterinary Behavior* 12 (2016): 4–12.

3 Victoria L. Voith, John C. Wright, and Peggy J. Danneman, "Is there a relationship between canine behavior problems and spoiling activities, anthropomorphism and obedience training?" *Applied Animal Behaviour Science* 34, no. 3 (1992): 263–272.

4 Bradley Smith et al., "The prevalence and implications of human-animal co-sleeping in an Australian sample," *Anthrozoos* 27, no. 4 (2014): 543–551.

5 Christy L. Hoffman, Kaylee Stutz, and Terrie Vasilopoulos, "An examination of adult women's sleep quality and sleep routines in relation to pet ownership and bedsharing," *Anthrozoos* 31, no. 6 (2018): 711–725.

6 Simona Cannas et al., "Factors associated with dog behavioral problems referred to a behavior clinic," *Journal of Veterinary Behavior* 24 (2018): 42–47.

7 Dorothea Doring et al., "Use of beds by laboratory beagles," *Journal of Veterinary Behavior* 28 (2018): 6–10.

8 Dorothea Doring et al., "Behavioral observations in dogs in four research facilities: Do they use their enrichment?" *Journal of Veterinary Behavior* 13 (2016): 55–62.

9 Brian M. Zanghi et al., "Effect of age and feeding schedule on diurnal rest/activity rhythms in dogs," *Journal of Veterinary Behavior* 7, no. 6 (2012): 339–347.

10 Scott S. Campbell and Irene Tobler, "Animal sleep: A review of sleep duration across phylogeny," *Neuroscience & Biobehavioral Reviews* 8, no. 3 (1984): 269–300.

11 Sara C. Owczarczak-Garstecka and Oliver H.P. Burman, "Can sleep and resting behaviours be used as indicators of welfare in shelter dogs (*Canis lupus familiaris*)?" *PLOS ONE* 11, no. 10 (2016): e0163620.

12 Zanghi, "Effect of age and feeding schedule."

13 Brian M. Zanghi et al., "Characterizing behavioral sleep using actigraphy in adult dogs of various ages fed once or twice daily," *Journal of Veterinary Behavior* 8, no. 4 (2013): 195–203.

14 R. Fast et al., "An observational study with long-term follow-up of canine cognitive dysfunction: Clinical characteristics, survival, and risk factors," *Journal of Veterinary Internal Medicine* 27, no. 4 (2013): 822–829.

15 G.J. Adams and K.G. Johnson, "Behavioral responses to barking and other auditory stimuli during night-time sleeping and waking in the domestic dog (*Canis familiaris*)," *Applied Animal Behaviour Science* 39, no. 2 (1994): 151–162.

16 G.J. Adams and K.G. Johnson, "Sleep-wake cycles and other night-time behaviors of the domestic dog *Canis familiaris*," *Applied Animal Behaviour Science* 36, no. 2 (1993): 233–248.

17 Anna Kis et al., "Sleep macrostructure is modulated by positive and negative social experience in adult pet dogs," *Proceedings of the Royal Society* B 284, no. 1865 (2017): 20171883.

18 Anna Kis et al., "The interrelated effect of sleep and learning in dogs (*Canis familiaris*); an EEG and behavioural study," *Scientific Reports* 7 (2017): 41873.

19 Helle Demant et al., "The effect of frequency and duration of training sessions on acquisition and long-term memory in dogs," *Applied Animal Behaviour Science* 133, no. 3–4 (2011): 228–234.

13章　恐怖心やその他の問題の克服

1 Niwako Ogata, "Separation anxiety in dogs: What progress has been made in our understanding of the most common behavioral problems in dogs?" *Journal of Veterinary Behavior* 16 (2016): 28–35.

2 E.L. Buckland et al., "Prioritisation of companion dog welfare issues using expert consensus," *Animal Welfare* 23, no. 1 (2014): 39–46.

3 Alexandra Horowitz, "Disambiguating the 'guilty look': Salient prompts to a familiar dog behaviour," *Behavioural Processes* 81, no. 3 (2009): 447–452.

4 Julie Hecht, Adam Miklosi, and Marta Gacsi, "Behavioral assessment and owner perceptions of behaviors associated with guilt in dogs," *Applied Animal Behaviour Science* 139, no. 1–2 (2012): 134–142.

5 James A. Serpell and Deborah L. Duffy, "Aspects of juvenile and adolescent environment predict aggression and fear in 12-month-old guide dogs," *Frontiers in Veterinary Science* 3 (2016): 49.

6 Isain Zapata, James A. Serpell, and Carlos E. Alvarez, "Genetic mapping of canine fear and aggression," *BMC Genomics* 17, no. 1 (2016): 572.

7 Moshe Szyf, "DNA methylation, behavior and early life adversity," *Journal of Genetics and Genomics* 40, no. 7 (2013): 331–338; Jana P. Lim and Anne Brunet, "Bridging the transgenerational gap with epigenetic memory," *Trends in Genetics* 29, no. 3 (2013): 176–186.

8 Patricia Vetula Gallo, Jack Werboff, and Kirvin Knox, "Development of home orientation in offspring of protein-restricted cats," *Developmental Psychobiology: The Journal of the International Society for Developmental Psychobiology* 17, no. 5 (1984): 437–449.

9 Pernilla Foyer, Erik Wilsson, and Per Jensen, "Levels of maternal care in dogs affect adult offspring temperament," *Scientific Reports* 6 (2016): 19253.

10 Giovanna Guardini et al., "Influence of morning maternal care on the behavioural responses of 8-week-old Beagle puppies to new environmental and social stimuli," *Applied Animal Behaviour Science* 181 (2016): 137–144.

11 Lisa Jessica Wallis et al., "Demographic change across the lifespan of pet dogs and their impact on health status," *Frontiers in Veterinary Science* 5 (2018): 200.

12 Michele Wan, Niall Bolger, and Frances A. Champagne, "Human perception of fear in dogs varies according to experience with dogs," *PLOS ONE* 7, no. 12 (2012): e51775.

13 Emily J. Blackwell, John W.S. Bradshaw, and Rachel A. Casey, "Fear responses to noises in domestic dogs: Prevalence, risk factors and

co-occurrence with other fear related behaviour," *Applied Animal Behaviour Science* 145, no. 1–2 (2013): 15–25.

14 Rachel A. Casey et al., "Human directed aggression in domestic dogs (*Canis familiaris*): Occurrence in different contexts and risk factors," *Applied Animal Behaviour Science* 152 (2014): 52–63.

15 Animal Legal and Historical Center, "Ontario Statutes—Dog Owners' Liability Act," Accessed March 16, 2019, animallaw.info/statute/canada-ontario-dog-owners-liability-act.

16 L.S. Weiss, "Breed-specific legislation in the United States," Animal Legal and Historical Center, 2001, animallaw.info/article/breed-specific-legislation-united-states.

17 Royal Society for the Prevention of Cruelty to Animals (RSPCA), "Breed specific legislation, a dog's dinner," 2016, rspca.org.uk/webContent/staticImages/Downloads/BSL_Report.pdf.

18 Paraic O Suilleabhain, "Human hospitalisations due to dog bites in Ireland (1998–2013): Implications for current breed specific legislation," *The Veterinary Journal* 204, no. 3 (2015): 357–359.

19 Finn Nilson et al., "The effect of breed-specific dog legislation on hospital treated dog bites in Odense, Denmark—a time series intervention study," *PLOS ONE* 13, no. 12 (2018): e0208393.

20 Christy L. Hoffman et al., "Is that dog a pit bull? A cross-country comparison of perceptions of shelter workers regarding breed identification," *Journal of Applied Animal Welfare Science* 17, no. 4 (2014): 322–339.

21 City of Calgary, "Bylaws related to dogs," Accessed March 31, 2018, calgary.ca/CSPS/ABS/Pages/Bylaws-by-topic/Dogs.aspx.

22 Rene Bruemmer, "How Calgary reduced dog attacks without banning pit bulls," *Montreal Gazette*, September 1, 2016.

23 Carri Westgarth and Francine Watkins, "A qualitative investigation of the perceptions of female dog-bite victims and implications for the prevention of dog bites," *Journal of Veterinary Behavior* 10, no. 6 (2015): 479–488.

24 Nicole S. Starinsky, Linda K. Lord, and Meghan E. Herron, "Escape rates and biting histories of dogs confined to their owner's property through the use of various containment methods," *Journal of the American Veterinary Medical Association* 250, no. 3 (2017): 297–302.

25 Meghan E. Herron, Frances S. Shofer, and Ilana R. Reisner, "Survey

of the use and outcome of confrontational and non-confrontational training methods in client-owned dogs showing undesired behaviors," *Applied Animal Behaviour Science* 117, no. 1–2 (2009): 47–54.

26 Karen Overall, *Manual of Clinical Behavioral Medicine for Dogs and Cats* (St. Louis, MO: Elsevier Health Sciences, 2013).

27 E. Blackwell, R.A. Casey, and J.W.S. Bradshaw, "Controlled trial of behavioural therapy for separation-related disorders in dogs," *Veterinary Record* 158, no. 16 (2006): 551–554.

28 Malena DeMartini-Price, *Treating Separation Anxiety in Dogs* (Wenatchee, WA: Dogwise Publishing, 2014).

29 Jacquelyn A. Jacobs et al., "Ability of owners to identify resource guarding behaviour in the domestic dog," *Applied Animal Behaviour Science* 188 (2017): 77–83.

30 Heather Mohan-Gibbons, Emily Weiss, and Margaret Slater, "Preliminary investigation of food guarding behavior in shelter dogs in the United States," *Animals* 2, no. 3 (2012): 331–346; Amy R. Marder et al., "Food-related aggression in shelter dogs: A comparison of behavior identified by a behavior evaluation in the shelter and owner reports after adoption," *Applied Animal Behaviour Science* 148, no. 1–2 (2013): 150–156.

31 Jacquelyn A. Jacobs et al., "Factors associated with canine resource guarding behaviour in the presence of people: A cross-sectional survey of dog owners," *Preventive Veterinary Medicine* 161 (2018): 143–153.

32 Overall, *Manual of Clinical Behavioral Medicine for Dogs and Cats*.

33 Ana Luisa Lopes Fagundes et al., "Noise sensitivities in dogs: An exploration of signs in dogs with and without musculoskeletal pain using qualitative content analysis," *Frontiers in Veterinary Science* 5 (2018): 17.

34 Carlo Siracusa, Lena Provoost, and Ilana R. Reisner, "Dog- and ownerrelated risk factors for consideration of euthanasia or rehoming before a referral behavioral consultation and for euthanizing or rehoming the dog after the consultation," *Journal of Veterinary Behavior* 22 (2017): 46–56.

14章　シニア犬と障害を抱えた犬

1 Lisa Jessica Wallis et al., "Lifespan development of attentiveness in domestic dogs: Drawing parallels with humans," *Frontiers in Psychology* 5 (2014): 71.

2 Jan Bellows et al., "Common physical and functional changes associated with aging in dogs," *Journal of the American Veterinary Medical Association* 246, no. 1 (2015): 67–75; Hannah E. Salvin et al., "The effect of breed on age-related changes in behavior and disease prevalence in cognitively normal older community dogs, *Canis lupus familiaris*," *Journal of Veterinary Behavior* 7, no. 2 (2012): 61–69.

3 Naomi Harvey, "Imagining life without Dreamer," *Veterinary Record* 182 (2018): 299.

4 Durga Chapagain et al., "Aging of attentiveness in Border Collies and other pet dog breeds: The protective benefits of lifelong training," *Frontiers in Aging Neuroscience* 9 (2017): 100.

5 Elizabeth Head, "Combining an antioxidant-fortified diet with behavioral enrichment leads to cognitive improvement and reduced brain pathology in aging canines: Strategies for healthy aging," *Annals of the New York Academy of Sciences* 1114, no. 1 (2007): 398–406.

6 Yuanlong Pan et al., "Cognitive enhancement in old dogs from dietary supplementation with a nutrient blend containing arginine, antioxidants, B vitamins and fish oil," *British Journal of Nutrition* 119, no. 3 (2018): 349–358.

7 Valeri Farmer-Dougan et al., "Behavior of hearing or vision impaired and normal hearing and vision dogs (*Canis lupis familiaris*): Not the same, but not that different," *Journal of Veterinary Behavior* 9, no. 6 (2014): 316–323.

8 J. Kirpensteijn, R. Van, and N. Endenburg Bos, "Adaptation of dogs to the amputation of a limb and their owners' satisfaction with the procedure," *Veterinary Record* 144, no. 5 (1999): 115–118.

15章　最期のとき

1 Mai Inoue, "A current life table and causes of death for insured dogs in Japan," *Preventive Veterinary Medicine* 120, no. 2 (2015): 210–218.

2 Inoue, "Current life table."

3 V.J. Adams et al., "Methods and mortality results of a health survey of purebred dogs in the UK," *Journal of Small Animal Practice* 51, no. 10 (2010): 512–524.

4 J.M. Fleming, K.E. Creevy, and D.E.L. Promislow, "Mortality in North American dogs from 1984 to 2004: An investigation into age-, size-, and breed-related causes of death," *Journal of Veterinary Internal Medicine* 25, no. 2 (2011): 187–198.

5 D.G. O'Neill et al., "Longevity and mortality of owned dogs in England," *The Veterinary Journal* 198, no. 3 (2013): 638–643.

6 Peter Sandoe, Clare Palmer, and Sandra Corr, "Human attachment to dogs and cats and its ethical implications," in *22nd FECAVA Eurocongress* 31 (2016): 11–14.

7 Belshaw et al., "Quality of life assessment in domestic dogs: An evidencebased rapid review," *The Veterinary Journal* 206, no. 2 (2015): 203–212.

8 Alice Villalobos, "Cancers in dogs and cats," in *Hospice and Palliative Care for Companion Animals: Principles and Practice*, eds. A. Shanan, T. Shearer, and J. Pierce (Hoboken: Wiley-Blackwell, 2017): 89–100.

9 Vivian C. Fan et al., "Retrospective survey of owners' experiences with palliative radiation therapy for pets," *Journal of the American Veterinary Medical Association* 253, no. 3 (2018): 307–314.

10 Stine Billeschou Christiansen et al., "Veterinarians' role in clients' decision-making regarding seriously ill companion animal patients," *Acta Veterinaria Scandinavica* 58, no. 1 (2015): 30.

11 Sandra Barnard-Nguyen et al., "Pet loss and grief: Identifying at-risk pet owners during the euthanasia process," *Anthrozoos* 29, no. 3 (2016): 421–430.

12 Lilian Tzivian, Michael Friger, and Talma Kushnir, "Associations between stress and quality of life: Differences between owners keeping a living dog or losing a dog by euthanasia," *PLOS ONE* 10, no. 3 (2015): e0121081.

13 Jessica K. Walker, Natalie K. Waran, and Clive J.C. Phillips, "Owners' perceptions of their animal's behavioral response to the loss of an animal companion," *Animals* 6, no. 11 (2016): 68.

14 Sakiko, Yamazaki, "A survey of companion-animal owners affected by the East Japan Great Earthquake in Iwate and Fukushima Prefectures, Japan," *Anthrozoos* 28, no. 2 (2015): 291–304.